I0046854

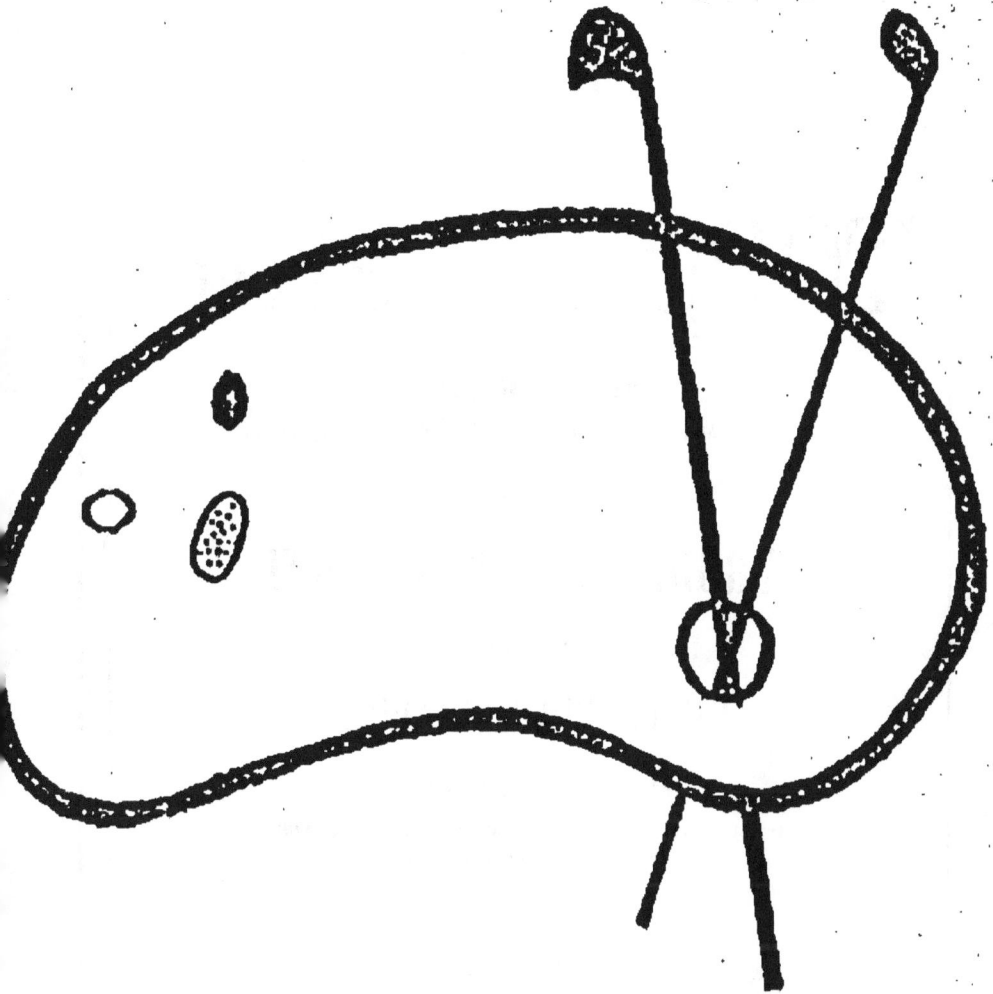

COUVERTURE SUPERIEURE ET INFERIEURE
EN COULEUR

Prix 12 f.

TRAITÉ

DE

TOPOGRAPHIE

Par C. MAËS

MAJOR, COMMANDANT EN SECOND L'ÉCOLE MILITAIRE DE BRUXELLES

ET DE

REPRODUCTION DES CARTES

AU MOYEN

DE LA PHOTOGRAPHIE

Par A. HANNOT

CAPITAINE, DIRIGEANT LE SERVICE DE LA PHOTOGRAPHIE
AU DÉPÔT DE LA GUERRE DE BELGIQUE.

—

2e ÉDITION

REVUE ET AUGMENTÉE

Avec un Atlas de 30 planches

—

PARIS

LIBRAIRIE MILITAIRE DE J. DUMAINE

LIBRAIRE-ÉDITEUR

RUE ET PASSAGE DAUPHINE, 30

—

1874

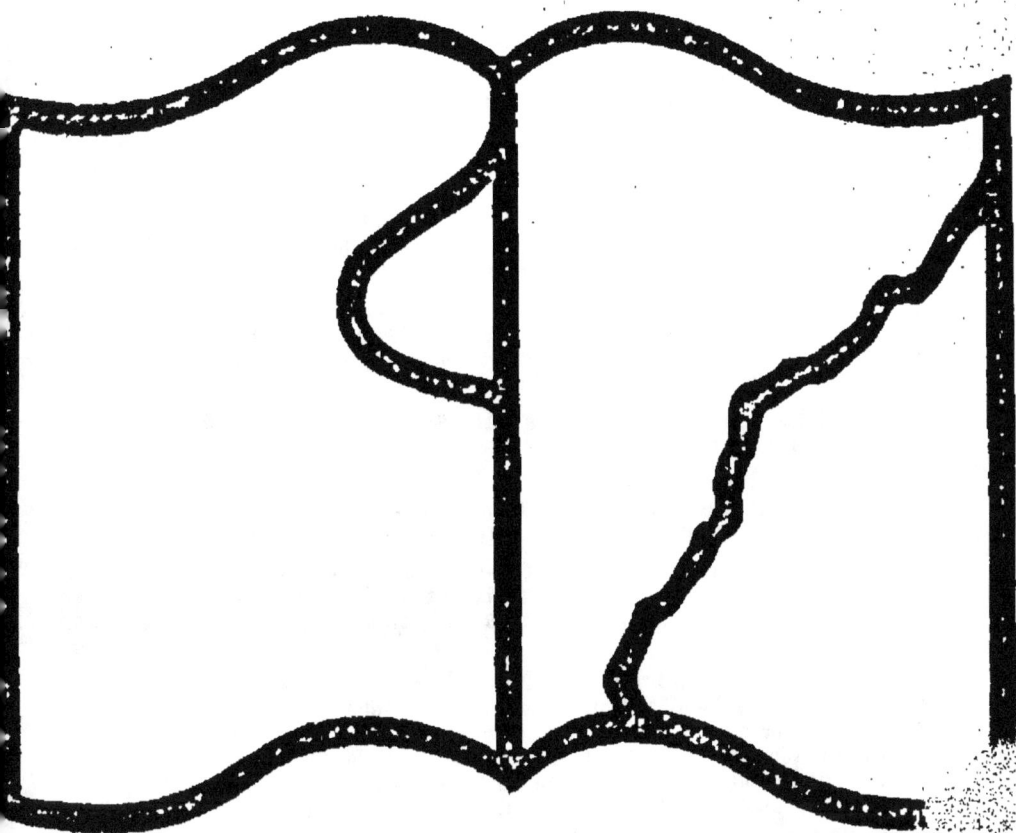

Texte détérioré — reliure défectueuse

NF Z 43-120-11

A LA MÊME LIBRAIRIE :

AGENDA d'état-major à l'usa   s officiers élèves de l'École d'application. 7ᵉ édit. Paris, 1871, in-18   c planches, relié en toile.   0 fr.
*Ce livre devenu le vade-mecum des officiers d'état-major est indispensable aux
officiers désireux de fortifier et d'entretenir leurs connaissances militaires.*

BERTRAND (E.), capitaine du génie, ancien professeur à l'École spéciale militaire —
Traité de topographie et de reconnaissances militaires. Paris, 1872, 1 v.
in-8 avec grand nombre de figures dans le texte.

CHATELAIN (M.-A.), chef d'escadron en retraite, ancien professeur à l'École d'état-
major et ensuite attaché au Dépôt de la guerre. — Traité des reconnaissances
militaires, comprenant la théorie du terrain et la manière de reconnaître un pays
dans son organisation et ses produits (t. 1ᵉʳ, partie théorique; t. 2ᵉ, application). Paris,
1850, 2 vol. in-8 avec 28 planches gravées, dont 2 coloriées.   18 fr.

HENNEQUIN (Frédéric), ancien graveur et dessinateur au Dépôt de la guerre. — La
topographie mise à la portée de tous. — Syllabaire ou méthode pratique pour
apprendre à lire rapidement la carte de l'état-major. 3ᵉ édit. Paris, 1873, brochure
in-8 avec 1 planche de modèles explicatifs.   4 fr.

INSTRUCTION pour la lecture des cartes topographiques. 5ᵉ édit. Paris,
1874, brochure in-18 avec figures dans le texte.   75 cent.

LA FUENTE (L.), capitaine d'état-major, et Max. CAFFARELLI, sous-lieutenant de
cavalerie. — Éléments de la connaissance du terrain, à l'usage des sous-officiers et des volontaires d'un an. 3ᵉ édit. Paris, 1874, in-18 avec 3 plans.   1 fr. 50

LALOBBE (E. de), lieutenant-colonel d'état-major, ancien professeur de topographie à
l'École militaire de Saint-Cyr.—Cours de topographie élémentaire, à l'usage des
officiers de l'armée. 5ᵉ édit. Paris, 1873, in-12 avec planches et grand nombre de figures
dans le texte.   6 fr.

LELOUTEREL, général de brigade. — Manuel des reconnaissances militaires
en ce qui concerne les officiers et sous-officiers d'infanterie; contenant : 1° un aperçu
de reconnaissances militaires; 2° des notions indispensables à la géométrie; 3° des
éléments de topographie militaire; 4° des éléments de fortification passagère; 5° des
données sur l'art de la petite guerre ou guerre des postes. — 6ᵉ édit. Paris, 1872,
in-8 avec 10 planches, dont 1 coloriée et 113 figures dans le texte.   8 fr.

QUIQUANDON (J.), chef de bataillon du génie. — Notions théoriques et pratiques de topographie, appliquées aux levers nivelés à la boussole. — Publié
avec autorisation du Ministre de la guerre. — Paris, 1860, 1 vol. in-8 avec 10
planches.   7 fr.

SALNEUVE (J.-F.), ancien professeur à l'École d'état-major, officier de la Légion
d'honneur, etc., etc.—Cours de topographie et de géodésie.— 4ᵉ édit. modifiée
par Acolet-Salneuve, chef d'escadron d'état-major, professeur à l'École d'application.
Paris, 1869, fort vol. in-8 avec grand nombre de figures dans le texte.   10 fr.

Extrait d'un compte rendu sur ce livre : — *Cet excellent ouvrage n'a, selon moi,
qu'un défaut : il est trop savant; mais il faut aussi y reconnaître que le sujet y
portait, et que, du reste, même après M. Puissant, nul mieux que M. Salneuve n'a
traité un pareil sujet.*

TESTU (P.), chef d'escadron d'état-major, ancien officier au corps des ingénieurs
géographes, etc. — Topographie et géodésie élémentaire, Manuel à l'usage
des officiers de l'armée. — Théorie; formules et exemples numériques; distribution des calculs dans les tableaux du Dépôt de la guerre; tables pour faciliter les
calculs; modèles de topographie distribués aux officiers attachés au service de la
carte de France; supplément sur les reconnaissances militaires.— Paris, 1849, in-4
avec planches. . . . .   10 fr.
—Le même ouvrage, colorié. . . . .   15 fr.

PARIS. — IMPRIMERIE J. DUMAINE, RUE CHRISTINE, 2.

TRAITÉ

DE

TOPOGRAPHIE

ET DE

REPRODUCTION DES CARTES

AU MOYEN

DE LA PHOTOGRAPHIE.

Atlas f°: V- Inv-
5296

45459

Paris.—Imprimerie de J. DUMAINE, rue Christine, 2

TRAITÉ

DE

TOPOGRAPHIE

Par C. MAES

MAJOR, COMMANDANT EN SECOND L'ÉCOLE MILITAIRE DE BRUXELLES

ET DE

REPRODUCTION DES CARTES

AU MOYEN

DE LA PHOTOGRAPHIE

Par A. HANNOT

CAPITAINE, DIRIGEANT LE SERVICE DE LA PHOTOGRAPHIE
AU DÉPOT DE LA GUERRE DE BELGIQUE.

BIBLIOTHÈQUE NATIONALE R.F. IMPRIMÉS

—

2e ÉDITION

REVUE ET AUGMENTÉE

—

PARIS

LIBRAIRIE MILITAIRE DE J. DUMAINE

LIBRAIRE-ÉDITEUR

RUE ET PASSAGE DAUPHINE, 30

—

1874

PREMIÈRE PARTIE

—

TOPOGRAPHIE RÉGULIÈRE

NOTIONS PRÉLIMINAIRES

---

1. La forme générale ABC... du globe terrestre est figurée par la surface, prolongée sous terre, du niveau moyen des mers (fig. 1).

Cette surface est celle du sphéroïde terrestre, que l'on considère en topographie comme une sphère parfaite de 40,000,000 de mètres de circonférence.

Son centre O est le centre de la terre ; la droite qui le joint à un point quelconque de notre globe est la verticale ou la direction du fil à plomb en ce point : c'est une normale de la sphère terrestre.

Tout plan tangent à cette sphère est horizontal.

La projection horizontale d'un point est la trace de la verticale de ce point sur le plan horizontal pris pour plan de comparaison.

2. Lorsqu'on veut représenter sur le papier une vaste région ABC....., on la divise en parties AH, HG..... assez petites pour que les zones sphériques DE, EF.....

ne diffèrent pas sensiblement de leur projection sur les plans M,M'...... tangents en leurs points milieux; on trace des figures semblables à celles que déterminent, sur chacun de ces plans, les verticales des points carac-téristiques du terrain correspondant, et l'on obtient ainsi autant de descriptions séparées qu'il y a de parties à considérer.

Ces descriptions, complétées par les signes qui font connaître la nature des objets et leurs hauteurs relatives, se nomment cartes ou levés topographiques (¹).

La Géodésie enseigne les méthodes à suivre pour assembler ces cartes de manière à obtenir l'image la moins infidèle de la région à représenter. Nous disons « la moins infidèle, » parce que, quand on réunit sur un plan plusieurs cartes topographiques, dans la position relative des terrains qu'elles décrivent, il existe entre elles des lacunes plus ou moins grandes, qu'il faut remplir en dilatant convenablement les parties situées dans le voi-sinage des raccordements. Ces lacunes proviennent de ce que les cartes topographiques 1, 2, 3, 4.... (fig. 2) étant les faces d'un polyèdre (circonscrit au sphéroïde ter-restre), les angles plans qui aboutissent à chaque sommet de ce polyèdre valent ensemble moins de quatre droits, et ne peuvent, par conséquent, être accotés sur une sur-face plane.

3. Ainsi que nous venons de le dire, la topographie ne s'occupe que de la confection des cartes qui repré-sentent chacune des terrains d'une étendue telle, que la

---

(¹) On les appelle aussi indifféremment feuilles, planchettes ou plans topographiques.

partie correspondante de la sphère terrestre ne diffère pas sensiblement de sa projection sur le plan tangent en son point milieu. Partant de cette considération, on fixe ordinairement la limite maxima d'un levé topographique à 20 lieues carrées ; mais on pourrait la porter beaucoup plus loin, car il est facile de prouver que les arcs de grande cercle de 20 lieues de longueur passant par le point milieu M (fig. 3) d'une zone sphérique, ne diffèrent de leur projection sur le plan tangent en ce point, que de 2 mètres environ (¹); de sorte que le terrain qui correspond à cette zone, et dont la surface est de plus de 300 lieues carrées, pourrait encore être représenté par une seule carte topographique.

4. Les plans horizontaux menés en M,M'.... (fig. 1), sont les plans sur lesquels on projette respectivement les parties AH,HG..., au moyen des verticales passant par les points caractéristiques ; et il est facile de voir, d'après cela, que les lignes et les angles du terrain ne sont en général pas représentés en véritable grandeur : ils sont réduits à l'horizon.

Les verticales étant sensiblement perpendiculaires au plan de projection de chacune des parties à décrire, on dit que le système de projection adopté en topographie est « la projection orthogonale sur le plan horizontal ».

(¹) Soit AB = 100000ᵐ.

La circonférence de la sphère terrestre étant de 40 000 000ᵐ, l'angle AOB est d'un grade, et l'on a $A'M = MO \tan \frac{1^G}{2} = \frac{40000000}{2\pi} \tan \frac{1^G}{2} =$ 50001,01... Et par suite A'B' = 100002ᵐ,02.... Donc enfin

$$A'B' - AB = 2^m \text{ environ.}$$

Cette projection du terrain sur le plan horizontal est fictive : on ne la forme pas, on détermine simplement les éléments nécessaires à sa construction, afin de pouvoir tracer une figure qui lui soit semblable. Et quels sont ces éléments? Les réductions à l'horizon des côtés et des angles qu'on obtiendrait, si l'on unissait par des droites les points caractéristiques du terrain.

Les opérations qui servent à déterminer ces réductions et à relever sur le papier les points auxquels elles se rapportent, constituent la partie principale de la *plani-métrie*.

PLANIMÉTRIE

CHAPITRE PREMIER

Échelles.

5. L'objet de la planimétrie est de tracer sur le papier une figure semblable à la projection horizontale du terrain.

Le rapport constant qui existe entre les longueurs du terrain, mesurées horizontalement, et leurs homologues sur l'épure s'appelle l'échelle du plan.

Par extension, on a donné le nom d'échelles aux figures géométriques qui font connaître les longueurs horizontales du terrain au moyen de leurs homologues du plan, et réciproquement. Il y en a de deux espèces : les échelles de transversales et les échelles rectilignes.

6. ÉCHELLE DE TRANSVERSALES. — Soit à construire une échelle de $\frac{1}{2000}$. On voit immédiatement qu'à cette échelle, 10 mètres sont représentés par 0^m,005 ; 100^m par 0^m,05, etc. Sur une droite AE (fig. 4), on porte AB=BC=CD=DE=5 centimètres autant de fois que l'on veut que l'échelle contienne de centaines et on élève aux points A,B,C,D,E des perpendiculaires. Sur trois de ces perpendiculaires, on prend 10 distances égales et quelconques, on unit les points de division de même rang, et l'on s'assure que les lignes ainsi obtenues sont des droites parallèles à AE.

On divise ensuite AB et A'B' en 10 parties égales et l'on cote les points de division de AB, 10, 20,...90 ; on joint B au premier point de division a de A'B', et par les points de division 10, 20... on mène des parallèles à la transversale B*a*. Enfin, sur la perpendiculaire BB', on inscrit les chiffres 1, 2, 3...10 indiquant que les longueurs des parallèles comprises entre cette perpendiculaire et la première transversale B*a*, sont respectivement 1,2,3,...10 mètres.

Deux exemples suffiront pour expliquer l'usage de cette échelle :

1° Prendre une longueur représentant 247 mètres.

Placer les pointes du compas, l'une en M et l'autre en N.

2° Prendre 365^m,50.

Placer les pointes du compas en P' et en Q, les points P et Q étant au milieu de la zone 5—6, le premier sur la transversale 60, le second sur la perpendiculaire 300.

L'échelle de transversales est la véritable échelle de construction, celle dont on doit se servir sur le terrain.

7. L'ÉCHELLE RECTILIGNE, dont le tracé est suffisamment indiqué par la figure 5, est celle que l'on dessine sur la mise au net.

La manière de s'en servir est fort simple. Soit à prendre une distance représentant 364 mètres : on placera une pointe en II et on ouvrira le compas jusqu'à ce que l'autre pointe se trouve en I, à la division 4 à gauche du zéro.

8. On admet qu'un huitième de millimètre est inappréciable ; de sorte qu'on peut, sans altérer l'exactitude *graphique* d'un levé, négliger sur le terrain toute longueur qui, réduite à l'échelle, est égale ou inférieure à $\frac{0^m,001}{8}$.

L'expression générale de l'échelle étant $\frac{1}{M}$, cette longueur est $\frac{M}{8000}$ mètres.

Il est nécessaire de la déterminer avant de commencer le levé, parce qu'elle indique la précision qu'il faut apporter dans les opérations. Par exemple, si l'on travaille à l'échelle de $\frac{1}{20000}$ et que l'on n'ait en vue que l'exactitude graphique, la quantité négligeable sur le terrain étant de $\frac{20000^m}{8000} = 2^m,50$, on pourra employer des instruments moins parfaits, ou des procédés moins rigoureux que dans un levé au millième où cette quantité n'est que de $\frac{1000^m}{8000}=0^m,125$.

9. Il est évident aussi qu'une faible erreur angulaire ne sera graphiquement appréciable que lorsque les côtés réduits à l'échelle auront une certaine longueur. Car, soient, sur la carte, deux droites ac, ac' (fig. 6) faisant entre elles l'angle $cac'=\alpha$, et cc' leur écartement à la distance d; on a très-approximativement

$$cc'=d \sin \alpha,$$

et, pour que cc' soit égal à $\frac{0^m,001}{8}$, c'est-à-dire pour qu'il devienne appréciable, il faut qu'on ait

$$d=\frac{0^m,001}{8 \sin \alpha}.$$

C'est là encore une remarque très-importante, en ce qu'elle montre qu'on peut obtenir des résultats graphiquement exacts avec un instrument qui comporte une erreur angulaire α, pourvu que les lignes du terrain, réduites à l'échelle, soient toujours inférieures ou tout au plus égales à

$$d=\frac{0^m,001}{8 \sin \alpha}.$$

Voici quelques résultats numériques tirés de cette formule et qui nous seront très-utiles par la suite :

L'erreur $\alpha=$ 1' est inappréciable tant que d ne dépasse pas 430 millim.

	$\alpha=$			d		
»	$\alpha=$ 2'	»		d	»	215 »
»	$\alpha=$ 3'	»		d	»	143 »
»	$\alpha=$ 4'	»		d	»	107 »
»	$\alpha=$ 5'	»		d	»	86 »
»	$\alpha=$ 6'	»		d	»	72 »
»	$\alpha=$ 7'	»		d	»	61 »
»	$\alpha=$ 8'	»		d	»	54 »
»	$\alpha=$ 9'	»		d	»	48 »
»	$\alpha=$ 10'	»		d	»	43 »
»	$\alpha=$ 11'	»		d	»	39 »
»	$\alpha=$ 12'	»		d	»	36 »
»	$\alpha=$ 13'	»		d	»	33 »
»	$\alpha=$ 14'	»		d	»	31 »
»	$\alpha=$ 15'	»		d	»	29 »
»	$\alpha=$ 16'	»		d	»	27 »

CHAPITRE II.

Esquisse des opérations de la planimétrie.

10. Les instruments de la planimétrie sont de deux espèces. Ceux de la première servent à mesurer la réduction à l'horizon AH de la distance qui sépare deux points A et B, ou cette distance elle-même (fig. 7) ; on les appelle *diastimètres*.

Ceux de la seconde espèce donnent la réduction à l'horizon de l'angle de deux directions AB et AC, ou cet angle lui-même (fig. 8) ; ils portent le nom de *goniomètres*.

11. La surface d'un terrain se décompose en une série de figures dessinées par les détails, c'est-à-dire par les voies de communication, les habitations, les divisions de cultures, etc. (fig. 9).

Chacune de ces figures, la figure *a*, par exemple, est définie par un nombre de points caractéristiques $n,o,p...$, plus ou moins grand suivant la variété de la courbure des contours ; et, pour avoir la forme générale de sa projection horizontale, il suffit de tracer, à une échelle quelconque, un polygone $n'o'p'...$ (fig. 10) avec les côtés et les angles (réduits à l'horizon) du polygone fictif ayant pour sommet les points $n,o,p...$ du terrain. Le polygone ainsi tracé sur la carte est le levé du canevas de la figure *a*. Il est réputé exact lorsque son dernier côté $t'n'$ par exemple, construit d'après les mesures prises sur le terrain, passe par le sommet de départ n' et est égal à son homologue réduit à l'échelle. On dit alors qu'il ferme en direction et en longueur.

12. Afin de coordonner les opérations que comporte le levé de toutes les figures du terrain, on procède dans l'ordre suivant :

1° On détermine quelques grands polygones dont les sommets soient des points caractéristiques et qui, reliés entre eux, s'étendent à peu près sur toute la partie qui doit être représentée (fig. 9). On divise ensuite ces polygones par des traverses circonscrivant les plus petites masses des détails, et s'appuyant sur des sommets déjà établis.

Ce réseau de polygones étant tracé sur la carte dessine parfaitement la forme générale de la planimétrie : c'est *le canevas du levé* (fig. 11).

2° On rapporte aux côtés de chacun des polygones du canevas, les points qui achèvent de déterminer le contour horizontal de tous les détails qui s'y trouvent : largeur des chemins, leurs coudes, talus qui les bordent, angles des bâtiments et des enclos, etc. Cette opération, qui porte le nom de *levé des détails*, s'exécute évidemment avec d'autant plus de facilité que les lignes du canevas côtoient de plus près les objets à figurer.

3° On fait *le dessin de la planimétrie*, en ajoutant aux différents contours les signes et les teintes qui indiquent clairement la nature et la destination des objets.

13. Nous donnerons les règles du dessin topographique, lorsque nous aurons étudié les deux premières opérations de la planimétrie.

Le levé du canevas et celui des détails constituent la planimétrie proprement dite, celle qu'on exécute sur le terrain, au moyen des diastimètres et des goniomètres. Avant de les commencer, on fait une reconnaissance du terrain, et on arrête la direction qu'il convient de donner aux côtés du canevas, pour pouvoir y rapporter facilement les détails. La figure 9 montre, mieux que de longues explications, comment ces côtés doivent être choisis. La reconnaissance étant terminée, on lève successivement les polygones dont on a composé le canevas, et, afin de se ménager des vérifications, on a soin de fermer chacun d'eux avant de passer au suivant, et de les relier tous les uns aux autres par des sommets communs. Le canevas étant ainsi construit, si l'on appuie sur ses lignes le levé des détails, les erreurs que l'on pourra commettre dans cette opération seront facilement reconnues, et, si elles échappent aux vérifications, elles seront circonscrites dans des limites tellement étroites, qu'elles ne détruiront pas l'exactitude de l'ensemble du travail.

De ce qui précède, il résulte que la planimétrie proprement dite se réduit à la détermination d'une série de figures polygonales, et que, par conséquent, pour la faire connaître il suffit de donner la description des diastimètres et des goniomètres et la manière de se servir de ces instruments pour lever un polygone.

CHAPITRE III.

Règles, chaînes et cordeaux métriques.

14. Avant de mesurer avec ces diastimètres la distance qui sépare deux points A et B, on détermine l'alignement AB au moyen de quelques jalons (fig. 12).

Pour bien jalonner, il faut placer les jalons verticalement et viser tangentiellement à leur pied.

Si A et B sont inaccessibles, ou tels qu'en se mettant derrière l'un on n'aperçoive pas l'autre, deux jalonneurs se placent en deux points C et D de l'alignement entre A et B (fig. 13) (¹), et prolongent ensuite, par les moyens ordinaires, la direction CD à droite et à gauche.

On agit d'une manière analogue lorsqu'il se trouve plusieurs hauteurs entre les extrémités A et B.

Pour tracer un alignement à travers un vallon entre les points A et B (fig. 14), l'observateur placé derrière A vise B et fait planter un jalon C dans la direction V, puis un autre D dans la direction de son rayon visuel V' dirigé de A sur C, et ainsi de suite. Lorsqu'il aura marqué assez de points sur le versant BD, il ira déterminer de B l'alignement sur l'autre versant.

Pour marquer l'intersection de deux alignements AB et CD (fig. 15), l'observateur M placé sur CD arrête un jalonneur N cheminant sur AB, au moment où il le voit sur la direction MC.

(¹) Ils seront assurés de leur position sur cet alignement, lorsque C voyant D sur la direction CB, sera vu par D sur la direction DA.

15. On mesure les distances qui doivent être connues avec une grande exactitude, au moyen des *règles métriques*.

La *règle quadruple-mètre*, qui est celle dont on fait le plus fréquent usage, est garnie à ses extrémités par des rondelles en fer qui ont une rainure destinée à recevoir le fil à plomb (fig. 16).

Avant de s'en servir, on la vérifie avec le mètre étalon.

La manœuvre des règles pour mesurer la ligne AB (fig. 17) sur un terrain horizontal, s'exécute de la manière suivante : le premier aide place une règle son bout arrière M sur le point de départ A, et il la fait mettre dans l'alignement AB par le deuxième aide. Il pose ensuite la deuxième règle, le bout arrière M' à une petite distance de N, tandis que l'aide N° 2 la met dans l'alignement; et, après avoir vérifié la direction des deux règles, il les met en contact de la manière suivante : d'une main, il tient la règle MN en place, et de l'autre il saisit l'extrémité M' et l'amène sans secousses contre l'extrémité N.

On enlève alors la règle MN que le premier aide porte en avant et place comme il a été dit pour M'N'. Et l'on répète les mêmes opérations suivant toute la longueur de la ligne à mesurer.

Le premier aide note le nombre des règles et celui des mètres et parties de mètre que la ligne contient.

Comme vérification, on mesure la distance une seconde fois en allant de B vers A, et si les deux résultats diffèrent fort peu l'un de l'autre, on adopte leur moyenne arithmétique pour la longueur AB.

Cette vérification ne doit jamais être négligée, quel que soit le diastimètre employé, lorsqu'on mesure les côtés des grands polygones du canevas, et les commençants feront bien de l'opérer même pour les traverses.

16. Lorsque le terrain est en pente, pour obtenir la réduction à l'horizon de la distance AB (fig. 18), on est obligé de tenir les règles dans une position horizontale, position qu'on vérifie au moyen du niveau de maçon (N° 172).

La règle NM est placée, son bout arrière sur le point de départ A, par le premier aide qui la fait mettre dans la ligne par le deuxième ; celui-ci, après avoir élevé la règle pour la rendre horizontale, projette le bout M sur le sol avec le fil à plomb, et plante une fiche au point M' où le plomb est tombé. On répète alors en M' l'opération qu'on a faite en A, et on continue ainsi jusqu'à l'extrémité de la distance.

Remarque. — Ce mesurage est très-difficile lorsqu'on l'exécute en montant la pente. Aussi opère-t-on presque toujours en partant du point le plus haut.

17. Lorsque la distance AB est considérable et la pente régulière (fig. 19), il vaut mieux mesurer la longueur AB suivant la pente et en déduire la projection horizontale AH.

Deux moyens se présentent pour trouver AH lorsqu'on connaît AB :

Premier moyen. En A on détermine la réduction à l'horizon AC d'une distance de 4^m par exemple, prise suivant AB.

La proportion $4 : AB = AC : AH$ donnera AH.

Deuxième moyen. Quand on connaît l'angle de pente α, la réduction à l'horizon AH égale $AB\cos\alpha$ et se calcule par logarithmes ou, plus simplement, au moyen d'une table qui donne de grade en grade la projection de 100 mètres mesurés sur la pente ([1]). L'usage de cette table se comprend à première vue. Soit $\alpha = 7^g$; on trouve que la réduction à l'horizon de 100^m sous 7^g est égale à $99^m,400$ et l'on établit la proportion $100 : 99,400 = AB : AH$ de laquelle on tire AH.

Dans le cas où l'on n'aurait ni table de logarithmes ni table de réduction, on déterminerait $AB\cos\alpha$ par une construction graphique de la manière suivante : soit (fig 20) $ab = AB$ réduit à l'échelle du dessin. Vers le milieu de ab on élève une perpendiculaire cd, et d'un point d de cette perpendiculaire, on décrit un arc cf tangent à ab. En d, on trace la droite df faisant avec dc un angle égal à α, et par le point f où cette droite rencontre l'arc, on mène une parallèle à ab. La droite $a'b' = ab\cos\alpha =$ réduction à l'échelle de $AB\cos\alpha$. En effet on a :

$$\frac{a'b'}{ab} = \frac{md}{cd}.$$

Et comme $md = fd\cos\alpha = cd\cos\alpha$, il vient $\dfrac{a'b'}{ab} = \dfrac{cd\cos\alpha}{cd}$;

d'où $a'b' = ab\cos\alpha$.

Si le terrain à lever présentait beaucoup de pentes régulières, on appliquerait le principe de cette solution graphique à la construction d'une échelle (fig. 21) qui permet de prendre immédiatement au compas la longueur réduite à l'horizon, et qui peut, conséquemment, remplacer l'échelle ordinaire.

On donne à l'arc le plus grand rayon possible, afin que sa division en degrés soit plus lisible.

Les points A,B,C... de l'échelle ordinaire sont joints au centre par des droites qu'on arrête à leur rencontre avec les parallèles menées par les points de division de l'arc.

Les dimensions de nos figures ne permettant pas de prendre un rayon assez grand pour que l'arc puisse être divisé nettement en degrés, nous n'avons inscrit que les dizaines de degrés.

18. $\frac{1}{M}$ étant l'échelle de la carte, si AB — AH ne surpasse pas $\frac{M}{8000}$ mètres, on peut, sans erreur graphiquement appréciable, prendre AB pour AH (n° 8).

Cette considération indique assez que l'angle de pente étant égal à $\alpha^g + n$ minutes, on peut lorsqu'on n'a en vue que l'exactitude graphique, calculer AH avec α ou avec $\alpha + 1$ grades, suivant que n est plus petit ou plus grand que 50′.

Mais il est évident que si les distances réduites à l'horizon doivent, comme cela arrive souvent, entrer dans des calculs relatifs à la surface des polygones, à la différence de hauteur entre les points, etc., elles seront déterminées rigoureusement, quelque petit que soit AB — AH.

19. La *chaîne-métrique*, appelée aussi chaîne d'arpenteur (fig. 22), a ordinairement 10 mètres. Elle est composée de chaînons de 20 ou de 25 centimètres et terminée par deux poignées.

Avant de l'employer, il faut vérifier sa longueur totale et celle de chacune de ses parties.

Cette vérification doit d'ailleurs être répétée de temps en temps, parce que l'effort que l'on fait pour tendre la chaîne finit par l'allonger. Remarquons cependant qu'on lui laisse généralement, sur 10 mètres, 1 centimètre de plus que sa longueur nominale, à cause de l'impossibilité de la tendre rigoureusement en ligne droite.

Avec la chaîne on emploie 10 fiches ou piquets en fil de fer dont une extrémité est pointue et l'autre ployée en boucle. Elles ont une longueur de 25 à 30 centimètres.

Pour mesurer à la chaîne une distance AB en terrain horizontal, le premier aide place la chaîne sur le sol contre le point de départ A, le bout à hauteur de l'axe du jalon qui signale ce point, et le deuxième aide après l'avoir tendue dans la direction AB, plante une fiche à son extrémité.

Les deux aides marchent alors en avant et vont tendre la chaîne dans l'alignement AB, une extrémité contre la fiche qui vient d'être placée. Et la même manœuvre s'exécute jusqu'à l'extrémité de la distance.

Les 10 fiches, au début de l'opération, étaient entre les mains du deuxième aide ; le premier aide, chaque fois que la chaîne a été portée en avant, a eu soin de prendre la fiche laissée en arrière. De sorte qu'en arrivant en B, on comptera le nombre de chaînes par le nombre de fiches que ce dernier a dans les mains.

La longueur est de 100 mètres lorsqu'il les a toutes devers lui.

Quand le deuxième aide n'a plus de fiches, il pose la chaîne à terre et vient retirer le paquet des mains du premier. Celui-ci note cette centaine, que l'on nomme une *portée*, et il agit de même chaque fois que le paquet de 10 fiches lui est demandé ([1]).

Pour déterminer directement la projection horizontale d'une distance en pente, la manœuvre de la chaîne s'exécute comme celle du quadruple mètre dans la même circonstance. Seulement, la chaîne est placée horizontalement à vue, et la projection de son extrémité sur le sol est donnée par une fiche qu'on laisse tomber de cette extrémité.

_____

([1]) On se sert très-souvent de 11 fiches ; la onzième, employée à marquer le point de départ de chaque portée, est laissée à terre lorsque le second aide vient retirer les 10 autres qui se trouvent entre les mains du premier.

Le défaut d'horizontalité rigoureuse n'a pas une influence sensible sur les résultats, mais il n'en est pas de même de la diminution de longueur qui résulte de la courbure que prend la chaîne par l'effet de son propre poids. Et, si pour amoindrir cette dernière cause d'erreur, on opère avec une partie de la chaîne seulement, la multiplicité des petits chaînages introduit un autre élément d'inexactitude ; de sorte que la détermination directe de la réduction à l'horizon avec la chaîne est sujette à des erreurs dont il est impossible de se débarrasser complétement.

De ce qui précède on peut conclure que, sous le rapport de la précision, la chaîne est inférieure à la règle métrique, mais qu'elle l'emporte sur celle-ci sous le rapport de la promptitude des opérations.

On n'emploiera donc la chaîne que dans les levés qui ne demandent que l'exactitude du dessin et qui sont faits à l'échelle de $\frac{1}{2000}$ ou à une échelle $\frac{1}{M}$ plus petite, parce que la quantité $\frac{M}{8000}$ mètres étant alors supérieure à l'erreur que comporte l'usage de la chaîne, les résultats obtenus sont graphiquement bons.

Les explications qui ont été données (Nos 17 et 18) relativement aux pentes régulières, sont applicables aux mesurages faits avec la chaîne.

20. Le *ruban d'acier* est formé d'une mince bande d'acier pouvant s'enrouler sur elle-même (fig. 23).

Il est terminé par des poignées à tourillons.

Les chiffres 1, 2, 3, 4... rivés sur le ruban indiquent les distances de 1, 2, 3, 4... mètres à partir d'une des poignées ; un petit trou et une rondelle de cuivre marquent alternativement les décimètres.

Le ruban d'acier s'emploie comme la chaîne métrique.

21. On se servait autrefois, pour mesurer les distances dans les levés topographiques, des *cordeaux métriques*.

Ces diastimètres sont aujourd'hui presque entièrement abandonnés à cause de leur peu de durée et des erreurs qui résultent de l'inégalité de leur tension.

22. Avec les diastimètres que nous venons d'examiner

on peut lever un angle. En effet, soit à construire, sur le papier, en *a* avec la droite *ab* un angle égal à la projection horizontale de l'angle BAC du terrain (fig. 24). On porte horizontalement sur les directions AB et AC, de A en D et en E, une longueur arbitraire, 20 mètres par exemple, et l'on mesure, toujours horizontalement, la distance DE.

Ceci fait, de *a* comme centre avec un rayon égal à 20 mètres à l'échelle $\frac{1}{M}$ on trace l'arc *df*, et de *d* comme centre avec $\frac{DE}{M}$ on décrit un second arc qui coupe le premier en *e*. L'angle *dae* est l'angle demandé. Pour que le point *e* soit nettement déterminé par l'intersection des deux arcs, il faut que l'angle *dea* des rayons de ces arcs soit au moins de 30°, ce qui exige que *dae* ne surpasse pas 120°. Si l'angle à lever dépassait cette limite, on construirait son supplément.

On peut donc avec un diastimètre quelconque, et sans le secours d'aucun autre instrument, lever un polygone et, conséquemment, faire la planimétrie d'un terrain. Le levé exécuté dans ces conditions porte le nom de *levé métrique* ou de *levé au mètre*.

Mais, à moins qu'on ne se trouve dans l'impossibilité de se procurer un instrument goniométrique, on ne fait jamais toute la planimétrie d'un terrain au mètre. Le levé métrique est long et peu exact, surtout dans des terrains accidentés ou embarrassés d'obstacles. Aussi ne l'emploie-t-on qu'exceptionnellement et lorsqu'il s'agit de polygones circonscrivant des détails de faible étendue. Comme il se fait d'après l'une quelconque des méthodes qui seront indiquées pour le levé au goniomètre, nous jugeons inutile d'en parler plus longuement ici. Nous y reviendrons d'ailleurs, lorsque nous traiterons du levé de bâtiment et des levers irréguliers.

CHAPITRE IV.

Stadia, Chorismomètre, Stadia-chorismomètre ([1]).

23. STADIA. — Elle se compose :

1° D'une mire, règle graduée de 2 à 3 mètres de haut sur laquelle glissent deux voyants. Quelquefois, un de ces voyants est établi à demeure au haut de la règle (fig. 25).

Dans la théorie de la stadia, nous supposerons d'abord qu'on emploie la mire à deux voyants mobiles. Nous indiquerons ensuite les modifications qu'il faut introduire, lorsqu'on se sert d'une mire dont un des voyants est fixe.

La face du voyant qui doit être tournée du côté de l'observateur est ordinairement divisée en 4 rectangles égaux. Deux de ces rectangles, situés sur une même diagonale, sont blancs ; les deux autres sont rouges (fig. 25). La ligne FF', qu'on appelle *ligne de foi*, résultant de l'opposition des couleurs, se dessine avec beaucoup de netteté. La distance entre les lignes de foi des deux voyants se lit sur la règle ;

2° D'une lunette astronomique adaptée à un appareil sur lequel se lisent les angles qu'elle fait avec l'horizon, et qui est porté sur un trépied (fig. 27).

La lunette astronomique se compose de deux lentilles biconvexes enchâssées dans un tube cylindrique noirci à l'intérieur (fig. 29). La lentille qu'on dirige sur l'objet se nomme *objectif* : elle reçoit les rayons lumineux partis de cet objet. Les rayons, réfractés à l'intérieur, vont former l'image renversée *ab* de l'objet AB sur un écran nommé *réticule* (fig. 28). Le réticule, dont le plan est perpendiculaire à l'axe de la lunette, est fixé dans un cylindre glissant à frottement doux dans le canon principal ; il porte deux fils très-fins L et M, qui le traversent à angle droit et dont le

---

([1]) C'est à la suite des Mémoires du capitaine du génie Liagre sur la mesure des distances à la stadia (t. XX et XXI des Bulletins de l'Académie, année 1853), que ces diastimètres ont été mis en usage au Dépôt de la guerre pour les travaux de la carte de Belgique.

point d'intersection I est sur l'axe optique. Un autre point de cet axe est le centre optique de l'objectif.

Les lunettes-stadias portent, parallèlement à L, un troisième fil S et quelquefois un quatrième fil S'. C'est par ce détail seulement qu'elles diffèrent des lunettes ordinaires.

La lentille oculaire sert à amplifier l'image de l'objet ; c'est une loupe placée entre l'œil et l'image formée sur le réticule. Il faut donc qu'elle puisse être plus ou moins rapprochée de ce réticule, suivant que l'observateur a une vue plus courte ou plus longue, et c'est pour cette raison qu'elle est placée dans un cylindre qui peut glisser dans le porte-réticule (fig. 29). L'entrée de ce cylindre est percée d'une petite ouverture à laquelle l'observateur applique l'œil.

Pour pointer un objet, on met d'abord la lunette *à sa vue*, c'est-à-dire qu'on approche ou qu'on éloigne l'oculaire du réticule jusqu'à ce qu'on voie très-bien les fils. On la dirige ensuite sur l'objet et l'on fait mouvoir le porte-réticule jusqu'à ce que l'image de cet objet soit d'une parfaite netteté. Si cette condition n'était pas remplie, le pointé serait illusoire. Pour la vérifier, on regarde l'image aussi obliquement que possible : il faut qu'elle paraisse coïncider avec les fils, quelle que soit la position de l'œil. Le tirage du réticule étant ainsi réglé, la lunette est *mise au point* ; le réticule est au foyer.

24. La distance d de l'image d'un objet à l'objectif se nomme *distance focale* : elle dépend de l'éloignement D de cet objet. Lorsque D est infini, elle est minimum et prend le nom de distance focale principale.

Il existe entre d, D et la distance focale principale f la relation

$$\frac{1}{D} + \frac{1}{d} = \frac{1}{f}$$

La distance f peut se déterminer expérimentalement pour chaque objectif ; dans les lunettes topographiques, elle ne dépasse jamais 30 à 40 centimètres.

25. Si, adoptant pour f la valeur $0^m,35$, on calcule d par la formule ci-dessus, en y donnant à D différentes valeurs, on constate qu'entre les limites ordinaires de l'observation, de 20 à 800 mètres, la variation focale n'atteint pas un centimètre, et qu'aux petites distances elle est plus sensible qu'aux grandes. On trouve, en effet, que

Pour D = 20ᵐ, d = 0ᵐ, 3562340
» D = 100ᵐ, d = 0ᵐ, 3512293 .
» D = 102ᵐ, d = 0ᵐ, 3512031
» D = 200ᵐ, d = 0ᵐ, 3506135
» D = 300ᵐ, d = 0ᵐ, 3504088
» D = 400ᵐ, d = 0ᵐ, 3503065
» D = 410ᵐ, d = 0ᵐ, 3502990
» D = 700ᵐ, d = 0ᵐ, 3501750
» D = 715ᵐ, d = 0ᵐ, 3501714

Ces résultats montrent encore qu'à partir de 100 mètres, la variation focale, pour des distances qui diffèrent de 100 mètres, n'est que de quelques dixièmes de millimètre, quantité qui ne saurait être appréciée sur la lunette, quelque délicat que fût le mécanisme qu'on adopterait pour mesurer le chemin parcouru par le réticule. D'ailleurs, ce n'est que par hasard que le réticule se trouve exactement au foyer, car sa position est le résultat de tâtonnements à la suite desquels on juge qu'il est au foyer, mais il semblerait encore y être, si on le faisait mouvoir d'une fraction de millimètre. Nous soignons la mise au point, non pour mesurer la distance focale, mais tout simplement pour bien voir la mire, afin de pouvoir mettre, sans fatigue et avec certitude, les voyants à la hauteur voulue.

Nous insistons sur cette observation, parce qu'elle fait justice de l'idée qui a été émise de mesurer, sur le canon de la lunette, la distance focale d correspondant à un éloignement D, et de calculer D par la formule

$$\frac{1}{D} + \frac{1}{d} = \frac{1}{f}$$

la quantité f ayant été déterminée au préalable avec une très-grande précision.

26. Avec la stadia on se propose d'obtenir la distance D de l'objectif à la mire (fig. 30), au moyen de la hauteur H qui est interceptée sur cette mire par deux des fils du réticule, L et S par exemple.

A cet effet, on place la lunette en station à l'extrémité P de la distance à mesurer, son objectif au-dessus de ce point, son axe dirigé horizontalement sur la mire tenue d'aplomb à l'autre extrémité Q. Puis on fait amener la ligne de foi du voyant supérieur sous le fil inférieur L du réticule, et celle du voyant inférieur sous le fil supérieur S. Enfin, on lit l'intervalle H qui sépare les lignes de foi des voyants, c'est-à-dire la *hauteur de mire* ([1]).

A cause de la similitude des triangles SOI et FOF', on a, en désignant par h l'intervalle entre les fils L et S :

$$D : d = H : h \ldots \text{ D'où } D = H \times \frac{d}{h},$$

relation fondamentale de la théorie de la stadia.

Le rapport $\frac{d}{h}$ qui figure dans cette relation dépend évidemment de l'inconnu D puisqu'on a $\frac{1}{f} = \frac{1}{D} + \frac{1}{d}$, mais dans la pratique on suppose que la distance focale est la même pour toutes les distances observées, et on la prend égale à d', distance focale correspondant à un éloignement connu D'. L'on admet ainsi que $\frac{d}{h}$ est toujours égal à $\frac{d'}{h} = C$, quelle que soit la longueur à mesurer. Par suite, une distance quelconque observée avec la stadia est considérée comme étant égale à la hauteur de mire correspondante multipliée par $\frac{d'}{h}$. Ce multiplicateur a reçu le nom de *coefficient de la stadia*. Comme le produit ainsi obtenu ne donne pas exactement la distance D, nous l'appellerons *distance lue* et le désignerons par Δ. Ainsi :

$$\text{Distance vraie ou } D = H \times \frac{d}{h}$$

$$\text{Distance lue ou } \Delta = H \times \frac{d'}{h} = H \times C$$

La différence $D - \Delta = \varepsilon$ est la correction qu'il faut ajouter avec son signe à la distance lue pour avoir la distance exacte. C'est la *correction focale*.

27. On détermine le coefficient C de la stadia par une expérience d'étalonnage de la manière suivante :

_____

([1]) Au numéro 32, on verra comment on opère avec une mire dont le voyant supérieur est fixe.

On mesure (fig. 31), à la chaîne ou au mètre, une distance $AB = D'$ sur un terrain sensiblement horizontal ; on place la lunette en station en A, son objectif au-dessus de ce point, son axe dirigé horizontalement sur la mire B ; on fait amener les lignes de foi des voyants sous les fils L et S avec lesquels on se propose d'opérer ; enfin, on lit la hauteur de mire H'. De la proportion $D' : d' = H' : h$, on tire :

$$\frac{d'}{h} \text{ ou } C = \frac{D'}{H'}$$

On recommence plusieurs fois cette opération ; si les résultats diffèrent fort peu entre eux, on adopte leur moyenne pour valeur de C.

Le coefficient ainsi obtenu ne convient que pour la lunette qu'on vient d'étalonner. Lorsqu'on change de lunette ou qu'on fait renouveler les fils du réticule, on doit recommencer l'étalonnage.

28. Pour calculer la correction focale qu'il faut appliquer à la distance lue Δ dans l'observation d'une distance D, on se sert des équations :

(1) $\quad \dfrac{D'}{H'} = \dfrac{d'}{h}$

(2) $\quad \dfrac{1}{f} = \dfrac{1}{D'} + \dfrac{1}{d'}$
$\left.\begin{array}{l} \\ \\ \end{array}\right\}$ se rapportant à l'expérience d'étalonnage.

(3) $\quad \dfrac{D}{H} = \dfrac{d}{h}$

(4) $\quad \dfrac{1}{f} = \dfrac{1}{D} + \dfrac{1}{d}$
$\left.\begin{array}{l} \\ \\ \end{array}\right\}$ se rapportant à l'observation de D.

Entre ces quatre équations on élimine d, d' et h :

De (1) on tire $d' = \dfrac{D'h}{H'}$ $\left.\begin{array}{l}\\\end{array}\right\}$ $\dfrac{fD'}{D'-f} = \dfrac{D'h}{H'}$, $\quad \dfrac{D-f}{D'-f} = \dfrac{H}{H'}$

De (2) $\quad$ » $\quad d' = \dfrac{fD'}{D'-f}$ d'où $\dfrac{f}{D'-f} = \dfrac{h}{H'}$ $\left| D-f = \dfrac{D'H}{H'} - f\dfrac{H}{H'} \right.$, d'où,

De (3) $\quad$ » $\quad d = \dfrac{Dh}{H}$ $\left.\begin{array}{l}\\\end{array}\right\}$ $\dfrac{fD}{D-f} = \dfrac{Dh}{H}$, en observant que $H \times \dfrac{D'}{H'}$ est la distance lue Δ :

De (4) $\quad$ » $\quad d = \dfrac{fD}{D-f}$ d'où $\dfrac{f}{D-f} = \dfrac{h}{H}$ $\left| D-\Delta \text{ ou } \varepsilon = f\left(1 - \dfrac{H}{H'}\right) \right.$

29. Les hauteurs de mire étant à peu près proportionnelles aux distances correspondantes, il est visible que si la distance d'étalonnage est *au moins égale à la moitié de la plus grande longueur qu'on aura à mesurer*, la correction focale

$$\varepsilon = f\left(1 - \frac{H}{H'}\right)$$

sera toujours une fraction de f, c'est-à-dire une quantité inappréciable aux échelles employées dans les levés topographiques. D'où l'on conclut que si l'expérience d'étalonnage a été faite dans ces conditions, on peut, sans erreur graphique, négliger la correction focale.

30. Voici quelques applications numériques sur la théorie qui précède.

I. Dans l'expérience d'étalonnage faite avec une stadia à la distance $D' = 100^m$, on a trouvé une hauteur de mire $H' = 0^m.46$. Le coefficient est donc :

$$C = \frac{D'}{H'} = \frac{100}{0,46} = 217.391$$

Dans l'observation d'une distance avec cet instrument, on obtient pour hauteur de mire $H = 2^m.48$. On en conclut :

Distance lue $\Delta = 2^m.48 \times 217.391 = 539^m.130$

Correction focale $\varepsilon = f\left(1 - \frac{2,48}{0,46}\right) = -1^m.537$ pour $f = 0^m.35$ [1]

Distance cherchée $= \overline{537^m.593}$

Avec la même lunette on trouve dans l'observation d'une autre longueur une hauteur de mire de $0^m.31$. On en déduit :

Distance lue $\Delta = 0^m.31 \times 217.391 = 67^m.391$

Correction focale $\varepsilon = f\left(1 - \frac{0,31}{0,46}\right). = 0^m.114$

Distance cherchée $= \overline{67^m.505}$

[1] Lorsque la distance focale principale n'est pas donnée, on vise un objet très-éloigné, on met la lunette au point et on mesure, sur le canon, la distance de l'objectif à l'anneau du réticule. La quantité ainsi obtenue peut être mise à la place de f dans la formule de la correction focale : l'erreur qui résulte de cette substitution est tout à fait insignifiante.

II. Dans l'expérience d'étalonnage faite avec une stadia à la distance $D' = 300^m$, on a trouvé une hauteur de mire $H' = 1^m,024$. Le coefficient est par conséquent

$$C = \frac{D'}{H'} = \frac{300}{1,024} = 292.969$$

En observant une distance avec cet instrument on obtient une hauteur de mire de $2^m,50$. On en conclut :

Distance lue $\Delta = 2^m,50 \times 292,969 = 732^m,423$

Correction focale $\varepsilon = f\left(1 - \frac{2,50}{1,024}\right) = -0^m,576$ pour $f = 0^m 40$

Distance cherchée $= \overline{731^m,847}$

L'observation d'une autre distance avec la même lunette, donne une hauteur de mire de $0^m,786$. On a alors :

Distance lue $\Delta = 0^m,786 \times 292.969 = 230^m.274$

Correction focale $\varepsilon = f\left(1 - \frac{0,786}{1,024}\right) = \quad 0^m.093$

Distance cherchée $= \overline{230^m.367}$

31. Quand on ne peut pas viser horizontalement, comme cela arrive en général lorsque, pour mesurer une distance en pente, on doit stationner au bas de cette pente, la manière d'opérer, telle que nous l'avons expliquée, doit être légèrement modifiée. Disons tout de suite qu'il n'y a aucun changement à apporter à la manière de faire l'expérience d'étalonnage, puisque le topographe choisit le terrain qui convient à cette expérience.

Le coefficient constant C de la stadia étant donc connu, soit à déterminer du point P la réduction à l'horizon de la distance PQ (fig. 32). On met la lunette en station en P, l'objectif dans la verticale de ce point, et l'axe optique dirigé sur la ligne de foi F du voyant supérieur fixé à une hauteur convenable ; puis on fait arriver la ligne de foi F' sous le fil supérieur et l'on inscrit 1° l'angle α que la lunette fait avec l'horizon, et 2° la hauteur de mire $FF' = H$.

Cela fait, on écrit comme dans le cas général :

la distance lue $\Delta = H \times C$.

Il s'agit de déterminer $OB = D$, la distance réduite.

La mire étant tenue verticalement, n'est pas parallèle au plan du réticule qui est, comme nous l'avons dit, perpendiculaire à l'axe optique ; de sorte que la proportion fondamentale ne peut être fournie par les triangles FOF′ et SOI.

De F′ abaissons la perpendiculaire F′N sur l'axe optique ; les deux triangles F′ON et SOI étant semblables, nous sommes, pour la distance ON, ramenés au cas général et nous obtenons

$$ON = NF' \times C + \varepsilon,$$

en désignant par ε la correction focale.

Mais $NF' = H \cos NF'F = H \cos \alpha$; on a donc, à cause de $\Delta = H \times C$,

$$ON = \Delta \cos \alpha + \varepsilon,$$

d'où

$$OF = ON + NF = \Delta \cos \alpha + \varepsilon + H \sin \alpha,$$

et

$$OB = OF \cos \alpha = \Delta \cos^2 \alpha + \varepsilon \cos \alpha + H \sin \alpha \cos \alpha.$$

Telle est la formule de la réduction à l'horizon des distances observées à la stadia.

Si l'on travaille à une petite échelle et qu'on ait choisi la distance d'étalonnage comme il a été dit au numéro 29, on peut, sans s'exposer à une erreur graphiquement appréciable, négliger les deux derniers termes $\varepsilon \cos \alpha$ et $H \sin \alpha \cos \alpha$. C'est ce qu'on fait au dépôt de la guerre de Belgique, où, dans les travaux au 20000ᵉ, on adopte pour la distance lue

$$\Delta = H \times C,$$

et pour la distance réduite

$$D = \Delta \cos^2 \alpha.$$

On ne perdra pas de vue que α est l'angle que l'axe optique fait avec l'horizon, et non pas l'inclinaison β de la droite qui passe par les extrémités de la distance PQ.

Pour déterminer $\Delta \cos^2 \alpha$, connaissant Δ et α, il suffit d'un simple calcul logarithmique ; mais on facilite cette détermination au moyen d'une table qui donne, de grade en grade, la distance réduite pour $\Delta = 10, 20, 30… 90$ mètres (voir à la fin de ce traité la table II).

L'usage de cette table se comprend facilement :

Soient $\Delta = 164^m.10$ et $\alpha = 7^G$.

100^m sous 7^G se réduisent à			$98^m.80$
60^m	—	—	$59^m.28$
4^m	—	—	$3^m.952$
$0^m.2$	—	—	$0^m.1976$
$164^m.20$			$162^m.230$

Soient encore $\Delta = 183^m$ et $\alpha = 10^G.38$

Comme $0^G.38$ est à peu près le tiers d'un grade, on se sert des nombres de la ligne 10^G en les diminuant du tiers de leur excès sur les nombres correspondants de la ligne 11^G. On trouve ainsi :

100^m sous $10^G.38$ se réduisent à			$97^m.34$
80^m	—	—	$77^m.91$
3^m	—	—	$2^m.922$
183^m			$178^m.172$

Les explications qui ont été données, n° 18, relativement au cas où $\Delta - D$ est plus petit que $\dfrac{M}{8000}$, peuvent être reproduites ici. Nous devons cependant ajouter que, toutes choses égales d'ailleurs, la quantité $\Delta - \Delta \cos^2 \alpha$ sera moins souvent négligeable que la quantité $\Delta - \Delta \cos \alpha$, différence entre la distance mesurée au mètre suivant la pente et la projection de cette distance (¹).

Dans le cas où l'on n'aurait à sa disposition ni table de logarithmes, ni table de réduction, on déterminerait la distance réduite par une construction graphique (fig. 33). Soit $ab = \Delta$ à l'échelle du dessin ; vers le milieu de ab on élève une perpendiculaire cf, et d'un point o de cette perpendicu-

---

(¹) La première de ces quantités est à peu près le double de la seconde. En effet on a :

$$\Delta - \Delta \cos^2\alpha = \Delta \sin^2\alpha \quad \text{et} \quad \Delta - \Delta \cos\alpha = 2\,\Delta \sin^2 \tfrac{1}{2}\alpha.$$

Si l'on remplace le sinus par l'arc, ce qui peut se faire sans grande erreur tant que α est faible, les deux quantités dont il s'agit deviennent

$$\Delta \alpha^2 \quad \text{et} \quad \Delta \frac{\alpha^2}{4}.$$

laire on décrit un cercle tangent à ab. On fait ensuite en o l'angle $com = 2\alpha$; par m on mène une parallèle à ab, et l'on joint a et b à l'extrémité f du diamètre passant par c. On a alors $a'b' = ab \cos^2\alpha$. En effet,

$$\frac{a'b'}{ab} = \frac{fg}{fc} = \frac{fo+og}{2fo} = \frac{fo+om\cos2\alpha}{2fo} = \frac{fo+fo\cos2\alpha}{2fo} = \frac{1+\cos2\alpha}{2} = \cos^2\alpha$$

32. Tout ce que nous venons de dire relativement à la manière d'opérer avec une mire à deux voyants mobiles, lorsqu'il est impossible de viser horizontalement, s'applique au cas où l'on emploie une mire dont le voyant supérieur est fixe ([1]).

Soit, par exemple, à mesurer la distance réduite de PQ (fig. 32). On stationne indifféremment au haut ou au bas de la pente. Supposons qu'on stationne en P. On établit l'objectif au-dessus de ce point, l'axe optique dirigé sur la ligne de foi F du voyant fixe de la mire qui est tenue verticalement en Q; puis on fait arriver la ligne de foi F' du voyant mobile sous le fil supérieur S du réticule; on inscrit : 1° l'angle α que l'axe optique fait avec l'horizon, 2° la hauteur de mire FF' = H, et l'on fait le calcul de OB comme il a été dit au numéro 31.

Avec une mire dont un des voyants est fixe, on travaille plus vite qu'avec une mire dont les deux voyants sont mobiles.

([1]) C'est ordinairement une grande règle graduée sur sa face postérieure (fig. 25), le numérotage procédant du centre du voyant fixe vers le talon de la mire. Lorsque les opérations se font à une petite échelle, on peut se servir d'une *mire parlante*. Cette mire (fig. 26) est formée d'une règle terminée par un voyant fixe ; des couleurs qui varient de décimètre en décimètre à partir du centre du voyant, sont appliquées sur la face de la règle qui doit être tournée du côté de l'observateur, et des graduations de 2 en 2 centimètres sont marquées sur le voyant. Ce dispositif permet au topographe de lire avec sa lunette la hauteur de mire. Voici comment : après la visée il compte, à partir du voyant, les variations de couleur jusqu'au fil L du réticule, ce qui donne, à moins d'un décimètre près, la hauteur cherchée ; puis il relève la lunette jusqu'à ce que le fil L couvre le bord supérieur de la couleur qu'il coupait d'abord ; l'autre fil qui s'est élevé de la même quantité indique cette quantité sur le voyant à moins de 2 centimètres près. On peut même l'avoir à 1 centimètre près, puisque l'une des graduations du voyant a les milieux de ses pleins en regard des joints de l'autre.

Lorsqu'on fera l'expérience d'étalonnage sur un terrain horizontal avec la première de ces mires, on devra avoir soin, dans le calcul du coefficient constant C, de tenir compte de l'inclinaison α de l'axe optique. Mais on peut éviter cette complication, en opérant comme suit : On stationne avec la lunette *horizontale* sur un terrain légèrement incliné ; l'aide descend la pente et on l'arrête lorsqu'il est arrivé en un point tel que le voyant supérieur se trouve sous le fil L du réticule ; on chaîne alors horizontalement la distance D' qui sépare ce point du point de station, on détermine la hauteur de mire H' interceptée entre les fils L et S et on a

$$C = \frac{D'}{H'}.$$

33. Pour déterminer à la stadia la distance en ligne droite entre deux points P et Q (fig. 34), on se place en station en un de ces points, P par exemple, et on vise *parallèlement au terrain*, c'est-à-dire qu'on dirige l'axe optique sur un point F de la mire situé à une hauteur telle, que la ligne de visée soit parallèle à la droite PQ. On fait ensuite arriver le voyant inférieur sous le fil S, et H étant la hauteur de mire FF', on trouve, par des raisonnements analogues à ceux du n° 31 :

$$PQ = OF = H \times C \cos α + ε - H \sin α.$$

34. Nous avons prescrit comme règle générale de diriger sur le voyant supérieur le fil L et non pas le fil S' (fig. 28), ou, en d'autres termes, d'employer les fils L et S de préférence aux fils S et S'. Voici la raison de cette prescription. Lorsqu'on fait couvrir le voyant supérieur par le fil L, qui rencontre l'axe optique en I, on obtient (fig. 32) H, α et la hauteur à laquelle cet axe passe au-dessus des points P et Q ; et l'on a ainsi, comme nous le verrons plus loin, tous les éléments nécessaires pour calculer, outre la distance horizontale, la différence de niveau entre les extrémités de la ligne qu'on mesure.

35. CHORISMOMÈTRE. — Il se compose, comme la stadia, d'une lunette et d'une mire.

La mire porte deux voyants *fixes*, distants l'un de l'autre d'une quantité connue H.

L'intervalle entre les fils du réticule est *variable*, au moyen d'un micromètre à fil curseur dont voici la construction :

xy (fig. 35) est un limbe dont l'épaisseur est traversée à son centre par une vis qui fait mouvoir l'un des fils *ce* parallèlement à l'autre *ab* ; une aiguille *my* fait corps avec la vis et sert à indiquer sur le limbe le mouvement de cette vis. Afin de reconnaître facilement le chemin parcouru par l'aiguille, on adapte contre le limbe XY une roue dentée R engrenant avec elle et dont l'axe est aussi armé d'une aiguille, qui, au moyen d'un autre limbe Z, fait connaître le nombre de tours entiers faits par la vis, tandis que les fractions de tour sont marquées sur le limbe XY par la distance de *my* au zéro de ce limbe.

Lorsque les fils sont en coïncidence, les aiguilles marquent zéro ; leur écartement *h* dans toute autre position, sera donc égal à la longueur *p* du pas de la vis multipliée par le nombre *n* de tours et de fractions de tour indiqué par les aiguilles.

36. On calcule l'éloignement D de la mire au moyen du nombre *n* que marque le micromètre, lorsque la hauteur verticale H est embrassée entre les deux fils du réticule. En effet, la hauteur de l'image focale formée par H est $h = np$, et l'on a, par conséquent,

$$D : d = H : np,$$

d'où

$$D = \frac{1}{n} \times \frac{dH}{p}.$$

Mais, dans l'hypothèse de l'invariabilité de la distance focale, le facteur $\frac{dH}{p}$ est constant. On le détermine par une expérience d'étalonnage, en plaçant la mire à une distance connue D' de la lunette et en faisant couvrir les lignes de foi des voyants par les deux fils du réticule. Soit *n'* le nombre de tours que marquent alors les aiguilles, on aura

$$D' : d = H : n'p,$$

relation qui donne

$$\frac{dH}{p} = n'D' = C,$$

coefficient constant du chorismomètre.

Ce coefficient étant connu, pour mesurer une distance quelconque AB, on met la lunette en station en A, son objectif au-dessus de ce point, et on lit sur les limbes du micromètre le nombre n de tours qu'on a dû imprimer à la vis pour faire embrasser par les fils la hauteur H de la mire tenue verticalement en B. La distance *lue* pour AB sera

$$\Delta = \frac{1}{n} \times C,$$

et l'on aura la distance *vraie* en ajoutant à Δ la correction focale ([1]). Pour ce qui regarde la réduction à l'horizon des distances observées, nous renvoyons à la théorie de la stadia.

37. Les résultats du numéro précédent sont applicables au cas où l'on remplace le micromètre à fil curseur par une plaque de verre délicatement rayée (fig. 36) et tenant lieu de réticule ; car, en appelant p la largeur de chacune des petites zones de cette plaque micrométrique, et n le nombre de zones que comprend l'image h de la mire H placée à la distance D de la lunette, on a

$$h = np$$

et

$$D : d = H : np.$$

([1]) Voici comment on calcule cette correction : on se sert des équations

$$\left.\begin{array}{l} \dfrac{D'}{H} = \dfrac{d'}{n'p} \\[2mm] \dfrac{1}{f} = \dfrac{1}{D'} + \dfrac{1}{d'} \end{array}\right\} \text{ se rapportant à l'expérience d'étalonnage,}$$

$$\left.\begin{array}{l} \dfrac{D}{H} = \dfrac{d}{np} \\[2mm] \dfrac{1}{f} = \dfrac{1}{D} + \dfrac{1}{d} \end{array}\right\} \text{ se rapportant à l'observation de D.}$$

Entre ces équations on élimine d, d' et p. On obtient ainsi

$$D - f = \frac{D'n'}{n} - f\frac{n'}{n},$$

Et en observant que $\Delta = \frac{1}{n} \times C = \frac{D'n'}{n}$, on trouve :

$$D - \Delta \text{ ou } \varepsilon = f\left(1 - \frac{n'}{n}\right).$$

38. STADIA-CHORISMOMÈTRE. — Dans cet instrument, la hauteur de mire H et son image focale h sont toutes les deux variables. La mire est en conséquence graduée comme celle de la stadia, et le réticule de la lunette est disposé comme celui du chorismomètre.

Si à une distance D une hauteur de mire H donne une image focale $h = np$, on a

$$D : d = H : np ;$$

d'où

$$D = \frac{d}{p} \times \frac{H}{n}.$$

Dans l'hypothèse de l'invariabilité de la distance focale, $\frac{d}{p}$ est un coefficient constant qu'on détermine par une expérience d'étalonnage faite à une distance connue D'. Soient H' la hauteur de mire employée dans cette expérience et $n'p$ son image focale, il vient

$$D' : d = H' : n'p,$$

d'où

$$\frac{d}{p} = \frac{n'D'}{H'} = C.$$

La distance lue pour D est donc

$$\Delta = \frac{H}{n} \times C,$$

et la distance vraie D s'obtient en appliquant à Δ les corrections dues à la variation de d et à l'inclinaison de la lunette.

39. Avec le chorismomètre, ainsi qu'avec la stadia-chorismomètre, on peut mesurer une distance AB (fig. 37), dont une extrémité B est inaccessible, pourvu qu'à cette extrémité il se trouve un objet vertical, sur lequel on distingue nettement deux points M et W situés dans l'alignement AB.

En effet, en appelant H la hauteur de mire MW et np la hauteur de son image focale observée en A, on a

$$AB : d = H : np.$$

Mesurons, à la chaîne, une base AC et soit $n'p$ l'image formée par la hauteur H observée de C ; il vient, en admettant que d reste constant,

$$CB : d = H : n'p.$$

De ces deux proportions, on tire

$$\frac{AB}{CB} = \frac{n'}{n};$$

d'où

$$\frac{AB}{AB-CB} = \frac{n'}{n'-n},$$

et

$$AB = AC \frac{n'}{n'-n}.$$

40. REMARQUE SUR LES STADIAS ET LES CHORISMOMÈTRES. — Sous le rapport de l'exactitude, ces diastimètres l'emportent, principalement dans les terrains coupés, sur la chaîne métrique ; et comme, en outre, ils ont sur celle-ci l'avantage de procurer une notable économie de temps et de n'exiger qu'un seul aide au lieu de deux, ils la remplacent dans tous les grands travaux topographiques.

CHAPITRE V.

Généralités sur les goniomètres.

41. Les goniomètres sont des instruments qui donnent l'amplitude des angles que font entre elles les directions du terrain.

Leur pièce principale est un limbe divisé en degrés ou en demi-degrés, quelquefois en quarts de degré (¹).

42. Au limbe est ordinairement adapté un appareil qui permet de lire les angles à une minute et même à une fraction de minute près. Cet appareil porte le nom de *vernier* ou

(¹) Quelques instruments sont divisés d'après la graduation centésimale.

Pour convertir des grades et fractions de grade en degrés et fractions de degré, et réciproquement, on se rappellera 1° que dans la division sexagésimale la circonférence est divisée en 360°, le degré en 60' et la minute en 60" ; 2° que dans la division centésimale, la circonférence comprend 400°, le grade 100 minutes et la minute 100 secondes.

nonius. Il se compose d'une lame de métal terminée par un arc VV', qui a même rayon et même centre C que le limbe (fig. 38), et fixée sur une règle A mobile autour du point C; de sorte que dans toutes les positions qu'on lui donne, son arc VV' arase les divisions du limbe LL'.

Appelons p la dernière subdivision du limbe [1].

Sur l'arc VV', on divise en n parties égales une portion on comprenant $n-1$ divisions p. Le nombre n dépend de l'approximation qu'on attend du vernier.

Soit d une des divisions qu'on vient de marquer sur le vernier; on a

$$nd = (n-1)\,p\,;$$

d'où

$$p - d = \frac{p}{n} \quad \text{et} \quad d = p - \frac{p}{n}.$$

Ceci établi, et les divisions du vernier étant cotées de zéro à n dans le même sens que celles de LL', supposons (fig. 39) qu'on ait fait glisser le zéro du vernier depuis le zéro du limbe jusqu'en y. Quel est le nombre de degrés, minutes, etc., décrit par le zéro du vernier ? En désignant par x le trait du limbe coté 13, l'arc parcouru est

$$13\,p + xy.$$

Pour déterminer xy, on note le numéro f du trait du vernier qui coïncide exactement avec un trait du limbe, et l'on a

$$xy = f\frac{p}{n}.$$

En effet,

$$\text{l'arc } xf = p \times f$$
$$\text{»} \quad yf = d \times f = \left(p - \frac{p}{n}\right) f = p \times f - f\frac{p}{n}\,;$$

d'où

$$xf - yf \text{ ou } xy = f\frac{p}{n}.$$

La réponse à la question est donc $13\,p + f\frac{p}{n}\ldots p$ est connu,

---

[1] Si le limbe est divisé en demi-degrés, $p = 30'$;
     »   »   quarts de grade, $p = 0^q,25$.

puisque c'est la plus petite division du limbe ; f et n se lisent sur le vernier.... Soit $p = 30'$, $n = 30$ et $f = 6$; l'arc parcouru sera égal à

$$\frac{13^{0}}{2} + 6\frac{30'}{30} = 6^{\circ}.36'.$$

$\frac{p}{n}$ est l'expression générale de la fraction que donne le vernier. Ainsi, dans notre exemple particulier, $\frac{p}{n}$ étant égal à $1'$, on dit que le vernier donne la minute. Cette fraction se forme très-facilement : elle a pour numérateur la plus petite subdivision du limbe, et pour dénominateur le plus haut nombre inscrit sur le vernier.

Lorsque ses divisions sont plus petites que celles du limbe, le vernier est dit *additif*.

Si, en outre, sa graduation court dans le même sens que celle du limbe auquel il est adapté, on a pour s'en servir la règle suivante :

Le zéro du vernier étant placé entre deux divisions consécutives du limbe, r et $r + 1$, sa distance xy à la division r est égale à la fraction $\frac{p}{n}$ multipliée par le numéro f du trait du vernier qui coïncide avec un trait du limbe.

$$(I)\ldots\ xy = f\frac{p}{n}.$$

Lorsque la graduation du vernier additif court en sens inverse de celle du limbe (fig. 40), cette règle doit être modifiée comme suit :

Le zéro du vernier étant placé entre deux divisions consécutives r et $r + 1$ du limbe, sa distance xy à la division r est égale à p moins f fois $\frac{p}{n}$, f étant le numéro du trait du vernier qui est en coïncidence avec un trait du limbe.

$$(II)\ldots\ xy = p - f\frac{p}{n}.$$

Pour se rendre compte de cette deuxième règle, il suffit de répéter sur la figure 40, les raisonnements qui ont été faits sur la figure 39 et desquels on a déduit la première règle.

On rencontre souvent des limbes qui, comme dans la

figure 40, ont deux graduations procédant dans des sens
opposés. Dans ce cas, on appliquera la règle I ou la règle II,
suivant que le zéro du vernier se trouvera sur l'une ou sur
l'autre de ces graduations.

Le vernier est dit *soustractif* lorsque ses divisions d sont
plus grandes que les dernières subdivisions p du limbe. On
le forme en divisant en n parties égales un arc comprenant
$n + 1$ divisions p.

On a donc $nd = (n + 1) p$ et $d = p + \frac{p}{n}$.

Et il est facile de conclure de là, en s'aidant de l'inspection
de la figure 41, que pour avoir la distance du zéro du vernier
soustractif à la plus faible des deux divisions du limbe entre
lesquelles il se trouve, il faut appliquer la règle II lorsque
les divisions du vernier courent dans le même sens que celles
du limbe, et la règle I dans le cas contraire.

De ce qui précède, il résulte qu'avant de se servir d'un
instrument à vernier, il faudra 1° constater si le vernier est
additif ou soustractif; 2° déterminer la fraction $\frac{p}{n}$; 3° examiner si les divisions du vernier et celles du limbe courent
dans le même sens ou en sens opposé, afin de décider
laquelle des deux règles on devra appliquer.

Les divisions étant en général très-serrées, la différence
de largeur de celles du vernier et du limbe se perd souvent
dans l'épaisseur des traits de séparation, et l'on trouve que
la coïncidence paraît exacte sur deux traits consécutifs. On
s'arrête alors sur la moyenne entre ces deux indications.

Tout ce que nous venons de dire du vernier adapté à un
limbe convient également au vernier des instruments destinés
à mesurer les longueurs. Le vernier est alors une lame rectiligne qui peut glisser parallèlement et le long des divisions
de l'instrument.

Nous terminons la théorie du vernier par quelques applications : 1° Adapter à un limbe divisé en demi-degrés un
vernier additif donnant la minute.

$$\frac{p}{n} = 1';$$

or, $p = 30'$, donc

$$n = 30.$$

Pour tracer le vernier, le constructeur prendra, sur un arc de même rayon que le limbe, un espace comprenant 29 demi-degrés, et il divisera cet espace en 30 parties égales.

2° Adapter à un limbe divisé en quarts de grade un vernier soustractif donnant les 5 minutes.

$$\frac{p}{n} = 5';$$

mais

$$p = 25';$$

donc

$$n = 5.$$

Pour construire le vernier, on divisera en 5 parties égales un espace de 6 quarts de grade pris sur un arc de même rayon que le limbe.

3° Adapter à une règle divisée en millimètres un vernier additif donnant les dixièmes de millimètre.

$$\frac{p}{n} = 0^{mm},1.$$

Et de ce que $p = 1^{mm}$, on conclut que $n = 10$.

Donc, pour tracer ce vernier, on partagera en 10 parties égales un espace de 9 millimètres.

43. Le limbe de la plupart des goniomètres est porté sur un pied à trois branches qu'on peut écarter à volonté pour obéir aux plis du terrain.

L'appareil qui le relie à ce trépied porte le nom de *genou*.

Le genou est un mode d'articulation du pied et de l'instrument qui permet de diriger celui-ci dans tous les sens. Il doit être disposé de telle façon qu'on puisse rendre le limbe promptement horizontal, le faire tourner sans qu'il perde son horizontalité et lui défendre tout mouvement.

L'horizontalité du limbe est vérifiée par le niveau à bulle d'air (n° 176), dont nous supposons l'usage connu.

44. Pour viser les signaux d'observation, les instruments de topographie sont pourvus de lunettes ou d'alidades à pinnules.

Une alidade à pinnules (fig. 42) est une règle (alidade) portant à ses deux extrémités des lames de cuivre AB, CD perpendiculaires au plan de la règle et parallèles entre elles.

À l'une est une fente *f* contre laquelle on applique l'œil ; à l'autre et vis-à-vis, est une fenêtre à jour, dans le milieu de laquelle est tendu un fil ou un crin F. Ces lames portent le nom de pinnules.

Comme il est utile de viser indifféremment par l'une ou l'autre pinnule, on a pratiqué dans chaque lame une fente et une fenêtre, l'une au-dessus de l'autre.

Les deux fentes et les deux fils doivent se trouver dans un même plan perpendiculaire à la règle. Ce plan s'appelle *plan de collimation*.

Lorsqu'au lieu de pinnules on emploie une lunette, cette lunette est, ou bien établie à demeure sur une alidade, ou bien mobile autour d'un axe fixé au haut d'une colonne que porte l'alidade (fig. 43). Dans le second cas, la lunette est dite *plongeante*. L'axe de rotation doit être parallèle à l'alidade et perpendiculaire à l'axe optique, pour que celui-ci décrive, dans le mouvement plongeant de la lunette, un plan perpendiculaire à l'alidade (plan de collimation). Ces deux conditions sont évidemment remplies, lorsque l'alidade étant placée sur un plan horizontal, le point de croisement I des fils du réticule (fig. 28), dans toutes les positions qu'on fait prendre à la lunette autour de son axe de rotation, couvre constamment un fil à plomb librement suspendu à quelque distance de l'instrument. Si cette vérification est en défaut, on rectifie en agissant sur les vis que porte la lunette et qui permettent, les unes de modifier l'inclinaison de l'axe de rotation, les autres de faire glisser le réticule perpendiculairement à l'axe du canon.

45. Pour viser un signal avec une alidade à lunette ou à pinnules tournant autour du centre d'un limbe, on doit la diriger d'abord à peu près sur l'objet, puis achever de la pointer exactement en lui imprimant de petits mouvements ; ce qui demande de longs tâtonnements et une certaine adresse.

Pour éviter cet inconvénient, on a muni, dans la plupart des goniomètres, les alidades d'une vis de rappel destinée à leur imprimer des mouvements très-doux.

Voici comment cette vis de rappel est ajustée sur le limbe.

LL' est un limbe sur lequel une alidade A peut pivoter autour du centre C (fig. 44).

DD est un curseur indépendant de l'alidade, mais entraîné par elle.

Le curseur porte à sa partie supérieure une pince entre les doigts de laquelle se place le bord du limbe. La pince est armée d'une vis de pression G ; de sorte que ses doigts lâchent ou saisissent le limbe selon qu'on tourne la vis G dans un sens ou dans l'autre.

Le curseur porte encore un écrou E, dans lequel mord une vis R. Cette vis, qui est tenue dans un collet H fixé à l'alidade, porte le nom de vis de rappel.

L'effet produit par ce mécanisme est facile à comprendre.

Quand la vis de pression G est lâchée, on peut tourner à la main l'alidade, et celle-ci entraîne, outre la lunette, le curseur DD. Le plan de collimation étant à peu près sur le signal qu'on doit viser, on serre la vis G : le curseur et le limbe sont alors solidaires et l'alidade ne peut plus être tournée à la main. On agit ensuite sur la vis de rappel R. Celle-ci mordant dans l'écrou E donne à l'alidade une marche lente, qui permet d'amener, sans saccades, le plan de collimation à coïncider exactement avec le signal. En effet, on sait qu'un tour de la vis fait marcher l'écrou dans le sens de l'axe d'une longueur égale au pas de la vis ; si ce pas est d'un demi-millimètre, en donnant à la vis un douzième de tour, on ne fera avancer l'écrou que d'un vingt-quatrième de millimètre.

La disposition des vis de rappel varie avec la forme de l'instrument ; mais c'est toujours le principe précédent qui en détermine la construction.

46. Pour construire les angles sur le papier, l'instrument le plus en usage est un demi-cercle en corne ou en cuivre que l'on nomme *rapporteur* (fig. 45). Il est divisé de degré en degré ou de demi-degré en demi-degré ; les fractions s'estiment à l'œil. Une première graduation *ab* court de gauche à droite de 0 à 180° ; une deuxième *a'b'* procède dans le même sens de 180 à 360°. Dans les rapporteurs qui ne sont pas transparents, une troisième graduation court de droite à gauche depuis zéro jusqu'à 2 droits. Outre ces divisions, les rapporteurs portent ordinairement deux arcs *df*, *gh* comprenant 50 degrés environ : les graduations marquées sur *df* et sur *gh* diffèrent de 90° des graduations inscrites respectivement sur *ab* et *a'b'*.

Les arcs *df* et *gh* constituent le *rapporteur complémentaire*.

Les principales vérifications auxquelles il faut soumettre le rapporteur sont les suivantes :

1° *L'exactitude de la graduation.* — On s'assure à l'aide du compas qu'un même nombre de degrés correspond partout à une même fraction du limbe.

2° *La position du centre.* — On mesure un même angle tracé sur le papier en partant de différents points de la graduation. Si l'on obtient toujours la même amplitude numérique, c'est que l'instrument est bien centré ; dans le cas contraire, il doit être rejeté.

3° *La rectitude du bord MN de la règle qui termine le rapporteur.* — On s'en assure en traçant une ligne fine au crayon le long de ce bord (fig. 46); puis on fait tourner le rapporteur autour de MN comme charnière, de sorte que la face supérieure devienne face inférieure. Dans cette position, on trace une seconde ligne le long de l'arête MN : l'espace qui règne entre les deux traits représente le double de la courbure de cette arête.

4° *Le parallélisme du bord MN et du diamètre initial.* — Pour l'apprécier, on placera le diamètre initial sur une droite DD du papier et l'on tracera une ligne fine le long du bord MN; puis on retournera le rapporteur sur la face opposée (fig. 47), on fera de nouveau coïncider le diamètre initial avec la droite DD, et l'on tracera une seconde ligne le long de MN : l'angle α que font entre elles les deux lignes tracées est double du défaut de parallélisme. Cette erreur étant constante, on pourrait y avoir égard dans la pratique, mais il est beaucoup plus simple et plus exact de la faire rectifier.

Pour évaluer numériquement un angle ACB (fig. 48) tracé sur le papier, on applique le diamètre initial sur l'un des côtés AC, puis on fait coïncider le centre avec le sommet :

le côté BC coupe la demi-circonférence en un point où on
lit la graduation.

La construction d'un angle donné par son amplitude numérique s'opère de la manière suivante :

Soit à faire au point C avec la droite CB (fig. 49) un angle
de 35°. On met le diamètre initial sur CB, le centre sur C ;
on marque sur le papier le point A correspondant à la division
35 et on le joint au point C.

Si CA doit être tracé dans le sens CA' ou CA", on tient
sur CB la division 35 et l'on marque le point correspondant
au zéro du rapporteur. On pourrait aussi agir comme dans
le premier cas, en lisant par transparence, si le rapporteur
est en corne ; ou s'il est en cuivre, en se servant de la graduation qui court de droite à gauche.

Cette méthode, qui semble la plus naturelle, présente
deux causes d'erreur provenant : 1° de ce qu'on doit projeter
à vue sur le papier le numéro A de la graduation du rapporteur, et 2° de ce qu'il faut faire passer une droite par les
points A et C. Nous préférons de beaucoup la méthode suivante, connue sous le nom de *méthode des praticiens* : Pour
faire en D au-dessous de DB un angle de 35° compté de
droite à gauche, on fait glisser le rayon C — 35 sur DB
jusqu'à ce que le bord MN passe par D, et l'on trace une ligne
le long de ce bord (fig. 50).

Si le côté DA devait avoir la direction DA', on procéderait
d'une manière analogue, mais en lisant par transparence.

47. On a adapté à des rapporteurs en cuivre un vernier
qui permet d'y lire les angles à une minute près (fig. 51).

Le bord ID de l'alidade doit être exactement aligné sur le
centre C et passer par le zéro du vernier. Le centre C est au
milieu d'un trou à jour, où il est marqué par deux soies qui
se croisent.

Pour construire avec cet instrument un angle de *h*° en un
point d'une droite, on place le centre sur ce point, le diamètre 0 — 180 suivant la droite ; on amène l'alidade ID de
manière que le zéro du vernier qu'elle porte coïncide avec la
division *h* et l'on trace une ligne le long du bord ID.

Si l'angle à construire était de *h* degrés + *p* minutes, il
faudrait amener le zéro du vernier entre la division *h* et la

division $h + 1$, le trait p du vernier étant en coïncidence avec un trait du rapporteur.

Il semble que l'addition du vernier soit une amélioration, mais l'expérience a démontré qu'il n'en est pas ainsi : aussi existe-t-il fort peu de rapporteurs à vernier dans le commerce.

48. L'imperfection du rapporteur a donné à Francœur l'idée de calculer la valeur des cordes des arcs compris entre 0 et 180° pour un rayon de mille parties et d'en former une table.

Si, en un point a, on doit construire avec ab un angle de 37°20′ (fig. 52), on décrit un arc cd de a comme centre et avec un rayon égal à mille parties quelconques, par exemple mille dixièmes de millimètre ; puis on prend dans la table des cordes l'indication 640 en regard de 37°20′ et de c comme centre avec un rayon égal à 640 dixièmes de millimètre, on trace un arc qui coupe le premier en d ; on joint ad et l'angle $dac = 37°20′$.

D'après ce que nous avons vu au N° 22, pour que la construction par la corde soit bonne, il faut que l'angle à tracer ne dépasse pas les $\frac{4}{3}$ d'un droit. Si cet angle est très-obtus, on trace son supplément.

Quand la construction ne demande pas une trop grande précision, on remplace avantageusement la table des cordes par l'échelle des cordes (fig. 53), règle divisée suivant les valeurs des cordes inscrites dans la table pour un rayon AB pris arbitrairement.

Pour tracer en un point d'une droite un angle de 43°, on agira comme il a été dit lorsqu'on fait usage de la table des cordes ; le rayon du premier arc sera AB et celui du second AC.

49. Ce que nous venons de dire de l'emploi des cordes, nous dispense de donner des explications sur l'usage du sinus ou de toute autre ligne trigonométrique pour la construction des angles. La figure 54 explique suffisamment comment on fait en a avec une droite ab, un angle bad dont on connaît, pour un rayon donné r, le sinus, le cosinus ou la tangente ; et il sera facile d'en déduire la construction par la cotangente, la sécante et la cosécante.

50. Tels sont les procédés employés généralement en topographie pour tracer les angles dont l'amplitude numérique est donnée.

La construction au moyen du rapporteur est moins exacte que le rapport des angles au moyen des lignes trigonométriques ; mais comme elle est plus expéditive et que l'erreur qu'elle comporte ne doit pas dépasser cinq minutes (¹), on la préfère à l'autre lorsqu'on travaille à une petite échelle $\frac{1}{M}$.

Une erreur angulaire de 5′ ne devient, en effet, graphiquement appréciable que lorsque les côtés ont plus de 8 centimètres (n° 9), et l'obligation de limiter les côtés du canevas à $0^m08 \times M$ est d'autant moins gênante que M est plus grand ou $\frac{1}{M}$ plus petit.

Sur quoi nous ferons remarquer que l'on doit toujours tenir note, dans un carnet qui reste annexé à la carte-minute (²), des observations d'angles, etc., faites sur le terrain, afin de ne pas devoir recourir à cette carte pour connaître les éléments de la planimétrie dont on pourrait avoir besoin.

51. On sait que pour la construction des cartes topographiques, il faut déterminer la réduction à l'horizon des angles du terrain.

La réduction à l'horizon est l'angle formé par les traces horizontales des plans verticaux menés par les côtés de l'angle à observer, et les goniomètres sont disposés de manière à la donner directement. C'est ce que nous allons faire voir en donnant la description et l'usage des principaux goniomètres employés en topographie.

(¹) Sur un limbo divisé en demi-degrés, on distingue parfaitement le tiers d'avec la moitié d'une subdivision, et la différence entre ces fractions du demi-degré est de 5′.

(²) La carte-minute ou simplement minute est la traduction graphique de toutes les opérations faites sur le terrain.

CHAPITRE VI.

Graphomètre à pinnules, Théodolite topographique et Pantomètre.

52. GRAPHOMÈTRE A PINNULES. — Il se compose d'un limbe demi-circulaire monté sur un genou, qui le relie au trépied (fig. 55) (¹).

Deux nivaux à bulle d'air placés à angle droit sont ordinairement logés dans l'épaisseur du limbe.

Le limbe est divisé en degrés de 0 à 180°, et même en demi-degrés ; le numérotage procède tant dans un sens qu'en sens contraire. Il porte deux alidades à pinnules, l'une fixe FF′ vers son diamètre 0 — 180, l'autre mobile IIII′ autour de son centre. Cette dernière est armée de deux verniers.

Les conditions de construction sont :

1° Le plan de collimation de chacune des deux alidades doit être perpendiculaire au plan du limbe.

2° Lorsque les plans de collimation des deux alidades sont

(¹) Le genou qui est représenté dans cette figure porte le nom de genou à coquilles.

Il se compose d'une courte tige *t* fixée à l'instrument, et terminée par une boule de cuivre. Le cylindre de cuivre MD qui porte en bas la douille D où entre la tige du trépied, est terminée à la partie supérieure par deux coquilles évidées latéralement, dont l'une peut être rapprochée et serrée contre l'autre à l'aide d'une vis de pression V. C'est entre ces deux coquilles que la boule est saisie comme entre deux mâchoires.

En desserrant la vis de pression V, on rend à la boule sa mobilité en tous sens, ce qui permet de faire prendre au limbe toutes les positions. Quand on a dirigé le limbe à peu près comme on veut, on serre légèrement la vis : le frottement suffit pour retenir la boule, tout en lui permettant encore de rouler un peu dans les coquilles pour achever de mettre l'instrument en station. Après quoi on serre fortement la vis de pression pour que le tout soit solidaire.

Le genou à coquilles n'est plus guère employé : sa manœuvre exige de longs tâtonnements pour amener le limbe horizontal ; et une fois ce résultat obtenu il est presque impossible de le conserver, lorsqu'on fait décrire à l'instrument un tour d'horizon.

dirigés sur un même point, le zéro du vernier doit coïncider avec celui du limbe.

3° L'axe de rotation de l'alidade mobile doit passer par le centre du limbe, c'est-à-dire que l'instrument doit être bien centré.

Supposons pour le moment le graphomètre vérifié dans toutes ses parties et voyons comment on s'en sert pour lever un angle BC'A.

Après avoir placé le limbe horizontalement, son centre C dans la verticale du sommet C' et l'alidade IIII' à zéro, on fait tourner tout l'instrument jusqu'à ce que le plan de collimation de l'alidade fixe FF' passe par un jalon planté verticalement en A. Puis, fixant tout dans cette position, on amène l'alidade IIII' sur le jalon B, et on lit la graduation d que marque alors le zéro du vernier. Cette graduation est l'amplitude numérique de l'angle BC'A réduit à l'horizon.

Avant de faire la lecture, il faut avoir soin de s'assurer si l'alidade fixe est encore sur A ; et, si elle n'y est plus, on doit recommencer l'opération. Ceci explique l'utilité de l'alidade fixe, et cette explication était nécessaire parce qu'à première vue, il semble qu'avec la seule alidade mobile on peut mesurer un angle. On le peut, en effet, en tournant d'abord tout l'instrument de manière que cette alidade, placée à zéro, couvre le point A, puis en faisant tourner cette même alidade jusqu'à ce qu'elle passe par B : le zéro du vernier indiquerait encore l'amplitude de l'angle observé, mais il serait impossible de vérifier si, en dirigeant l'alidade sur B, on n'a pas dérangé l'instrument.

Il peut arriver que le sommet C' de l'angle AC'B (fig. 56) ne soit pas de nature à permettre qu'on s'y place en station. Il faut alors établir l'instrument en un lieu voisin D d'où l'on mesure les angles ADB, ADC' et BDC'. On détermine ensuite les distances DC', AC' et BC', et l'on a ainsi les éléments nécessaires pour calculer les angles α et β. La correction à appliquer à ADB pour avoir AC'B est la somme des angles α et β si le point de station D a été pris dans AC'B ou dans son opposé par le sommet ; elle est égale à la différence des mêmes angles dans les autres cas.

4

IMPORTANCE DES OPÉRATIONS DE LA MISE EN STATION. — 1° *Le centre du limbe doit être dans la verticale du sommet de l'angle.* — On fait ordinairement cette opération à vue, et, avec un peu d'habitude, on la réussit à quelques millimètres près, ce qui est suffisant au point de vue de l'exactitude graphique. En effet, prenons le cas le plus défavorable, celui où la verticale du sommet passe à 5 millimètres du centre C et perce le limbe dans un des angles ACB, HCF, en C" par exemple (fig. 57). L'angle cherché AC"B diffère alors de l'angle observé ACB de la quantité $\alpha + \beta$. Or, dans le triangle AC"C on a :

$$sin \, \alpha = sin \, CC''A \times \frac{CC''}{CA}.$$

En donnant à *sin* CC"A sa plus grande valeur, c'est-à-dire l'unité, et en prenant pour CA la plus petite distance à laquelle on place les jalons dans l'observation des angles, soit 25 mètres, on a pour déterminer la valeur maximum de α la relation

$$sin \, \alpha = \frac{0,005}{25} = 0,0002 = sin \, 41''.$$

L'erreur $\alpha + \beta$ ne dépassera donc pas $41'' \times 2 = 1'.22''$, quantité angulaire qui ne devient appréciable que lorsque les côtés réduits à l'échelle ont plus de 30 centimètres.

2° *Le limbe doit être horizontal.* — S'il n'en était pas ainsi, les plans de collimation ne seraient pas verticaux et l'on n'obtiendrait pas la projection horizontale de l'angle, mais sa projection sur le plan incliné du limbe.

Remarquons toutefois que la différence entre ces deux projections est graphiquement inappréciable lorsque l'inclinaison du limbe sur l'horizon est très-faible.

Comme les alidades ne sont pas plongeantes, lorsque les objets A et B sont très-bas ou très-élevés par rapport au point de station, on doit, pour les observer, incliner le limbe et réduire à l'horizon l'angle lu. Ce cas est heureusement fort rare, car, avec des pinnules de 7 à 8 centimètres de haut et écartées de $0^m.25$, on peut viser toutes les directions faisant avec l'horizon des angles de 0 à 15°, et ce n'est qu'exceptionnellement qu'on doit viser sous des angles plus grands.

VÉRIFICATION DU GRAPHOMÈTRE A PINNULES. — Pour vérifier si l'instrument satisfait à la 1re condition, on établit le limbe horizontalement et l'on vise successivement avec les deux alidades une verticale, telle que l'arête d'un bâtiment ou un fil à plomb ; si le fil et la fente de chaque pinnule recouvrent cette verticale, les deux plans de collimation sont verticaux et conséquemment perpendiculaires au limbe. Dans le cas contraire, on fait rectifier l'instrument par le mécanicien.

Pour s'assurer si la seconde condition est remplie, on vise un même point avec les deux alidades et il faut alors que les verniers marquent zéro. S'ils marquent $n°$, il y a une erreur de collimation de $n°$, erreur constante qu'on détermine avant de commencer les opérations du levé, et dont on corrige les angles qu'on observe.

La correction de collimation est moins ou plus $n°$, suivant que, dans l'expérience ci-dessus, le zéro du vernier est intérieur ou extérieur à la graduation du limbe. C'est afin de pouvoir lire l'erreur dans le dernier cas qu'on prolonge cette graduation de quelques divisions au delà des deux zéros (¹).

Quant à la vérification de la 3e condition, le centrage de l'instrument, on détermine un angle ACB directement, puis par somme et par différence en le rapportant successivement à des directions auxiliaires CR, CR', CR"... (fig. 58). Si tous les résultats sont égaux entre eux, on peut affirmer que le graphomètre est bien centré. Lorsque cette vérification ne se fait pas, il y a défaut de centrage, et nous allons faire voir que l'erreur qui en résulte est variable. Supposons que l'alidade mobile tourne autour du point P au lieu de tourner autour du centre C (fig. 59). Pour observer XCY, on met, comme il a été dit plus haut, l'instrument horizontalement

---

(¹) Il est bon de déterminer chaque jour l'erreur de collimation, car l'usage de l'instrument et les conditions atmosphériques peuvent la modifier.

au-dessus du sommet C, et on dirige les alidades FF' et HH'
sur les jalons A et B placés en des points quelconques sur
les côtés de l'angle. Désignons l'angle lu par l; la graduation de cet angle est indiquée en H par le zéro du vernier.
Comme l'angle à déterminer est mesuré par l'arc OHV,
l'erreur est le nombre de degrés contenus dans l'arc HV,
arc qui mesure l'angle ε. Cette erreur ε est variable. En effet
supposons, pour en donner la preuve le plus simplement
possible, que le jalon qui signale le côté CY se trouve en B'.
Le zéro du vernier de l'alidade dirigée suivant hh' sur ce
jalon sera alors en h et l'erreur d'excentricité hCV sera plus
grande que dans le premier cas. Ainsi ε varie avec la distance
à laquelle on place les jalons. Il est d'ailleurs facile de
prouver qu'elle varie aussi avec la grandeur de l'angle à
observer.

Comme l'erreur ε est, dans la plupart des cas, trop grande
pour qu'on puisse la négliger, il s'ensuit qu'un graphomètre
qui n'est pas bien centré doit être rendu au constructeur.
Remarquons toutefois que s'il a un limbe entier (fig. 60), il
est susceptible de donner des résultats graphiquement exacts.
Voici comment on s'en sert alors :

Après avoir placé l'instrument en station au sommet de
l'angle XCY et dirigé les alidades suivant les côtés de cet
angle sur des jalons A et B aussi éloignés que possible de C,
on diminue de 90° la demi-somme des lectures faites aux
deux verniers de l'alidade HH', et on a l'amplitude cherchée.
En effet, l'angle en B étant excessivement petit, HH' et VV'
peuvent être considérés comme parallèles. Donc :

$$H'V' = HV = ε.$$

Désignons par l et l' les lectures faites respectivement en
H et en H', et par m l'amplitude de XCY. On a :

$l =$ nombre de degrés contenus dans l'arc OH $\rbrace$
$m =$ id.   id.   OV $\rbrace$ $l = m - ε$
$l' =$ id.   id.   OHFH'. Donc :

$$l' = 180° + m + ε.$$

Et en ajoutant les deux dernières équations ci-dessus membre à membre, on obtient

$$l + l' = 180° + 2m,$$

d'où l'on tire $m = \frac{l+l'}{2} - 90°$.

Si l'angle observé était plus grand que 90°, on devrait augmenter de 90° la demi-somme des deux lectures.

On suppose évidemment dans ce qui précède que la graduation du limbe est bien faite. Si l'on voulait s'en assurer, on procéderait comme il a été dit pour le rapporteur (N° 46).

Remarque. — Le plan de collimation de l'alidade fixe ne doit pas nécessairement passer par le centre du limbe : cette alidade peut avoir une position quelconque, mais on la place ordinairement, pour la symétrie, suivant le diamètre 0-180.

53. Le graphomètre à lunettes non plongeantes diffère du précédent, en ce que les pinnules sont remplacées par deux lunettes dont les axes restent parallèles au limbe. La lunette fixe est placée sous le limbe, l'autre est au-dessus.

On manœuvre cet instrument et on le vérifie comme le graphomètre à pinnules.

55. THÉODOLITE TOPOGRAPHIQUE. — C'est un graphomètre à limbe entier dont les deux lunettes sont plongeantes (fig. 61) (¹).

(¹) Le genou que nous représentons dans la fig. 61 est à vis calantes.

Il se compose d'une colonne terminée par trois branches munies d'écrous dans lesquels mordent des vis à large tête V, V', V" qu'on appelle vis calantes. Les extrémités de ces vis reposent sur le trépied aux sommets d'un triangle équilatéral.

La colonne porte à sa partie inférieure une tige dont le bout fileté traverse la tête du trépied et est reçu dans un écrou de pression E au moyen duquel on fixe l'appareil sur le pied.

Tout l'instrument (le limbe et les deux lunettes) peut tourner autour d'un axe central perpendiculaire au plan du cercle et logé dans la colonne : le mouvement doux lui est communiqué au moyen d'une vis de rappel R'.

Pour rendre le limbe horizontal, on le tourne de manière qu'un de ses niveaux N soit dans la direction de deux vis calantes V et V' ; puis on amène la bulle du niveau N et celle du niveau N' entre leurs repères,

Deux niveaux à bulle d'air N et N' sont encastrés à angle droit dans l'épaisseur du métal.

Le limbe est divisé en demi-degrés, qui sont numérotés tant dans un sens que dans l'autre.

L'alidade de la lunette supérieure porte deux verniers dont les divisions arasent celles du limbe. Cette alidade, mobile autour du centre, est armée d'une vis de rappel R qui lui donne le mouvement doux. La lunette inférieure n'a pas de mouvement indépendant : elle ne peut se mouvoir qu'avec le limbe.

Les conditions de construction du théodolite sont celles du graphomètre ordinaire, et elles se vérifient comme ces dernières.

Observons cependant que si les lunettes dans leur mouvement plongeant ne décrivent pas un plan perpendiculaire au limbe, il n'est pas toujours nécessaire de rendre l'instrument au constructeur : dans quelques graphomètres à lunettes, on a ménagé les moyens de rectification.

Pour observer un angle AC'B, on place le limbe horizontalement, son centre dans la verticale du sommet C'. On met ensuite l'alidade supérieure à zéro, son oculaire du côté de celui de la lunette inférieure, et on tourne tout l'instrument jusqu'à ce que l'axe optique de celle-ci se trouve sur un point de l'axe du jalon planté verticalement en A ; puis, après avoir serré la pince de la vis de rappel R' afin de rendre solidaires le genou et le limbe, on amène l'axe optique de la lunette supérieure sur le jalon B. L'arc décrit par l'alidade de cette lunette se lit, sur la graduation numérotée dans le sens du mouvement, au zéro du vernier, et cet arc est la mesure de l'angle AC'B réduit à l'horizon.

Si l'instrument était affecté du défaut de centrage, on agirait comme il a été dit pour le graphomètre à pinnules.

en tournant pour la première les vis V et V' et pour l'autre la vis V". Le limbe, contenant alors deux horizontales qui se coupent, est horizontal.

Le genou à vis calantes présente sur le genou à coquilles le grand avantage de n'exiger aucun tâtonnement pour la mise en station du limbe et de conserver à celui-ci son horizontalité lorsqu'on le fait tourner autour de son axe.

Souvent, pour éviter le chatnage des côtés des angles qu'on observe, on ajoute au réticule les fils nécessaires pour transformer la lunette ordinaire en lunette-stadia ; et, avant de commencer les opérations, on détermine par une expérience d'étalonnage le coefficient pour les fils horizontaux qu'on se propose d'employer (Nᵒˢ 27 et 29).

Il va sans dire que, dans ce cas, le jalon qui signale les points est remplacé par une mire à deux voyants, ou par une mire parlante. Et, comme il est utile de connaître l'angle que l'axe optique fait avec l'horizon, il convient aussi d'adapter à celle des deux lunettes qu'on transforme en lunette-stadia un éclimètre, ou arc vertical gradué qui suit le mouvement plongeant et vient présenter ses divisions à une ligne de foi *f* tracée sur une pièce fixée à la colonne de la lunette. L'axe optique est horizontal lorsque le zéro de l'éclimètre est en coïncidence avec cette ligne de foi.

L'adaptation de l'éclimètre serait inutile si l'on pouvait toujours viser horizontalement, car on place facilement, et à vue, une lunette dans une direction sensiblement horizontale, et l'on sait que quand l'angle d'inclinaison est très-petit, la réduction à l'horizon de la distance observée n'est pas nécessaire.

56. PANTOMÈTRE. — Cet instrument se compose de deux cylindres droits I et S mis en contact suivant deux de leurs bases (fig. 62).

Il est fixé au support par une douille D sur laquelle il peut pirouetter.

Le cylindre I a son bord supérieur divisé en degrés ou en demi-degrés ; il porte une fente *f* suivant la génératrice droite qui passe par le zéro de la graduation, et sur la génératrice opposée une fenêtre F, invisible dans la figure.

Le cylindre S, qui peut tourner sur son axe au moyen du bouton B, porte également suivant deux génératrices opposées une fente *f'* et une fenêtre F', la fente correspondant au zéro du vernier dont les divisions sont tracées sur le bord inférieur de ce cylindre.

De sorte que, par construction, lorsque les plans de collimation des deux pinnules sont dirigés sur un même objet, le zéro du vernier et celui de la graduation sont en coïncidence.

Comme on le voit, le pantomètre ne diffère du graphomètre que par la forme : aussi renvoyons-nous à ce dernier instrument pour tout ce qui concerne son emploi et ses vérifications.

CHAPITRE VII.

Goniomètres à réflexion. — Principes.

57. La théorie de tous les goniomètres à réflexion repose sur ce principe de physique :

Lorsqu'un rayon de lumière *ab* tombe sur un miroir plan *mn* (fig. 63), il est réfléchi suivant *bc* en faisant avec la surface du miroir un angle *nbc* égal à l'angle *mba* suivant lequel il est arrivé. Le rayon incident *ab* et ce rayon réfléchi étant dans un plan perpendiculaire au miroir, si l'on mène la normale *bd*, on a $abd = cbd$. Le premier de ces angles s'appelle angle d'incidence, le second angle de réflexion.

On peut donc énoncer le principe d'une manière plus concise, en disant : « l'angle de réflexion est égal à l'angle d'incidence. »

Les goniomètres à deux miroirs sont fondés sur cette propriété : MO et NO sont deux miroirs faisant entre eux un angle *α* (fig. 64) ; un rayon lumineux LA vient frapper l'un d'eux en A, où il se réfléchira suivant AB en faisant au départ un angle BAO, égal à l'angle d'arrivée LAN. En B, il sera de nouveau réfléchi et renvoyé suivant BC, et ainsi de suite. Ceci posé, je dis que « l'angle formé par le rayon incident LA et ce même rayon réfléchi 2, 4, 6..., 2*n* fois, est égal à 2, 4, 6..., 2*n* fois l'angle *α* des deux miroirs. »

En effet, dans le triangle BAH on a pour la valeur de l'angle *x* formé par le rayon incident LA et ce même rayon réfléchi deux fois suivant BC :

$$x = 180 - HAB - HBA = 180 - 2i - (180 - 2i') = 2(i' - i).$$

Et pour la valeur de α, le triangle OBA donne :

$$\alpha = 180 - OAB - OBA = 180 - i - (180 - i') = i' - i.$$

Donc $x = 2\alpha$ ([1]).

Pour démontrer que l'angle y formé par le rayon incident LA et ce même rayon réfléchi 4 fois est égal à 4α, on considère BC comme un rayon incident qui est réfléchi la seconde fois suivant DE, et, d'après ce qui vient d'être démontré, on a : BPD $= 2\alpha$. Donc, l'angle y étant extérieur au triangle PQH, il vient :

$$y = HPQ + PHQ = 2\alpha + x = 4\alpha.$$

On démontrerait de la même manière le théorème pour la sextuple réflexion, etc.

Les goniomètres à réflexion qu'on emploie en topographie portent le nom de sextants. On les appelle ainsi parce que leur limbe est généralement un sixième de circonférence.

L'instrument connu dans la marine sous le nom d'octant n'est qu'un sextant dont le limbe a un huitième de cercle.

Les sextants ne sont pas portés sur un pied.

Il y en a de deux espèces : les sextants à un seul miroir et les sextants à deux miroirs.

CHAPITRE VIII.

Sextants à un miroir.

Nous décrirons deux instruments de cette catégorie : un sextant gradué et un sextant rapporteur.

58. Le *sextant gradué à un miroir* se compose d'un

([1]) Si l'inclinaison des miroirs et la direction du rayon incident LA modifiaient la figure pour la rendre telle que la figure 65, on démontrerait le théorème pour la double réflexion de la manière suivante :

$$x = HAB + HBA = 180 - 2i + 180 - 2i' = 360 - 2(i + i')$$
$$\alpha = 180 - OAB - OBA = 180 - i - i'$$

Donc $x = 2\alpha$.

limbe LEL′ divisé en demi-degrés ; ces demi-degrés sont notés comme des degrés entiers (fig. 66).

Autour d'un axe passant par le centre C et perpendiculaire au plan LCL′, peut se mouvoir une alidade munie d'un vernier. Sur cette alidade est fixée une glace MN divisée en deux parties dont l'une, CN, est diaphane et l'autre CM est étamée sur ses deux faces.

En H se trouve une lunette (ou un simple tube viseur), dont l'axe est parallèle au plan du limbe. Cet axe rase la surface réfléchissante MC, lorsque le zéro du vernier coïncide avec le zéro du limbe.

. Pour observer un angle ACB : placer l'alidade à zéro et tenir, à vue, le limbe horizontalement, son centre dans la verticale du sommet, la lunette dirigée sur A. Dans cette position, MN est dans le prolongement de l'axe optique. Tourner ensuite l'alidade jusqu'à ce que l'image du signal B couvre, sur la ligne CD de la glace, le signal A vu directement, et lire la graduation marquée par le zéro du vernier. Cette graduation donne l'amplitude de l'angle ACB. En effet, les angles MCA et NCH sont égaux comme opposés par le sommet et NCH $=$ MCB parce que l'angle de réflexion est égal à l'angle d'incidence. Donc MCA $= \frac{1}{2}$ ACB, et les demi-degrés étant numérotés comme des degrés entiers, l'arc lu au zéro du vernier est la mesure de l'angle cherché ACB.

Pour vérifier l'instrument, on s'assure si le vernier marque zéro lorsque l'axe du tube rase la surface réfléchissante, c'est-à-dire lorsque aucun objet n'est vu par réflexion. Si dans cette position du miroir, le vernier marque $n°$, la correction constante de collimation est $\mp n$ pour les angles lus sur l'arc EL et $\pm n$ pour ceux qu'on lit sur EL′, suivant que le zéro du vernier est à gauche ou à droite de celui du limbe.

D'où il suit que pour s'affranchir de l'erreur de collimation, il suffit, après avoir observé un angle ACB comme on vient de le faire, de tourner l'instrument de manière que ses divisions, qui étaient tournées vers le ciel, regardent maintenant la terre, de viser directement le point A et de le couvrir de nouveau par l'image de B : la demi-somme des deux lectures donne l'angle ACB dégagé de l'erreur de collimation.

Quant à la vérification du centrage de l'instrument, elle se fait comme il a été dit pour le graphomètre.

59. Le *sextant rapporteur à un miroir* se compose de deux règles égales CD, CE d'une vingtaine de centimètres de longueur et réunies en C comme les branches d'un compas (fig. 67).

En D, perpendiculairement à l'axe de la règle CD et au plan CDE est fixé un miroir M dont l'armature porte un index I dans le prolongement de la surface réfléchissante. Au point E se dresse une visière, petite plaque de métal percée d'un trou qui sert d'oculaire.

Pour déterminer un angle ADB : placer à vue les règles horizontalement, l'index dans la verticale du sommet ; viser A par l'oculaire et l'index, et ouvrir l'angle des règles jusqu'à ce que l'image du signal B se trouve dans le prolongement du signal A vu directement. L'angle DCE des règles égale l'angle cherché ADB. En effet :

$$\text{ADB} = 2\,\text{EDM} = 2\,(90° - \alpha) = 180° - 2\alpha = \text{DCE},$$

Pour construire l'angle observé, en un point d'une droite de la carte, on place l'une des règles CD le long de cette droite, le point C sur le sommet ; et l'on trace une ligne le long de l'autre règle CE.

CHAPITRE IX.

Sextants à deux miroirs.

Comme pour les sextants de la première catégorie, nous décrirons des sextants à deux miroirs qui donnent l'amplitude numérique, et d'autres qui donnent l'amplitude graphique des angles. Ces derniers sont appelés sextants rapporteurs.

60. La pièce principale du *sextant gradué à deux miroirs* est un secteur circulaire DCE comprenant environ la sixième partie d'un cercle. L'arc est divisé en demi-degrés, qui sont numérotés comme des degrés entiers de D vers E (fig. 68). Dans l'instrument connu sous le nom de *grand sextant*, le rayon est de 25 centimètres environ.

Un miroir MN est fixé à angle droit sur une alidade à vernier qui peut se mouvoir autour d'un axe central C perpendiculaire au plan du secteur. A quelques centimètres du centre, sur le rayon CE et perpendiculairement au secteur est fixée une glace PQ dont la moitié inférieure est étamée et la moitié supérieure diaphane. Cette glace est parallèle à MN lorsque le zéro du vernier coïncide avec le zéro du limbe.

Le rayon initial porte une lunette L fixée parallèlement au plan du secteur, de telle manière qu'elle reçoive les rayons lumineux qui traversent la partie diaphane de la glace PQ et ceux qui ont été réfléchis une première fois suivant CR sur le miroir MN.

Pour mesurer un angle ACB : tenir l'instrument horizontalement, son centre au-dessus du sommet, la lunette dirigée sur le point de gauche A ; tourner ensuite l'alidade jusqu'à ce que le point de droite B soit vu par réflexion dans la direction de A, et lire la graduation marquée en H par le zéro du vernier. Cette graduation donne l'amplitude numérique de l'angle ACB. En effet, l'angle AVB formé par le rayon incident BC et ce même rayon réfléchi pour la deuxième fois suivant RV vaut deux fois l'angle α des miroirs. Or, comme PQ est, par construction, parallèle à CD, l'angle α est égal à DCH, lequel est mesuré par l'arc DH. Donc, puisque les demi-degrés du limbe sont cotés comme des degrés entiers, la graduation en H exprime l'amplitude de l'angle 2α, c'est-à-dire de l'angle AVB, qui est sensiblement égal à l'angle cherché ACB [1].

Telle est la théorie du sextant gradué à deux miroirs.

Les figures 69 et 70 aideront à faire comprendre les détails de construction et le maniement de l'instrument.

Ce sextant doit satisfaire aux conditions suivantes :

1° Les miroirs doivent être perpendiculaires au plan du secteur.

Pour s'assurer si cette condition est remplie par le miroir

____

[1] $\dot{A}CB = AVB + \beta$. Comme CR, qui n'a que 5 à 6 centimètres, est très-petit par rapport à CA, l'angle β n'atteint 1 minute que lorsque CA est inférieur à 20 mètres. C'est ce qu'on peut vérifier au moyen de la formule $sin\,\beta = sin\,ARC\frac{CR}{CA}$ dans laquelle $ARC = 120°$.

mobile, on place l'œil de manière à voir le limbe par réflexion dans ce miroir : si celui-ci est perpendiculaire, l'arc réfléchi fait exactement la continuation de l'arc qu'on aperçoit directement ; dans le cas contraire, les deux arcs, l'un direct, l'autre réfléchi, ont une fracture apparente à leur jonction, et l'on doit redresser le miroir à l'aide des vis qui le fixent sur l'alidade.

Cette rectification étant faite, on juge que le miroir fixe est perpendiculaire, quand on peut faire coïncider parfaitement un signal avec sa propre image ; et l'on corrige, au besoin, sa position par les vis de support qui le font tourner autour d'un axe situé dans le plan du secteur.

2° Lorsque les miroirs sont parallèles, le zéro du vernier doit être en coïncidence avec le zéro du limbe. Comment reconnaît-on que les miroirs MN et PQ sont parallèles? Supposons (fig. 71) que ce parallélisme existe, et soit B l'objet vu par réflexion lorsque la lunette est dirigée sur A. Puisque le rayon incident BC fait avec ce même rayon réfléchi pour la deuxième fois suivant RL un angle double de l'angle des miroirs, lequel est nul par hypothèse, les directions BC et AL sont parallèles. Or, à cause de la faible distance qui les sépare, ces directions peuvent être considérées comme se confondant ; ce qui revient à dire qu'on voit deux images du même objet, l'une directe et vive, l'autre un peu affaiblie par la double réflexion. On reconnaît donc que les miroirs sont parallèles, lorsqu'un même objet est vu directement et par réflexion.

Ceci posé, pour vérifier la seconde condition à laquelle le sextant doit satisfaire, on dirige la lunette sur un signal lointain A et on amène l'image doublement réfléchie de A dans le prolongement de ce signal vu par la partie diaphane. L'alidade doit alors marquer zéro.

Si elle marque $n°$, on la met à zéro et l'on fait tourner la glace à moitié étamée, autour d'un axe perpendiculaire au secteur, jusqu'à ce que le signal A soit dans le prolongement de son image ; l'erreur de collimation est alors détruite.

Le plus souvent, on se dispense de faire cette rectification : on tient note de la correction de collimation pour l'ajouter avec son signe à tous les angles qu'on observera. Cette correction est $\mp n$ suivant qu'après la vérification le zéro du vernier était ou n'était pas entre les points 120 et zéro du limbe. C'est afin de pouvoir mesurer la correction lorsqu'elle est additive, qu'on a prolongé un peu les divisions en deçà de ce dernier zéro.

3° L'instrument doit être bien centré.

On vérifie le centrage comme il a été dit pour le graphomètre (N° 52).

Pour ce qui concerne la vérification de la graduation, le limbe n'étant qu'un secteur circulaire, il ne suffit pas, comme dans le cas d'un demi-cercle ou d'un cercle entier, de s'assurer que les divisions sont uniformes. Il faut, en outre, vérifier si toutes les divisions ne sont pas trop grandes ou trop petites de la même quantité ; et pour cela, on fait un tour d'horizon, et la somme des angles lus doit former 360 degrés.

61. On est parvenu à réduire le sextant à la forme d'une boîte ronde de 7 centimètres de diamètre sur $2\frac{1}{2}$ de hauteur, à laquelle on a donné le nom de *sextant de poche* (fig. 72).

Les miroirs MN, PQ sont à l'intérieur de ce cylindre et perpendiculaires à la base inférieure.

On vise directement les objets par un trou oculaire L et une fenêtre percés dans la partie convexe de l'enveloppe, l'oculaire devant la surface réfléchissante et la fenêtre à hauteur de la surface diaphane du miroir fixe.

Les rayons qui doivent frapper le miroir mobile MN passent par une échancrure pratiquée également dans la partie convexe de la boîte.

Le mouvement est donné au miroir au moyen d'un bouton à pignon qui engrène dans une crémaillère placée à l'intérieur. Ce bouton présente la tête T au-dessus de la base supérieure sur laquelle il fait tourner une alidade GH qui marque l'angle observé sur un limbe concentrique DE.

62. Le *sextant-rapporteur* que représente la figure 73, a, outre les parties qui composent le sextant ordinaire : 1° un demi-cercle non gradué ayant son centre K sur le rayon initial

et passant par le point C et 2° une règle pivotant autour
du centre K et munie d'un bouton assujetti à toucher la
demi-circonférence, en même temps qu'il glisse dans une
rainure longitudinale pratiquée dans l'alidade. Dans cet
instrument, au lieu d'une lunette, il y a simplement une
visière L. Le rayon du limbe n'a ordinairement que dix à
douze centimètres. Le centre K est marqué par une petite
plaque en corne percée d'un trou.

L'amplitude graphique de l'angle observé ACB est celle
de l'angle FKD formé par la règle et le rayon initial, car
FKD égale 2 fois l'angle α des miroirs; de sorte qu'on peut
construire cet angle ACB au moyen du sextant lui-même.

La graduation de l'angle observé, si celui-ci ne dépasse
pas 120°, se lit sur le limbe DE.

Remarquons que l'instrument donnerait l'amplitude numérique des angles plus grands que 120°, si le demi-cercle K
était gradué de 0 à 180° à partir du rayon CK, et que la
règle KF fût armée d'un vernier arasant cette graduation.

63. Parmi les autres sextants rapporteurs à deux miroirs, nous allons étudier les trois suivants, qui sont les plus
connus.

La figure 74 représente celui qu'on appelle *sextant graphique.* CD, DE, EC, sont trois règles assemblées par trois
pivots, C, D, E. Les deux premières sont d'égale longueur;
dans la dernière est pratiquée une rainure où glisse la
goupille E fixée à la règle DE, de sorte que, l'angle C variant,
le triangle CDE change de forme sans cesser d'être isocèle.
Perpendiculairement au plan des règles et sur la direction
d'un des côtés égaux, CD par exemple, sont placées deux
glaces, l'une perpendiculaire à l'axe de CD, l'autre perpendiculaire à l'axe de la règle hypoténuse. Les faces réfléchis-
santes sont en regard l'une de l'autre; l'angle qu'elles font
entre elles est évidemment égal à DCE.

Pour observer un angle ACB : se placer au sommet C,
tenir les règles horizontalement, viser A directement par-
dessus le miroir C et ouvrir l'angle des règles jusqu'à ce que
l'image du signal B soit vue dans le prolongement du signal A.
Le rayon BC est réfléchi une première fois suivant CM et
une seconde fois suivant MC.

L'angle EDM = ACB. En effet l'angle ACB est formé par le rayon incident BC et ce même rayon réfléchi deux fois; il vaut donc le double de l'angle des deux miroirs, et comme celui-ci égale DCE, on a :

$$ACB = 2\,DCE = DCE + DEC = EDM.$$

64. Le *compas à miroirs* n'est autre chose qu'un compas ordinaire de 15 à 20 centimètres de longueur, dont les branches sont prolongées au delà de la tête de deux à trois centimètres. Dans ces prolongements, sont placés perpendiculairement au plan du compas et dans la direction des branches, deux miroirs dont l'un, celui de la branche D, par exemple, présente une partie diaphane (fig. 75 et 76).

Pour observer un angle ACB, on se place au sommet et, tenant le compas horizontalement, on vise directement le point A par-dessus le miroir MC et à travers la partie diaphane de l'autre; puis on tourne la branche E jusqu'à ce que le point B soit vu par double réflexion dans la direction de A.

L'angle cherché vaut le double de l'angle α des deux miroirs, lequel est égal à l'angle DSE des branches du compas. Pour le construire en un point c avec la droite ca (fig. 77), on décrit au moyen d'un compas ordinaire, un arc apb ayant c pour centre et la longueur SE des branches pour rayon; on prend alors le compas à miroirs et l'on porte sur l'arc, de a en b, deux fois l'ouverture DE des branches correspondant à l'observation de ACB. L'angle acb = ACB.

La longueur des branches doit donc être connue pour qu'on puisse tracer les angles observés avec le compas à miroirs. Elle se détermine en observant *avec cet instrument* un angle de 120° tracé d'avance sur le terrain : la distance des pointes égale alors la longueur des branches.

L'angle de 120° dont on a besoin dans cette expérience se construit avec un goniomètre quelconque ; ou, si l'on n'a pas d'instrument de l'espèce, on trace sur le terrain une alignement RX (fig 78) ; puis de R, comme centre, on décrit avec un cordeau un arc TUV, sur lequel on porte de T en V deux fois la longueur de ce cordeau, et l'on prolonge l'alignement RV. L'angle XRY = 120°.

65. Le compas à miroirs est fort peu exact. On lui préfère le *sextant-compas* ou *sextant catoptrique*, que représente la fig. 79. Cet instrument ne diffère du sextant ordinaire qu'en ce que l'alidade CG et le rayon CF qui porte la visière V sont terminés en pointes de compas.

Les deux branches CF et CG sont égales; de sorte que leur longueur est la distance qui sépare leurs extrémités, lorsque le zéro du vernier marque 120°.

L'angle observé se construit comme il vient d'être expliqué pour le compas à miroirs; mais il va sans dire que cette construction n'est exacte que pour autant que la branche immobile CF et la glace fixe PQ sont bien parallèles.

L'amplitude lue est inscrite dans le carnet qui est joint à la minute, ce qui dispense de mesurer les angles sur la carte au moyen du rapporteur, lorsque plus tard on a besoin de connaître leur grandeur.

66. REMARQUE GÉNÉRALE SUR LES SEXTANTS. — Le sextant présente sur le graphomètre et le théodolite l'avantage de n'exiger ni aide, ni pied qui le supporte.

Aussi se distingue-t-il de ces instruments : 1° par la facilité de transport ; 2° par la promptitude des opérations, puisqu'en moins d'une minute on peut mesurer un angle avec toute la précision désirable, et 3° par la possibilité d'opérer partout, même sur les arbres et sur les navires, car ses observations sont indépendantes des oscillations de l'instrument : dès qu'on a amené un des objets qui signalent les côtés de l'angle qu'on mesure, dans le prolongement de l'image de l'autre, l'alidade fait connaître la grandeur de cet angle.

Il est vrai que le sextant n'est pas propre à l'observation des angles de plus de 120° et qu'il ne fournit pas la projection horizontale lorsque les objets qu'on doit viser sont très-élevés ou très-bas par rapport au point de station. Toutefois, ces inconvénients ne sont pas aussi graves qu'on pourrait le croire. On peut remédier au premier, en partageant l'angle à mesurer en deux parties plus petites que 120°, ou bien en déterminant son supplément. La réduction à l'horizon peut être négligée dans beaucoup de cas; mais lorsqu'il en est autrement, la célérité des observations, qui constitue la qualité principale du sextant, en est réellement diminuée, parce qu'alors il faut mesurer l'inclinaison des côtés de l'angle et faire des calculs assez longs.

CHAPITRE X.

Levé de polygones au goniomètre (¹).

67. Soit à lever un des polygones ABC... (fig. 80 et 81), qui composent le canevas d'un terrain (N° 12).

Cette opération peut se faire de différentes manières ; mais, quelle que soit la méthode qu'on adopte, on observera les prescriptions suivantes, qui sont applicables à tous les levés :

1° La position *ab* d'une direction du terrain, de AB par exemple, est ordinairement donnée sur la carte. Si elle ne l'est pas, on la trace dans la position la plus convenable, pour que tout le polygone puisse être placé sur la feuille destinée à recevoir la minute du levé. Cette direction AB est dite le côté de départ.

2° L'échelle est construite avec le plus grand soin, au bas de la carte.

3° La minute doit être dessinée et parfaitement arrêtée sur le terrain.

4° Les distances et les angles sont inscrits dans un registre dès qu'on les a déterminés. Il convient même de les rapporter immédiatement sur le papier, afin de pouvoir vérifier le travail au fur et à mesure de son avancement. Tout point construit sur la carte est marqué avec la pointe sèche du compas et entouré d'un petit rond.

5° Le registre doit être une espèce de *levé écrit*. Il sera donc tenu avec beaucoup d'ordre et de clarté, de manière que tout dessinateur puisse y trouver les données nécessaires pour reconstruire le canevas, sans avoir besoin d'aucune explication.

Dans une de ses colonnes, on donne le *repèrement* des points qu'on a déterminés. Le repèrement des points consiste

---

(¹) Graphomètre, théodolite topographique, pantomètre et sextant. Les autres instruments de la planimétrie, tels que boussole, planchette, etc., ne sont pas compris dans la catégorie des goniomètres.

à indiquer leur position, afin qu'on puisse les retrouver lorsqu'on aura besoin d'y revenir.

6° Avant de commencer le levé, on calcule la quantité linéaire qui est inappréciable à l'échelle du plan (Nᵒˢ 8 et 9); on examine ensuite la composition de l'instrument goniométrique dont on va se servir, sa manœuvre, les conditions qu'il doit remplir, les moyens de rectification qu'il présente, sa graduation, la fraction que donne son vernier (Nᵒ 42), le sens du numérotage de celui-ci par rapport au limbe. Puis on passe à la vérification et à la rectification, et si l'on constate des erreurs constantes dont les angles observés doivent être corrigés, on en tient note dans la colonne « observations » du registre.

On vérifie également la chaîne ou les règles métriques qu'on veut employer ; et, lorsqu'on se propose de mesurer les distances à la stadia, on détermine le coefficient comme il a été dit aux numéros 27 et 29, et on l'inscrit dans la colonne « observations » du registre.

Cela fait, on procède au levé du polygone d'après une des méthodes que nous allons exposer.

68. LEVÉ PAR CHEMINEMENT. — On détermine la projection horizontale de tous les angles et de tous les côtés du polygone ABC... ; et à l'échelle donnée on construit avec ces éléments, en conservant leurs positions relatives, un polygone *abc*... (fig. 80 et 81).

Les inscriptions du registre (fig. 82) indiquent clairement la marche qu'on a suivie pour lever le polygone ABC..., en prenant AB pour côté de départ.

S'il est impossible de mesurer un côté CD, on détermine la projection *d* du point D de la manière suivante :

Après avoir construit avec *cb* un angle égal à BCD, ce qui donne un lieu géométrique *cx* de *d*, on se rend au point D et l'on y observe l'angle *z* que fait DC avec un point B déjà déterminé ; puis, au point *b*, on trace l'angle *cby* = 180° — BCD — *z* = CBD, et à l'intersection de *cx* et de *by* se trouve le point cherché *d*. C'est ce que l'on appelle lever un point par *recoupement* (¹).

_____

(¹) Si, parmi les points déjà déterminés, A était seul visible de D, on

On serait arrivé au même résultat, mais moins rapidement, si, au lieu de calculer l'angle CBD, on était revenu sur ses pas pour le déterminer directement en stationnant en B.

Dans l'un et l'autre cas, on présente *cd* à l'échelle et l'on inscrit la distance lue dans le registre.

Si le dernier côté *ia* passe par le point de départ *a* et que la distance *ia* de la carte soit exactement égale à la distance IA réduite à l'échelle, on dit que le polygone ferme et le levé est réputé bon. Dans le cas contraire, il faut recommencer l'opération.

Afin d'assurer la fermeture du polygone, on contrôle le travail par des observations faites sur des objets visibles de la plupart des sommets, tels que arêtes de cheminées, croix d'églises, poteaux de télégraphe, arbres isolés, etc., et, au besoin, un jalon planté en un point dominant situé dans les limites du levé. Les observations sur ces points de *repère* fournissent des vérifications au fur et à mesure de l'avancement du levé. En effet, soit le point de repère R visible de B, de C et de plusieurs autres sommets ; en B on a visé le repère et tracé l'angle ABR avec *ab*, ce qui a donné un lieu géométrique du point R sur la carte ; en *c* la construction de l'angle BCR ayant achevé de déterminer la position de R, on vérifiera un sommet D, par exemple, immédiatement après l'avoir placé sur le dessin, en faisant avec le côté précédent *dc*, l'angle CDR : le second côté de cet angle doit passer par *r*.

Si les points de repère font défaut, ce qui est très-rare, on mesure de distance en distance une diagonale ou les trois angles d'un des triangles en lesquels se décompose le polygone. C'est, du reste, ainsi qu'il est prudent d'agir pour les trois premiers sommets A, B, C qui ont servi à construire le repère.

60. Levé par rayonnement. — On choisit un point S (fig. 83) duquel on aperçoit les sommets A, B, C, D, E.... Prenons SA pour côté de départ, et soit *sa* son homologue

---

déterminerait l'angle CDA, et l'on construirait en *a* avec *ab* un angle égal à 360° — ABC — BCD — CDA.

Si aucun point marqué sur la carte n'était visible de D, on rattacherait celui-ci à un point R déterminé des stations précédentes.

sur la carte (fig. 84). On détermine les distances SA, SB, SC...,
et les angles ASB, BSC, CSD... Sur les côtés de ces angles
construits sur la minute on porte les longueurs correspondantes SA, SB, SC..., réduites à l'échelle, et l'on joint par
des droites les points *a, b, c*..., ainsi obtenus.

Les distances et les angles observés sont inscrits dans un
registre (fig. 85).

Pour vérifier les angles on voit si leur somme fait 360° ;
et pour vérifier l'ensemble du levé, on mesure directement
un côté ou une diagonale, et l'on s'assure si la longueur
trouvée est égale à son homologue de la carte.

70. LEVÉ PAR INTERSECTIONS. — Pour lever A, B, C...
(fig. 86), on prend pour côté de départ une base MN des
extrémités de laquelle on aperçoit les sommets A, B, C...
Soit *mn* l'homologue de cette base sur la carte (fig. 87).

Aux points M et N on détermine les angles que MN fait
avec les alignements dirigés de ces points sur les sommets
A, B, C... On construit avec *mn*, aux points *m* et *n*, les
angles observés respectivement en M et en N ; et l'on obtient
chacun des sommets par l'intersection des seconds côtés des
deux angles qui lui correspondent.

Les angles observés sont inscrits dans un registre (fig. 88).

Si parmi les sommets il y en a qui ne sont visibles que
d'une extrémité N de la base, on les observe d'un troisième
point P qu'on raccorde à la base en mesurant l'angle MNP
et la distance NP. Ce rayonnement servira, en outre, à vérifier quelques sommets déterminés de M et de N : les lignes
tracées sur la carte à la troisième station doivent, si les opérations ont été bien faites, passer par l'intersection de celles
qu'on a obtenues aux deux premières. On répétera cette
vérification d'une quatrième station, afin de déterminer tous
les sommets au moins par trois observations.

C'est la seule vérification que présente la méthode, et il
importe de la faire, car un point obtenu par intersection
n'est considéré comme bien déterminé que lorsqu'il résulte
du concours de trois rayons.

71. COMPARAISON DES MÉTHODES. — La méthode par cheminement est très-exacte : elle détermine directement les

éléments essentiels du polygone (les angles et les côtés), et elle se prête aux vérifications successives.

La méthode par rayonnement est plus expéditive que la première, mais elle présente les inconvénients suivants : 1° elle procède du centre à la circonférence, ce qui amplifie les erreurs angulaires commises au point de station ; 2° elle ne se prête pas aux vérifications successives, et 3° elle exige un terrain parfaitement découvert.

La méthode par intersections est la seule qu'on puisse adopter lorsque le polygone est inaccessible. Elle s'exécute plus rapidement que les deux précédentes, mais elle a l'inconvénient de déterminer des points éloignés par le prolongement de petites lignes.

Nous voyons donc que, sous le rapport de l'exactitude, la méthode par cheminement l'emporte sur les deux autres ; aussi n'emploie-t-on celles-ci que lorsque le contour du polygone est inaccessible, ou qu'il s'agit de lever des détails de médiocre importance.

CHAPITRE XI.

Problèmes au goniomètre.

72. I. Déterminer la longueur d'une droite AB dont une extrémité B est inaccessible.

1° Lorsqu'on emploie un goniographe, c'est-à-dire un instrument qui ne donne que l'amplitude graphique des angles.

On mesure une distance AM (fig. 89) et on la trace sur une feuille de papier, de *a* en *m*, à une échelle quelconque ; puis on lève le point B par intersection, en prenant AM pour base, et la droite *ab* ainsi obtenue représente à l'échelle la distance cherchée AB [1].

2° Lorsqu'on dispose d'un goniomètre gradué.

---

[1] Même solution, lorsqu'on travaille à la chaîne et au jalon, sans instrument goniométrique (n° 22).

Le problème peut être résolu comme dans le premier cas, mais on peut aussi en donner une solution qui n'exige aucune construction graphique.

Supposons qu'on ait un sextant.

En A, on élève sur AB une perpendiculaire AX. A cet effet, après avoir placé l'alidade à la division 90, on vise directement de A le point B, et l'on arrête un jalonneur X, lorsqu'on le voit par réflexion (fig. 90) (¹).

Cela fait, on mesure sur cette perpendiculaire une base AC, et l'on observe l'angle ACB : la distance AB = AC tang ACB doit se calculer par logarithmes, à moins que ACB = 45°, ce qui est rarement possible, puisqu'alors la base doit être égale à la distance à mesurer.

Voici, pour le même problème, une solution plus pratique et qui n'exige pas de calcul trigonométrique : on prolonge BA d'une quantité AD qu'on mesure (fig. 91) et l'on chemine sur la perpendiculaire AX jusqu'en un point C, tel qu'en y observant directement le point D, avec le sextant placé à 90°, le point B soit vu par réflexion.

On mesure AC, et l'on obtient AB par l'équation

$$\overline{AC}^2 = AB \times AD, \text{ qui donne } AB = \frac{\overline{AC}^2}{\overline{AD}}.$$

78. II. Déterminer la longueur d'une droite AB inaccessible.

1° Lorsqu'on se sert d'un goniographe.

A une échelle quelconque, on lève AB par intersection, en prenant sur la partie accessible une base qu'on mesure exactement.

2° Avec un sextant gradué, on peut arriver au résultat sans constructions graphiques.

Après avoir tracé sur la partie accessible un alignement MN à peu près parallèle à AB, on abaisse de A la perpendiculaire AC sur cette ligne. Pour cela, on met l'alidade à 90 et l'on chemine sur MN jusqu'en un point C, d'où, visant A directement, on voie N par réflexion (fig. 92).

(¹) Pour élever en A une perpendiculaire sur AB avec un graphomètre, on place l'instrument en station au point A, le vernier à la division 90 ; on dirige l'une des alidades sur B, et l'on fait placer un jalon dans le plan de collimation de l'autre.

On abaisse, de la même manière, la perpendiculaire BD, de B sur MN.

Puis on mesure, comme dans le problème précédent, les distances AC et BD; et sur la plus grande, on porte une longueur CE égale à leur différence : la droite DE est égale et parallèle à AB.

74. III. On sonde un fleuve au point S ; déterminer, de la nacelle, la position de ce point (fig. 93).

Avec un sextant gradué, on observe les angles ASB, BSC, ASC, sous lesquels on voit trois objets A, B, C de la rive, et on les inscrit dans le registre des opérations. Le sondage étant terminé, on obtient la projection s de S, en construisant sur les côtés *ab, bc, ac*, du triangle qui représente ABC sur la carte, des segments capables respectivement de ASB, BSC, ASC. Le troisième segment devant passer par l'intersection des deux premiers, sert de vérification.

75. IV. Mesurer la hauteur du soleil au-dessus de l'horizon. En mer, on prend l'angle entre l'astre et le point de l'horizon situé dans son plan vertical. Sur terre, on emploie un horizon artificiel, qui est formé de mercure contenu dans une boîte, ou d'une petite glace portée sur trois vis calantes qui servent à la rendre horizontale. L'horizon artificiel est placé en M (fig. 94), devant l'observateur V qui, tenant le sextant dans le plan vertical de l'astre S, vise directement l'image S' de celui-ci, et tourne l'alidade jusqu'à ce qu'il reçoive la seconde réflexion de S dans les miroirs de l'instrument. On obtient ainsi l'angle SAS' qui diffère trop peu de SMS', pour que l'on tienne compte de la différence. On a par conséquent la hauteur de l'astre au-dessus de l'horizon, en prenant la moitié de l'angle observé.

76. V. Le levé d'une des rives d'un fleuve est dessiné sur la carte ; y rattacher l'autre rive B, en faisant toutes les opérations sur celle-ci (fig. 95).

Pour résoudre ce problème, il suffit de relier une direction quelconque MN de la rive B, aux points A, B, C... déjà levés. A cet effet, on choisit MN de manière que des extrémités M et N on puisse apercevoir au moins deux de ces points, A et B par exemple. Après avoir déterminé les angles AMN, BMN,

ANM et BNM, on les construit, les deux premiers en *m'*, les deux derniers en *n'* avec la droite *m'n'* tracée arbitrairement sur la carte ou sur une feuille séparée ; on obtient ainsi un quadrilatère *a'b'm'n'* semblable à la projection horizontale du quadrilatère ABMN. Et, pour avoir sur la planchette les positions relatives des points A, B, M et N, il ne reste plus qu'à construire sur *ab* une figure semblable à *a'b'm'n'*.

Ayant sur la carte la droite MN, on la prendra comme côté de départ pour lever les points P, Q... de la rive R.

77. VI. Orienter un levé. — Orienter une carte, c'est y tracer la direction de la méridienne, ou ligne Nord-Sud.

En un lieu quelconque, le plan vertical passant par le pôle de la terre coupe la voûte céleste suivant un grand cercle qu'on appelle méridien astronomique. Ce plan coupe la surface terrestre selon une ligne qui se nomme la méridienne du lieu.

La méridienne se trouvant dans un plan vertical, sa projection horizontale est une droite. Sur la carte, les méridiennes des différents points d'un levé topographique sont donc des lignes droites ; et, à cause de la faible étendue de ce levé, elles peuvent être considérées comme étant parallèles. De sorte qu'un levé est orienté, lorsqu'on connaît l'angle que fait une de ses lignes avec la méridienne d'un de ses points.

Pour orienter le levé ABCD... (fig. 95), on détermine la direction DV de la méridienne en un point D du canevas, et on la relève, en construisant avec *dc* l'angle qu'elle fait avec DC.

On peut obtenir de différentes manières la direction de la méridienne en un point du terrain.

1° On détermine un plan vertical passant par ce point et l'étoile polaire (fig. 96) : pour cela, visant suivant un fil à plomb qu'on tient à la main, on se déplace jusqu'à ce que la polaire, le fil à plomb et le point soient dans la même direction, et l'on fait planter des jalons dans cette direction. Les pieds de ces jalons sont des points d'une ligne qui s'écarte de la méridienne de $1° \frac{1}{2}$ au plus. Si l'on veut obtenir exactement la méridienne, on attend pour faire l'observation l'instant où la polaire passe au méridien. Cet instant arrive, à très peu près, lorsqu'elle se trouve sous le fil à plomb en même temps que γ de Cassiopée, ou ε de la grande Ourse.

2° A midi vrai, on marque la direction de l'ombre d'une perche plantée verticalement : cette direction est celle de la méridienne (fig. 97).

3° La bissectrice de l'angle que forment deux ombres d'égale longueur portées par un même objet vertical donne la direction de la méridienne avec une exactitude suffisante pour l'orientation des cartes. Voici comment on procède dans la pratique. Du pied du jalon vertical placé en A (fig. 98), sur un terrain bien horizontal, on trace plusieurs circonférences de cercles ; on marque l'extrémité de l'ombre du jalon lorsqu'elle arrive sur ces circonférences, le matin en C, D, E..., l'après-midi en E', D', C'..., et l'on prend les milieux M, M', M"... des arcs CC', DD', EE... : ces milieux doivent être sur une même droite qui est la méridienne.

4° L'aiguille aimantée a la propriété de prendre une direction constante dans chaque localité, direction qui s'écarte d'une quantité connue de la méridienne astronomique ; il sera donc facile de tracer celle-ci, lorsqu'on connaîtra l'angle que l'aiguille aimantée fait avec un des côtés du canevas. Cet angle se détermine avec la boussole, instrument que nous allons étudier.

CHAPITRE XII.

Boussole.

78. L'aiguille aimantée (fig. 99), qui est la pièce principale de toute boussole, est une lame d'acier très-mince ayant la forme d'un losange allongé, et à laquelle on a donné la faculté magnétique en la frottant avec un aimant naturel. Sa plus longue diagonale, celle qui passe par *ses pointes*, se confond avec son axe magnétique. Lorsqu'elle est librement suspendue, cet axe se dirige suivant le méridien magnétique qui fait avec le méridien astronomique un angle égal à la *déclinaison magnétique d.* La pointe N qui se dirige vers le Nord s'appelle *pointe Nord ;* elle est bleuie au feu.

La déclinaison magnétique peut être considérée comme constante dans l'étendue d'un levé topographique, pendant le temps qu'on consacre habituellement à un travail de l'espèce. De sorte que la direction de l'aiguille aimantée N est la même en tous les points A, B, C... de ce levé (fig. 100).

La projection horizontale de l'angle qu'une direction fait avec l'aiguille aimantée se nomme *azimut :* connaissant l'azimut d'une direction par rapport à la méridienne magnétique, on connaît son azimut astronomique, puisque l'un diffère de l'autre de la quantité *d.*

On indique la direction d'une droite par l'ordre dans lequel on énonce les deux lettres qui la désignent. Ainsi, au lieu de dire : « azimut de la droite qui va de A vers B, » on dit tout simplement : « azimut AB ; » et s'il s'agissait de la direction diamétralement opposée, on dirait « azimut BA. » L'azimut AB et l'azimut BA sont dits *réciproques.* Afin de se dispenser d'indiquer si les directions tombent à droite ou à gauche de la méridienne, on compte les azimuts constamment dans le même sens. Nous compterons l'azimut d'une direction *du Nord vers l'Ouest.* Ainsi, si en un point A pris pour origine d'une direction AB (fig. 101) on suppose menée la parallèle AN à la méridienne, l'azimut AB est α, et l'azimut réciproque, c'est-à-dire l'azimut BA, est β. D'après cette convention, il est clair que les directions vont, à partir du point pris pour origine, à droite ou à gauche de la méridienne, suivant que leurs azimuts sont plus grands ou plus petits que deux droits. Il est visible aussi que la différence entre deux azimuts réciproques AB et BA est égale à 180 degrés.

79. Pour obtenir sur la carte la méridienne, quand on a l'azimut β d'une direction *bc* (fig. 102), on fait en un point quelconque *h* l'angle *defg* $= \beta$, compté de *bc* vers la droite de cette direction : *hg* est la méridienne.

80. Réciproquement, connaissant sur la carte la méridienne NS (fig. 103) et un point *a* d'une droite, il est facile de tracer cette droite lorsqu'on a son azimut β. Il suffit, pour cela, de mener par *a* une parallèle à NS et de faire en *a*

avec cette parallèle un angle $nob = \beta$, compté à partir du
Nord vers l'Ouest : *ab* est la direction dont il s'agit.

Mais lorsqu'on doit dessiner un canevas au moyen des azimuts de ses côtés, afin de ne pas avoir à mener des parallèles
à la méridienne à mesure qu'on construit les sommets, on
trace d'avance, à l'encre rouge, un treillis de parallèles et de
perpendiculaires à la méridienne NS espacées d'une quantité qu'on prend ordinairement égale au rayon du rapporteur
dont on se sert (fig. 104). Ce treillis établi, on construit les
azimuts aux différents points de la carte, sans mener d'autres
parallèles, que ces points se trouvent ou ne se trouvent pas
sur une méridienne; et en appliquant les deux règles suivantes qui constituent la méthode des praticiens, on y arrive
sans tâtonnements.

1° Lorsque l'azimut z est < 2 droits. Soit, à tracer en *a*
un azimut de 42 degrés, c'est-à-dire une direction dont
l'azimut égale 42° : placer sur une méridienne le rayon qui
passe par la graduation 42 du rapporteur ordinaire, cette
graduation étant du côté du *Nord*, le bord MN du rapporteur contre le point *a*; et tracer le long de ce bord une ligne
de a vers le zéro du rapporteur : *a*M est l'azimut demandé.

2° Lorsque l'azimut z est > 2 droits. Soit à construire en
b un azimut de 290° : placer sur la méridienne la graduation
290 du rapporteur ordinaire, cette graduation étant du côté
du *Sud*, le bord MN contre le point *b*; et tracer le long de
MN une droite *de b vers le zéro* du rapporteur : *b*M est la
droite dont l'azimut $= 290°$.

Il peut arriver qu'après avoir placé le rayon z du rapporteur ordinaire sur une des méridiennes NS, il soit impossible de faire passer le bord MN par le point, ce qui arrive,
en général, lorsque l'azimut z est voisin de zéro, de deux
droits ou de quatre droits. Dans ce cas, on amène, tout en
maintenant le rayon z sur la méridienne, le centre du rapporteur sur une des perpendiculaires EO; cette perpendiculaire se trouve alors sous le rayon z du *rapporteur complémentaire*. Puis, conservant ce rayon sur EO, on fait arriver
le rapporteur contre le point, et n trace le long de son
bord une droite *vers le zéro*.

La figure montre la construction, avec le secours du rapporteur complémentaire, de deux azimuts, l'un de 10 degrés au point c, l'autre de 350 degrés en d.

Les règles précédentes supposent que les divisions du rapporteur sont numérotées comme dans la fig. 45, et qu'on compte les azimuts d'après la convention que nous avons faite plus haut ; mais il serait facile de les modifier si le sens de la graduation du rapporteur ou la manière de compter les azimuts à partir de la méridienne étaient différents.

81. La boussole du topographe se compose d'une aiguille aimantée mise en équilibre, au moyen d'une chape, sur un pivot. Le pivot est perpendiculaire au centre d'un limbe et fixé dans le fond de la boîte qui porte ce limbe (fig. 105).

L'axe magnétique passe par le centre du cercle gradué.

Un verre recouvre l'aiguille et ce cercle, et en est assez rapproché pour qu'en renversant la boîte, l'aiguille n'échappe pas de son pivot.

Lorsqu'on transporte la boussole d'un endroit dans un autre, pour éviter que la pointe du pivot ne soit faussée ou émoussée par le choc de la chape, on enlève l'aiguille du pivot au moyen d'un petit levier qui la presse contre la glace.

Dans la plupart des boussoles qu'on construit aujourd'hui, le limbe est mobile autour d'un axe perpendiculaire à son plan et passant par son centre ; mais nous supposerons, pour le moment, le limbe fixé dans sa boîte.

La boîte, reliée au trépied par un genou, est munie de deux niveaux à bulle d'air qui servent à vérifier l'horizontalité du limbe. Elle tourne autour d'un axe qui lui est perpendiculaire. Dans les anciennes boussoles, cet axe se trouve sous le centre ; dans les nouvelles, il est placé vers le milieu de la distance du centre à la lunette.

Cette lunette, placée sur le côté de la boîte, est plongeante ; son plan de collimation est perpendiculaire au limbe et parallèle au diamètre 0-180 ([1]). Elle porte ordinairement un réticule-stadia et entraîne avec elle une alidade à vernier, qui marque sur un éclimètre les inclinaisons de l'axe optique.

([1]) 0-200, lorsque le limbe est gradué d'après la division centésimale.

82. Pour observer avec la boussole, il faut lui donner la position horizontale et pointer constamment du même côté de la boîte, c'est-à-dire amener la lunette toujours à sa droite ou toujours à sa gauche. On est convenu de viser en tenant la lunette *à sa droite*, et c'est d'après cette convention que le sens des graduations du limbe de la boussole a été fixé.

Ce limbe est divisé de zéro à quatre droits, en degrés ou en demi-degrés, numérotés de manière que l'observateur, qui a tourné la boussole pour viser avec la lunette à droite (fig. 106), voie le zéro devant lui et la graduation courir de gauche à droite. Sur un limbe ainsi gradué, on lit à la pointe bleue l'azimut z de l'axe optique. En effet, la division qui se trouve sous la pointe bleue N exprime l'amplitude de l'angle OCN qui, à cause du parallélisme du diamètre initial et du plan de collimation, est égal à $z = $ VIIJ, azimut de la direction IIJ de l'axe optique.

83. La fraction de division que marque l'aiguille devant s'estimer à l'œil, les lectures seront généralement en erreur de quelques minutes. C'est là un défaut inhérent à la boussole qui affecterait les levés faits avec cet instrument, si l'on dépassait, pour la longueur des côtés, la limite qui sera indiquée plus loin (nᵒ 86).

84. Il est visible que si le numérotage procédait de droite à gauche (fig. 107), comme cela se présente dans beaucoup de boussoles, l'angle lu à la pointe bleue N de l'aiguille donnerait l'azimut β de l'axe optique compté, à partir de la méridienne magnétique, du Nord vers *l'Est*. Et, pour construire, d'après les règles du numéro 80, les azimuts obtenus avec une telle boussole, il faudrait lire les graduations de notre rapporteur par transparence, ou se servir d'un rapporteur gradué de droite à gauche.

85. Pour observer l'azimut d'une direction CB (fig. 108), on place l'axe de rotation de la boussole, à vue, dans la verticale d'un point C de cette direction, le limbe horizontal; et, pointant avec la lunette à droite, on tourne la boîte jusqu'à ce que le plan de collimation passe par le jalon planté verticalement en B. La graduation que marque alors la pointe nord N donne l'azimut z de l'axe optique. Cet azimut peut être pris, sans erreur sensible, pour l'azimut

cherché NCB. En effet, NCB$=\alpha-\varepsilon$, et ε étant l'angle au
sommet d'un triangle CBD dont la base CD, égale tout au
plus au rayon du limbe, est très-petite par rapport à l'hypoténuse CB, ne saurait avoir aucune influence sur l'exactitude
graphique des opérations.

86. On a donné à l'angle ε le nom d'erreur d'excentricité
de la lunette, parce qu'il provient de ce que la lunette est
placée sur le côté de la boîte. Sa valeur s'obtient par la formule $sin\ \varepsilon = \dfrac{CD}{CB}$; elle diminue donc à mesure que le signal
visé s'éloigne du point de station.

L'excentricité CD ne dépasse jamais $0^m,1$ et la distance
CB est rarement inférieure à 100^m. Une des plus grandes
valeurs que l'erreur d'excentricité puisse avoir s'obtiendra
donc en calculant ε pour CD$=0^m,1$ et CB $=100^m$; ce qui
donne $\varepsilon = 3$ minutes environ. Ce résultat, comparé à l'approximation de lecture sur le limbe de la boussole et sur le
rapporteur qui sert à la construction des azimuts, fait voir
qu'on peut se dispenser d'avoir égard à l'excentricité de la
lunette. Toute direction déterminée à la boussole et tracée
au moyen du rapporteur est affectée d'une somme d'erreurs
qu'on peut évaluer à un huitième de degré. Or, comme
deux droites faisant entre elles un angle d'un huitième de
degré, ne se séparent sensiblement qu'à 5 ou 6 centimètres
du sommet (n° 9), ces erreurs sont graphiquement inappré-
ciables lorsque les côtés du canevas, réduits à l'échelle, ne
dépassent pas 6 centimètres. Cette considération fixe la
limite de la longueur des côtés dans les levés à la boussole.

87. D'après ce que nous venons de voir, la boussole est
un graphomètre dans lequel l'aiguille et la lunette sont
respectivement l'alidade fixe et l'alidade mobile : l'angle de
ces deux alidades est indiqué par la première, sur le limbe
qui est entraîné par la seconde.

Quoiqu'elle soit destinée à mesurer les azimuts des directions, elle peut cependant donner l'amplitude de l'angle de
deux droites AB et AD du terrain (fig. 101). Il est visible,
en effet, que l'angle BAD est égal à la différence qui existe
entre les azimuts de ses côtés. Cette remarque nous montre
que si dans une boussole il existe des erreurs constantes, ces

erreurs n'affectent pas les angles que forment entre elles les directions construites au moyen de leurs azimuts, et n'ont, par conséquent, aucune influence sur l'exactitude du levé.

88. Les conditions de construction de la boussole sont les suivantes :

1° Les divisions du limbe doivent être bien uniformes.

2° L'axe optique doit décrire un plan perpendiculaire au limbe.

Ces deux conditions se vérifient comme dans le graphomètre.

3° Le plan de collimation doit être parallèle au diamètre 0-180.

Pour s'en assurer, on vise un signal éloigné avec une lunette d'épreuve placée sur la boussole, de manière que son axe soit suivant le diamètre initial, et l'on voit si ce signal se trouve aussi dans le champ de la lunette de l'instrument. Un même signal étant vu à la fois dans les deux lunettes, celles-ci sont parallèles. S'il en est autrement, la boussole est affectée d'une erreur de collimation, erreur constante qu'il est inutile de déterminer, puisqu'elle n'altère pas l'exactitude du levé.

4° Le pivot de l'aiguille doit être au centre du limbe.

Pour le vérifier, on lit les graduations marquées par les deux pointes de l'aiguille sur plusieurs parties du limbe : si la différence des deux lectures n'est pas constante, l'instrument est mal centré. L'azimut d'une direction observée avec une telle boussole est égal à la demi-somme des lectures faites aux deux pointes de l'aiguille *moins* ou *plus* 90°....
moins, si l'azimut déterminé est plus petit que 180°, *plus* dans le cas contraire. En effet, soient (fig. 109) P le pivot, C le centre, PN l'aiguille aimantée, l et l' les graduations marquées respectivement par la pointe Nord N et par la pointe Sud, V l'azimut de l'axe optique, DE un diamètre parallèle à l'aiguille, et DN=ES= δ l'erreur produite par l'excentricité du pivot dans la position actuelle de la boîte. On a évidemment

$$l = V + \delta$$

$$l' = 180° + V - \delta$$

D'où
$$V = \frac{l+l'}{2} - 90°.$$

Lorsque l'azimut observé est plus grand que 90° (fig. 110), on a, en faisant les mêmes constructions que ci-dessus :

$$l = V + \delta$$

$$l' = \frac{\text{circonférence}}{2} - \text{arc EG} - \text{arc ES}$$

$$= 180° - 360° + V - \delta$$

$$= V - \delta - 180°.$$

D'où
$$V = \frac{l+l'}{2} + 90°.$$

5° L'axe de figure de l'aiguille doit passer par le centre du cercle. Si, lors de la vérification de la 4ᵐᵉ condition, la différence entre les graduations lues aux deux pointes de l'aiguille est constamment égale à 180 ± m, c'est un signe que l'axe de figure de l'aiguille n'est pas un diamètre. Il y a alors une erreur constante dont la valeur absolue est $\frac{m}{2}$.

6° L'axe de figure de l'aiguille doit se confondre avec son axe magnétique. Pour s'en assurer, on lit la graduation n marquée par l'aiguille pour une certaine position de la boîte; puis, sans changer cette position, on retourne l'aiguille de manière que sa face supérieure devienne face inférieure, et on note la graduation n' qu'elle indique alors : $n - n'$ est le double de l'erreur provenant de la non-coïncidence de l'axe magnétique et de l'axe de figure, et il est évident que cette erreur est constante.

89. Toutes les erreurs variables de la boussole s'éliminent d'elles-mêmes, lorsqu'on pointe deux fois sur chaque signal, d'abord avec la lunette *à droite*, ensuite avec la lunette *à gauche*. C'est ce que nous allons faire voir en considérant une de ces erreurs, l'erreur d'excentricité e de la lunette, par exemple.

Soit l l'angle lu à la pointe bleue N de l'aiguille pour l'azimut NCB = V de la direction CB observée avec la lunette HJ à droite (fig. 111). On a (n° 85) :

$$l = V + e \dots (1)$$

Soit l' l'angle lu à la même pointe lorsqu'on vise B avec la lunette H'J', à gauche. Le diamètre initial, toujours parallèle à l'axe optique, est venu se placer en DE, le zéro en D, la division 180 en E; et la graduation l' lue à la pointe nord N de l'aiguille exprime l'amplitude de l'arc DEN. On a donc :

$$l' = 180° + ECN = 180 + NCB - ECB = 180 + V - ECB$$

Et, comme ECB $=$ CBJ' $=$ ε, il vient :

$$l' = 180 + V - ε \dots (2)$$

Enfin, les équations (1) et (2) ajoutées membre à membre donnent :

$$l + l' = 180 + 2 V.$$

D'où l'azimut CB $=$ V $\dfrac{l + l' - 180}{2}$ est obtenu, débarrassé de l'erreur d'excentricité de la lunette, par la *méthode des doubles visées*.

On prouverait d'une manière analogue que toute autre erreur variable est annulée par ce mode d'observation; de sorte qu'avec une boussole très-défectueuse on peut arriver à des résultats exacts. Il est vrai que la double observation n'élimine pas les erreurs constantes, mais nous avons vu que ces erreurs disparaissent de l'amplitude des angles, pour n'affecter que la direction des côtés.

CHAPITRE XIII.

Levé à la boussole.

90. La pratique du levé au graphomètre a beaucoup d'analogie avec celle du levé à la boussole. La principale différence, c'est que, dans celui-ci, on détermine les azimuts des côtés du polygone, tandis que, dans l'autre, on mesure les angles que ces côtés font entre eux. Voir au n° 67 les prescriptions applicables à tous les levés.

91. LEVÉ PAR CHEMINEMENT. Soit à lever (fig. 112) le polygone ABC... prenons pour côté de départ la direction AB, et soit *ab* l'homologue de cette direction sur la carte. On détermine l'azimut AB comme il a été dit au n° 85, et en un point quelconque de *ab* on trace, au moyen de cet azimut, la direction de la méridienne (n° 79); puis on *prépare la carte* pour le levé à la boussole en traçant le treillis de parallèles et de perpendiculaires à la méridienne dont il a été question au n° 80.

Cela fait, on observe l'azimut BC et on le construit en *b*; sur la direction ainsi obtenue on porte la distance BC réduite à l'échelle, et l'on continue de la même manière pour tous les sommets du polygone, en ayant soin de contrôler le travail sur des points de repère.

Les distances et les azimuts sont inscrits dans un registre à mesure qu'ils sont observés (voir le registre, chap. XXXVII).

Pour la fermeture, on observera ce qui a été prescrit au n° 68.

Si la lunette a un réticule-stadia, on peut obtenir la longueur des côtés par la visée qui sert à donner leur direction.

Outre la vérification par les points de repère, les opérations à la boussole présentent un autre moyen de contrôle, auquel il est utile de recourir pour les sommets d'où les repères ne sont pas visibles. Ce moyen repose sur cette considération que la différence entre deux azimuts réciproques est égale à 180 degrés. Ainsi, l'azimut AB étant de 274°, si de B on vise A on doit lire sur le limbe un angle x tel que $274° - x = 180°$, c'est-à-dire 94 degrés; de même l'azimut BC ayant été trouvé égal à 330°, la visée de C sur B devra donner 150°.

Supposons maintenant qu'ayant obtenu 42 degrés pour l'azimut CD, on lise pour son réciproque α, 212 degrés. La différence entre ces azimuts étant de 170°, on vérifie l'observation en C; et si l'on trouve encore 42°, on conclut qu'en D il y a une déviation *locale*, déviation qui provient généralement de ce qu'on opère à proximité du fer. L'azimut DC étant de 212° au lieu d'être de 222°, il est évident qu'en D l'aiguille n'est pas parallèle à la position qu'elle avait en C, et qu'elle fait avec cette position un angle de 10° à gauche. Mais quelle que soit sa déviation, sa direction DN' reste constante, tant qu'on stationne en D; de sorte que si l'on observe DE, on lira un azimut β de 110°, par exemple, qui sera encore

rapporté à la direction DN', et l'angle CDE $= \alpha - \beta = 212$
$- 110 = 102$ degrés. En d on construira donc avec dc un
angle de 102 degrés, et en portant sur le second côté de
cet angle la distance DE réduite à l'échelle, on aura la position du sommet c.

Ainsi, dans le cas d'une déviation locale, on cesse d'employer la boussole selon le procédé ordinaire : au lieu de
déterminer les côtés par les azimuts, on les construit par les
angles qu'ils font entre eux, absolument comme lorsqu'on
opère au graphomètre.

En E, si la visée sur D donne 300°, c'est-à-dire 10 degrés
de plus qu'il n'en faudrait pour que la différence entre les
azimuts DE et ED, par rapport à la direction DN', fût égale
à 180°, c'est que la déviation locale ne se fait plus sentir, et
l'on construit EF par son azimut; si l'observation de E
sur D fournit un angle plus grand ou plus petit que 300°,
c'est que l'aiguille est encore soumise à des causes pertur-
batrices, et le côté EF doit être tracé au moyen de l'angle
DEF, égal à la différence entre les azimuts lus pour ED et
pour EF.

Dans le levé par cheminement, s'il était impossible de
mesurer un côté BC, on déterminerait le point C par recoupement, en visant de ce point un sommet A déjà établi sur
la carte : l'azimut CA étant de 115° par exemple, on trace-
rait en a son réciproque ($115 + 180 = 295°$), et la direction
ainsi obtenue couperait, au point cherché C, la droite donnée
par la construction en b de l'azimut BC.

De la propriété des azimuts réciproques, il résulte encore
que, lorsqu'on est pressé par le temps, on peut avec la boussole faire un levé par cheminement, en passant un sommet
sur deux.

Soit, par exemple, le chemin AG (fig. 113). Sa forme générale étant dessinée par les droites qui joignent les points
A,B,C... pris aux principales courbures, on obtiendra son
canevas en levant la portion de polygone ABCD...G. Ayant
placé sur la carte le côté de départ ab et la direction de la
méridienne donnée par l'azimut de ce côté, on prépare la
carte en traçant quelques parallèles et perpendiculaires à
cette méridienne. Puis on fait mesurer AB et BC et l'on va

stationner en C, où l'on observe les azimuts CB et CD. On construit le point *c* au moyen de l'azimut réciproque de CB et de la distance BC; en ce point on trace l'azimut CD et sur la direction ainsi obtenue on porte la longueur CD, ce qui donne le point *d*. On se porte ensuite en E, où l'on observe les azimuts ED et EF qui, avec les distances DF et EF, déterminent les points E et F. On continue de la même manière jusqu'à l'extrémité du levé, en sautant toutes les stations paires.

92. Levé par rayonnement. — Soit à lever le polygone ABC... (fig. 114).

On choisit un point S duquel on aperçoit les sommets A,B,C...; on prend pour côté de départ une des directions, SA par exemple, qui joignent S aux différents sommets. Soit *sa* l'homologue de ce côté sur la carte.

On détermine ensuite l'azimut SA; en un point quelconque de *sa*, on trace au moyen de cet azimut la direction de la méridienne, puis on prépare la carte pour le levé à la boussole en traçant un treillis de parallèles et de perpendiculaires à la méridienne.

Cela fait, on détermine les azimuts SB, SC, SD... et on les construit au point *s*; on mesure enfin les distances SA, SB, SC et on les porte réduites à l'échelle sur les droites correspondantes du plan.

Les opérations sont inscrites dans un registre. Pour les vérifier on mesure sur le terrain un côté ou une diagonale du polygone : la longueur trouvée doit correspondre à son homologue de la carte.

93. Levé par intersections. — Soit à lever (fig. 115) le polygone ABC.....

On prend pour côté de départ une base MN des extrémités de laquelle on aperçoit les sommets A,B,C... Soit *mn* l'homologue de MN sur la carte. On détermine l'azimut MN; en un point quelconque de *mn*, on construit, au moyen de cet azimut, la direction de la méridienne; puis on prépare la carte pour le levé à la boussole, en traçant un treillis de parallèles et de perpendiculaires à la méridienne.

On mesure ensuite en M les azimuts MA, MB...; en N les azimuts NA, NB.... On construit ces azimuts respectivement en *m* et en *n* : le point où deux directions se rapportant à un même sommet se coupent, est la projection de ce sommet.

Les opérations sont inscrites dans un registre. Pour les vérifier, on procède comme nous l'avons fait dans le levé au goniomètre (n° 70).

CHAPITRE XIV.

Boussole à limbe mobile.

94. Soit *ab* une droite représentant la direction AB du terrain ABCD..., à lever à la boussole (fig. 116).

Préparer la carte pour ce travail, c'est y tracer des parallèles et des perpendiculaires à une droite NS qui fait avec *ab* un angle *α*, égal à l'azimut qu'on observe pour AB *avec la boussole qui doit servir au levé.*

La carte étant ainsi préparée, connaissant la position *d* d'un point D, on lève avec la boussole une direction quelconque DE passant par ce point au moyen d'une seule visée : la visée de D sur E. Avec tout autre instrument, il faut, pour obtenir DE, avoir sur la carte la position d'une droite DC et faire deux visées, l'une de D sur C, l'autre de D sur E; ou, en d'autres termes, il faut rattacher la droite inconnue à une direction déjà déterminée.

Il y a là, sous le rapport de la rapidité des opérations, un avantage marqué en faveur de la boussole, avantage qui provient de ce que la direction à laquelle on doit rattacher les côtés inconnus, est donnée en chaque point de la carte par les méridiennes qui y sont tracées. Mais il est évident que cet avantage n'existe que parce qu'on suppose que, pendant toute la durée du levé, l'aiguille aimantée reste parallèle à la direction qu'elle avait en A, lorsqu'on a préparé la carte. Or, cette supposition n'est exacte que si la durée du levé topographique n'est que de quelques mois, et qu'on travaille toujours avec la même boussole. Pourquoi ces restrictions? C'est ce que nous allons expliquer.

1° Relativement à la durée des opérations. — Une aiguille aimantée possède deux pôles par lesquels passe un axe magnétique, et nous avons vu que, lorsqu'elle est librement suspendue, cet axe se dirige suivant le méridien magnétique qui fait avec le méridien astronomique un angle d égal à la déclinaison magnétique.

La déclinaison de l'aiguille aimantée, très-variable d'une contrée à une autre, peut, ainsi que nous l'avons déjà dit, être considérée comme constante, dans l'étendue d'un levé topographique. Pour un même lieu, elle varie avec le temps, et l'aiguille paraît faire, à l'Est et à l'Ouest du méridien astronomique, des oscillations dont la durée est de plusieurs siècles. Lors des premières observations dans nos contrées, la déclinaison était *orientale;* vers 1660, elle était nulle; en 1819, elle était de 23° à *l'Ouest*. A partir de cette dernière époque, l'aiguille remonte vers le Nord; la déclinaison *occidentale* diminue de 8 à 10 minutes par an, et aujourd'hui elle n est plus que de 17°,39',22" (21 juillet 1873, observatoire de Bruxelles). Ces variations annuelles ne sont pas constantes; leur loi est fort peu connue.

La variation annuelle de 8 à 10 minutes, qui ne peut exercer aucune influence sur les opérations qui se font en quelques mois, déplace considérablement la méridienne au bout de quelques années. De sorte que, si l'on devait en 1874 continuer le levé du polygone ABCD.... interrompu en 1860, au point C par exemple, on ne pourrait plus se servir des méridiennes NS qu'on a tracées à cette époque (fig. 116), lorsqu'on a préparé la carte au moyen de l'azimut du côté de départ AB. La méridienne magnétique qui, en 1860, était suivant AP, a maintenant une direction différente, AP' par exemple, faisant avec la première un angle m. Pour déterminer cet angle, on mesure l'azimut α d'une direction du terrain qui a été construite, au moyen de son azimut β observé en 1860..... $\alpha - \beta = m$. Si $\alpha = 100°$ et $\beta = 98°$, on a $m = 2°$; et pour continuer le levé, il faudra tracer sur la carte un nouveau système de méridiennes N'S' faisant avec les anciennes un angle de deux degrés à *l'Est*. Si α était plus petit que β, l'angle m devrait être construit à *l'Ouest* des méridiennes NS. Ainsi se trouve justifiée la restriction relative au temps pendant lequel on peut se servir des méridiennes qu'on a tracées pour préparer la carte.

2° Pourvu qu'on travaille toujours avec la même boussole.
— Nous avons vu que la boussole peut être affectée de quelques erreurs constantes; de sorte que si la boussole qui a
servi à préparer la carte donne pour une direction l'azimut z, une autre boussole pourra donner pour la même
direction un azimut a' différent du premier de $p°$. Et $a — a'$
étant par exemple égal à $+ p°$, il faudra, pour continuer les
opérations, tracer de nouvelles méridiennes faisant avec les
anciennes un angle de $p°$ à l'Ouest.

Concluons donc que lorsqu'on change de boussole pendant
qu'on fait un levé, ou qu'on reprend des opérations interrompues depuis quelque temps, il faut vérifier si l'azimut
d'une direction déjà obtenue est encore le même, et, dans la
négative, modifier le treillis primitif de parallèles et de perpendiculaires à la méridienne. Il est, du reste, bon de faire
cette opération de temps en temps, dans le courant d'un levé,
afin de s'assurer que la déclinaison ne s'est pas modifiée.

95. Pour éviter l'inconvénient de ces treillis superposés,
on a modifié la construction primitive de la boussole : le
limbe a été rendu mobile autour d'un axe perpendiculaire
à son plan et passant par son centre; le mouvement lui
est donné par un bouton à crémaillère ou par tout autre
moyen.

Un index 1, pointe en cuivre *fixée à la boîte*, indique la
position que doit occuper le zéro du limbe, lorsque le diamètre initial est parallèle au plan de collimation de la lunette : c'est l'index du rayon parallèle à la lunette (fig. 117).

La boussole ainsi modifiée, prend le nom de BOUSSOLE A
LIMBE MOBILE. Voyons son usage :

Lorsqu'on a préparé la carte, la boussole donnait pour
une direction AB l'azimut 268° par exemple, ce qui est
indiqué par les méridiennes qui figurent sur le plan. Aujour-
d'hui, en visant du point A le point B, avec la boussole dont
le zéro est sous l'index, on obtient 270°. Pour pouvoir continuer le levé avec les méridiennes qui ont servi à préparer
la carte, on procède de la manière suivante : la boussole
étant en station en A, la lunette sur B, on tourne le limbe,
sans déranger la boîte, jusqu'à ce que la division 268 soit
sous la pointe bleue de l'aiguille. La division 358 se trouve

alors sous l'index du rayon parallèle, et la boussole est *réglée* pour le treillis de la carte.

De ce qui précède, on conclut que lorsqu'on doit rattacher des points à un plan fait à la boussole, il faut s'assurer, avant tout, si les méridiennes qui y sont tracées indiquent, pour une droite quelconque *ab*, l'azimut qu'on obtient en mesurant, avec la boussole dont on va se servir, l'azimut de la direction correspondante AB du terrain. Si cette condition est remplie, la boussole est dite *réglée* : les azimuts qu'elle donne peuvent être construits avec les méridiennes qui figurent sur la carte. Dans le cas contraire, on la règle en tournant son limbe, de manière que lorsqu'elle est en station en A, la lunette sur B, la pointe Nord de l'aiguille marque précisément l'azimut que donne le rapporteur pour *ab* du plan.

96. Mais, lorsqu'il est impossible d'obtenir directement l'azimut d'une des directions qui sont dessinées sur la carte, comme cela arrive quand la partie déjà levée ABC... (fig. 118) est inaccessible, on doit, pour régler la boussole, opérer de la manière suivante : sur la partie accessible on prend une base PQ des extrémités de laquelle on puisse voir au moins deux des points connus, A et B par exemple ; on calcule les angles APQ, BPQ, BQP, AQP au moyen des azimuts PQ, PA, PB, QP, QA, QB observés en P et en Q (l'angle APQ = 360° — azimut PQ + azimut PA ; BPQ = azimut PB — azimut PQ, etc.) ; et on les construit avec une droite *p'q'* tracée arbitrairement sur la carte, les deux premiers en *p'*, les deux autres en *q'*. On obtient ainsi un quadrilatère *a'b'p'q'* semblable à la projection horizontale de ABPQ du terrain, et l'on détermine sur la carte la position *pq* de PQ relativement à AB, en traçant sur l'homologue *ab* de AB une figure semblable à *a'b'p'q'* (¹). Cela fait, on est dans les conditions voulues pour régler la boussole, puisqu'on a des directions accessibles PQ, PA... dessinées sur le plan.

_____

(¹) On voit qu'on a relevé la base PQ en employant la boussole comme un graphomètre. La solution est exactement la même que celle qui a été donnée pour le n° V des problèmes au goniomètre.

CHAPITRE XV.

Problèmes à la boussole.

97. I. Rattacher, au moyen d'une boussole réglée, le point accessible P aux points inaccessibles A et B figurés sur la carte en *a* et *b*.

La boussole étant réglée, les azimuts qu'elle donne peuvent être construits avec les méridiennes N de la carte (fig. 119).

En P, on observe les azimuts PA et PB, on en déduit les azimuts réciproques AP et BP qu'on construit aux points *a* et *b* de la carte : le point d'intersection *p* des droites ainsi obtenues est le point cherché.

Remarque. — Si la boussole n'était pas réglée, il faudrait, comme il a été expliqué dans le numéro précédent, rattacher à AB une base PQ passant par le point inconnu.

98. II. Rattacher, au moyen d'une boussole réglée, un point inaccessible R à deux points A et B également inaccessibles marqués sur la carte en *a* et *b* (fig. 120).

On détermine sur la carte, comme dans le problème I, deux points accessibles P et Q; puis on construit R par intersection au moyen des azimuts PR et QR.

Si la boussole n'était pas réglée, on devrait relever la base PQ en employant la boussole comme un graphomètre (n° 96).

99. III. Déterminer la longueur d'une distance AB dont l'extrémité B est inaccessible (fig. 121).

On mesure la longueur et l'azimut d'une base AM qu'on place, réduite à une échelle quelconque, en *am* sur une feuille de papier. L'azimut AM permet de tracer la méridienne NS sur le dessin ; et avec cette méridienne, on construit en *a* l'azimut AB et en *m* l'azimut MB. On obtient ainsi la droite *ab*, qui représente à l'échelle la distance demandée AB.

Si les deux points A et B étaient inaccessibles, on les déterminerait par intersection, en prenant pour base une direction mesurée sur la partie accessible.

100. IV. Déterminer la bissectrice d'un angle inaccessible ACB (le prolongement de la capitale d'un ouvrage de fortification, par exemple).

Supposons le problème résolu par la bissectrice CM, et prolongeons les côtés AC et BC de l'angle ACB (fig. 122).

L'azimut γ de MC est égal à la demi-somme des azimuts α et β des directions A'C et B'C ; en effet, on a en appelant x la moitié de l'angle A'CB' :

$$\gamma = \alpha - x \text{ et } \gamma = \beta + x ; \text{ d'où } \gamma = \frac{\alpha + \beta}{2}.$$

Donc pour résoudre la question, après avoir mesuré les azimuts α et β, on cherche, dans l'intervalle des côtés de l'angle prolongés, un point M tel qu'en y mettant la boussole en station, la lunette sur C, on lise $\frac{\alpha + \beta}{2}$ à la pointe bleue de l'aiguille. La droite MC est la bissectrice demandée.

101. V. Régler la boussole pour obtenir les azimuts par rapport à la méridienne astronomique, la déclinaison magnétique d étant connue.

Pour abréger, nous appellerons cette opération « décliner la boussole ».

On a vu que lorsque le rayon zéro du limbe est parallèle au plan de collimation, la boussole fournit les azimuts des directions rapportées à la méridienne magnétique, et que, pour relever ces directions par rapport à la méridienne vraie, il faut augmenter leurs azimuts magnétiques de la déclinaison d.

Il résulte de là que si l'on fait tourner le limbe jusqu'à ce que sa division d remplace le zéro sous l'index du rayon parallèle à la lunette, la boussole sera déclinée : les azimuts *astronomiques* des directions observées s'y liront à la pointe bleue de l'aiguille [1].

102. VI. Déterminer la déclinaison magnétique.

1re méthode. — On trace sur le terrain, par un des procédés connus (n° 77), la méridienne astronomique CR (fig. 123) ; on place la boussole en station en C, l'index I à zéro, et l'on

[1] Il est clair que si la boussole est graduée de droite à gauche, c'est la division 360 — d qui doit être amenée sous l'index, parce que, dans ce cas, les angles lus sur le limbe devant être comptés du Nord vers l'Est, les azimuts astronomiques sont plus petits que les azimuts magnétiques de la quantité d.

vise un point éloigné R sur cette méridienne (on prend ce point aussi loin que possible de la station C pour ne pas devoir tenir compte de l'erreur d'excentricité de la lunette). À la pointe bleue de l'aiguille, on lit l'azimut magnétique de CR, et l'on obtient la déclinaison d en retranchant cet azimut de quatre droits.

2e *méthode.* — En se servant d'une direction AB dont l'azimut astronomique est connu.

Supposons que cet azimut égale 42°.39′.

On met la boussole en station en A, le zéro sous l'index, on vise B et on lit la graduation, 25° par exemple, que marque la pointe Nord de l'aiguille : la déclinaison $d = 42°.39′ - 25° = 17°.39′$.

3e *méthode.* — Lorsque la carte est préparée pour un levé rapporté à la méridienne astronomique (comme les minutes du Dépôt de la guerre).

On a dans ce cas sur la carte, les méridiennes vraies et au moins une direction AB du levé.

On prend l'azimut de cette direction : 1° sur le plan au moyen du rapporteur, et 2° sur le terrain avec la boussole, le zéro étant sous l'index : la différence de ces deux mesures est égale à la déclinaison d.

CHAPITRE XVI.

Boussole du mineur.

103. Pour déterminer l'azimut d'une galerie de mine, comme il est impossible de viser, on accroche la boîte de la boussole ordinaire à une corde tendue suivant cette galerie ; et il faut que dans cette position, le limbe soit horizontal et qu'on y lise à la pointe Nord de l'aiguille, l'azimut cherché. La boussole du mineur doit donc satisfaire aux deux conditions suivantes :

1° La boîte de la boussole doit être attachée à un support S (fig. 124) de telle manière que lorsque celui-ci est accroché à un cordeau tendu, le limbe prenne de lui-même la position horizontale, quelle que soit l'inclinaison du cordeau ; et à cet effet, la boîte B qui porte le limbe L, repose, par deux tourillons diamétralement opposés, sur un anneau D qui est réuni au support S par les deux tourillons T, placés perpendiculairement aux deux premiers.

2° Lorsque la boussole est suspendue, le cordeau, qui tient lieu de lunette, doit se trouver dans le plan vertical qui passe par le diamètre 0-180, condition qu'on remplit en disposant le plan du support S suivant ce diamètre.

Une virole E, située sous la boîte, est destinée à arrêter, quand on le désire, le mouvement de l'aiguille aimantée en la poussant contre le verre H qui recouvre le limbe.

————

CHAPITRE XVII.

Boussoles portatives.

104. BOUSSOLE A RÉFLEXION. — Cet instrument se compose d'une boîte cylindrique de 7 à 8 centimètres de diamètre, au centre de laquelle s'élève un pivot. Sur ce pivot se meut librement un petit barreau d'acier fortement aimanté sur lequel est *fixé* un limbe très-léger, concentrique à la boîte et gradué (fig. 125).

Contre la paroi est adaptée une pinnule à croisée P, portant un crin vertical qui est visible à travers un oculaire O diamétralement opposé. L'oculaire renferme une espèce de prisme triangulaire de cristal dont une des faces est un segment sphérique tournant sa convexité vers le limbe. Cette disposition rend l'instrument propre aux observations *à la main*.

Pour déterminer l'azimut d'une direction AB, on tient la boussole horizontalement, à vue, au-dessus du point A, le plan de collimation dirigé sur B. Par l'oculaire O, l'œil aperçoit alors directement, à travers la pinnule P, l'objet B, et en même temps, par réflexion, la division du limbe qui

se trouve en cet instant sous l'oculaire (¹). Cette division
donne l'amplitude de l'azimut AB, mais il faut pour cela que
le zéro se trouve sur le côté Sud du barreau aimanté et la
division 180° sur le côté Nord.

Afin de diminuer le temps nécessaire aux observations,
on presse à plusieurs reprises un petit bouton à ressort, qui
bat contre le limbe et le force à arriver plus promptement au
repos.

La pinnule et l'oculaire se rabattent contre le verre de la
boussole, pour être renfermés dans un couvercle, qui donne
alors à l'instrument l'apparence d'une boîte ordinaire, et en
facilite beaucoup le transport.

105. BOUSSOLE DE BERNIER (fig. 126). — Cette boussole
est également propre aux observations à la main. Elle diffère
de la précédente en ce que les divisions, au lieu d'être lues
par réflexion sur un limbe plan, sont vues directement, à
travers une lentille R, qui les grossit, suivant les génératrices
droites d'un cylindre. Ce cylindre C est fixé sur un barreau
aimanté porté par un pivot fixé dans le fond de la boîte en
cuivre B. Le zéro de la graduation se trouve sur la pointe
Sud du barreau. Le plan de collimation est déterminé par
deux pinnules O et P qui se dressent perpendiculairement
sur la boîte, et dont la première, celle qui sert d'oculaire,
est dans le prolongement d'une ouverture T à travers laquelle
on voit le limbe.

Pour observer l'azimut d'une direction AB, on tient la
boîte horizontalement, à vue, au-dessus du point A, on vise
B et on lit, en même temps, la graduation qui se trouve
dans le plan de collimation.

106. Les boussoles portatives appelées encore *boussoles
à main,* laissent beaucoup à désirer sous le rapport de
l'exactitude et de la rapidité des opérations ; aussi, dans les
reconnaissances, leur préfère-t-on généralement les petits
sextants.

_____

(¹) Le segment sphérique du prisme, faisant fonction de loupe, grossit
cette division. Les chiffres sont renversés pour être vus droits dans le
prisme.

CHAPITRE XVIII.

Planchette.

107. La planchette consiste en une tablette rectangulaire en bois, sur laquelle est tendue une feuille de papier et qu'on établit horizontalement sur un pied (fig. 127).

Les visées se font avec une alidade à lunette ou à pinnules (n° 44), dont le plan de collimation passe par un des bords de la règle, bord que l'on appelle *ligne de foi*. De sorte que cette alidade étant placée sur la tablette et dirigée vers un signal, il suffit, pour avoir la projection du rayon visuel, de tracer une droite le long de la ligne de foi.

Les différentes espèces de planchettes se distinguent les unes des autres par la manière dont la tablette est reliée au trépied. Les plus connues sont la planchette de l'École militaire de Bruxelles, la planchette de l'École de Metz et la planchette perfectionnée ([1]).

108. PLANCHETTE DE L'ÉCOLE MILITAIRE DE BRUXELLES. — Une planchette de renfort R fixée à la planchette proprement dite P (fig. 128), porte une rainure circulaire garnie de cuivre qui se place sur les têtes de trois vis à caler V, V', V". Ces vis ont leurs écrous dans le plateau T du trépied, aux sommets d'un triangle équilatéral. Une tige liée à articulation avec la tablette R, traverse le plateau T et un ressort à trois branches adapté à la face inférieure de celui-ci; son extrémité filetée est reçue dans un écrou de pression D, qu'on serre à volonté pour permettre ou défendre le mouvement de rotation de la planchette sur les têtes des vis calantes.

Étant donnés (fig. 129) sur le papier, la direction *ab* d'une droite AB du terrain et un point *a* de cette droite, établir la planchette au point correspondant A, de manière à y pouvoir tracer la projection horizontale de tous les angles qui ont leur sommet en A : tel est l'objet de la mise en station.

La mise en station comprend trois opérations, qui consistent :

([1]) Le chapitre XXI est consacré à la planchette photographique.

La 1re à mettre le point *a* de la planchette dans la verticale de son correspondant A du terrain ; la 2e à rendre la planchette horizontale ; et la 3e à décliner la planchette, c'est-à-dire placer la droite donnée *ab* dans le même plan vertical que la ligne AB qu'elle représente.

La planchette étant ainsi disposée, on obtient la projection des angles BAC, BAD, CAE..., en dirigeant l'alidade successivement de *a* sur C, sur D, etc., et traçant après chaque observation une droite le long de la ligne de foi (¹).

Pour mettre la planchette en station, on exécute d'abord simultanément et au simple coup d'œil, les trois opérations ; puis on rectifie cette mise en station provisoire, en les reprenant une à une dans l'ordre indiqué.

Pour la première, on se sert d'une fourche à deux branches égales, MN,PQ, dont l'une porte à son extrémité P un fil à plomb ; on place l'extrémité M contre *a*, l'extrémité P sous la tablette et l'on déplace celle-ci jusqu'à ce que le fil à plomb soit au-dessus de A. Ou bien, on détermine, à l'aide du fil à plomb, deux plans verticaux passant par A, et se coupant à peu près à angles droits, et on amène *a* sur l'intersection de ces deux plans.

Pour la seconde, on place un niveau à bulle d'air sur la tablette, d'abord dans la direction de deux des vis V, V' du pied et on appelle la bulle au milieu en agissant sur ces vis, puis dans une direction perpendiculaire et on le cale au moyen de la troisième vis V". Quand on est dépourvu de niveau, on emploie une bille d'ivoire ou d'agate qu'on laisse tomber sur la tablette : celle-ci est horizontale, lorsque la bille reste en repos.

Enfin, pour la troisième, on place la ligne de foi de l'alidade contre *ab*, on tourne la planchette jusqu'à ce que le plan de collimation passe par le jalon B, et on fixe le tout dans cette position en serrant fortement l'écrou de pression D.

(¹) Si cette ligne ne se trouve pas dans le plan de collimation et qu'elle ne lui soit pas parallèle, toutes les directions *ab*, *ac*, *ad*... ainsi tracées sur la planchette, sont affectées de la même erreur, mais les angles qu'elles déterminent sont parfaitement égaux aux angles correspondants du terrain.

La planchette est alors en station : les trois conditions exigées sont remplies. En effet, le mouvement de rotation qu'on doit effectuer pour décliner ne détruit pas l'horizontalité de la planchette ; et, ainsi que nous allons le démontrer, il n'altère le résultat de la première opération que d'une manière insensible au point de vue de l'exactitude graphique, lorsque, bien entendu, la mise en station provisoire a été convenablement faite.

Soit $\frac{1}{M}$ l'échelle du plan. Supposons (fig. 130) qu'après avoir tourné la planchette pour diriger ab sur le jalon planté verticalement en B, le point a qu'on avait mis dans la verticale Aa' soit venu en a ; et prenons $aa' = 0^m,02$, ce qui ne peut arriver que lorsque la mise en station provisoire a été très-négligée. Pour observer l'angle BAC, on place l'alidade contre a, son plan de collimation sur C, et l'on trace la droite ac le long de la ligne de foi ; en portant $ac = \frac{AC}{M}$, on marque le point c pour la position de C.

L'angle véritable est l'angle $b'a'c'$ qu'on aurait tracé si l'on avait dirigé l'alidade de a' successivement sur B et sur C. Cet angle diffère de bac de la quantité $\beta + \gamma$. Pour avoir exactement la position de C, on devrait donc porter $\frac{AC}{M}$ sur une droite faisant avec ac un angle $\beta + \gamma$. Or, par les raisonnements qui ont été faits dans un cas analogue, celui où le centre du graphomètre n'est pas sur la verticale du sommet (n° 52), on prouve que, dans les conditions les plus défavorables, l'angle $\beta + \gamma$ ne dépasse pas 5', et que, par suite, ses côtés ne se séparent sensiblement qu'à 8 centimètres environ du sommet (n° 9).

109. PLANCHETTE DE L'ÉCOLE DE METZ (fig. 131). — La tablette de renfort, fixée à la planchette proprement dite, porte une tige qui traverse le plateau T du trépied ; l'extrémité de cette tige est filetée et reçue dans un écrou D, qu'on serre à volonté de manière à permettre ou à arrêter le mouvement de rotation de la planchette sur le plateau T.

On rend cette planchette horizontale en écartant convenablement les branches du trépied, ce qui exige d'assez longs tâtonnements.

7

110. PLANCHETTE PERFECTIONNÉE (fig. 132). — PP est la tablette sur laquelle le papier est tendu.

pp est la tablette de renfort attachée à la première par quatre vis *v*.

Le disque CC, fixé à demeure sur *pp*, porte le pivot de la planchette, gros boulon qui traverse le plateau *cc*, le disque QQ et la douille D du genou, et dont l'extrémité filetée V s'engage dans l'écrou de pression E. De sorte que la planchette peut tourner sur le plateau *cc*, et qu'on peut lui défendre ce mouvement en serrant l'écrou E. Le plateau *cc* est un anneau de cuivre aplati.

Il est souvent utile de donner à la planchette un mouvement doux; c'est ce qu'on fait au moyen d'une vis de rappel R. Cette vis, portée par un support S attaché à la tablette *pp* par les vis *v'*, mord dans l'écrou E d'une pince P qui embrasse le plateau *cc* lorsqu'on serre la vis V'.

Deux languettes L fixées au disque du genou s'appliquent contre les bases d'un cylindre B'B', et y sont maintenues par un boulon à écrou *e'* occupant l'axe de ce cylindre. Contre les bases d'un autre cylindre B dont l'axe est aussi garni d'un boulon à écrou *e*, se placent deux oreilles O fixées sur la tête T du trépied. Les deux cylindres dont il vient d'être question sont taillés dans une même pièce de bois et perpendiculaires entre eux; ils constituent la noix N du genou que nous décrivons et qui porte le nom de genou de Cugnot.

Pour rendre la planchette horizontale, on desserre un peu l'écrou du boulon B, et en faisant osciller tout le système autour de ce boulon, on amène au milieu du tube la bulle d'air d'un niveau H placé à peu près parallèlement au boulon B'. Cela fait, on serre l'écrou *e*, on fait tourner tout l'instrument autour du boulon B' jusqu'à ce que la bulle du niveau, placé perpendiculairement à sa première position, se trouve entre ses repères, et l'on agit sur l'écrou *e'* pour faire adhérer les languettes à la noix.

111. VÉRIFICATION DE L'ALIDADE DES PLANCHETTES. — La règle se trouvant sur la tablette horizontale, le plan de collimation lui est perpendiculaire lorsqu'il contient une verticalc ; ce dont on s'assure en visant un fil à plomb suspendu d'un premier étage, ou l'arête d'un bâtiment.

Pour voir si ce plan passe par la ligne de foi, on le dirige sur un jalon B assez rapproché, et l'on pique deux épingles aux extrémités de la ligne de foi ; on enlève l'alidade et l'on examine si le rayon visuel mené suivant ces épingles passe par B. S'il y a erreur, cette erreur de collimation est constante et il est inutile, d'après la remarque faite au n° 108, de la déterminer ou de la rectifier.

CHAPITRE XIX.

Levé à la planchette.

112. Les indications générales données au numéro 67 sont applicables ici, à l'exception toutefois de ce qui concerne les angles : le registre ne pourra contenir que les longueurs des côtés du polygone, la planchette ne donnant pas l'amplitude numérique des angles.

113. LEVÉ PAR CHEMINEMENT. — Le côté de départ AB (fig. 133) étant placé en *ab* sur la carte, on met la planchette en station en B et on la décline sur A, ce qu'on énonce en moins de mots en disant : « on met la planchette en B pour A. » On dirige l'alidade de *b* sur C et, s'il y a lieu, sur les points de repère ; et pour chaque observation, on trace une droite le long de la ligne de foi.

Étant en station en B, on oriente la carte, soit en relevant la direction de la méridienne BV tracée sur le terrain, et dans ce cas l'orientation ne doit pas être corrigée de l'erreur constante (N° 111) qui peut affecter l'alidade ; soit en déterminant la méridienne au moyen du déclinatoire.

Le déclinatoire (fig. 134) se compose d'une boîte rectangulaire MNPQ portant deux limbes dont la ligne des zéros est un diamètre parallèle aux longs côtés MN, PQ. Une aiguille aimantée se balance au centre sur un pivot fixé dans le fond de la boîte, perpendiculairement au plan des limbes.

Si donc (fig. 133) on pose le déclinatoire *sur la planchette en station*, et qu'on le tourne jusqu'à ce que l'aiguille marque zéro, il suffira de tracer une droite le long d'un des côtés MN ou PQ, pour avoir la méridienne magnétique sur la carte. Mais si la ligne de foi de l'alidade qu'on emploie fait avec le plan de collimation un angle α, l'orientation au déclinatoire doit être corrigée de cet angle ; et, comme α se détermine très-difficilement, ce qu'il y a de mieux à faire dans ce cas, c'est d'orienter par le premier procédé que nous venons de donner, ou de construire avec *ba* l'azimut BA observé avec une boussole (N° 79).

Après avoir construit *c* au moyen de la distance BC, on met la planchette en C pour B, et l'on continue de la même manière pour tous les sommets du polygone, en ayant soin de vérifier fréquemment les opérations par des visées sur les points de repère.

Si la lunette de l'alidade a un réticule-stadia et qu'elle soit armée d'un éclimètre, on peut obtenir la longueur des côtés par la visée même qui sert à tracer leur direction.

Pour la fermeture du polygone, on se conforme à ce qui a été prescrit plus haut (N° 68).

Lorsqu'en un sommet C il est impossible de se décliner sur un point déjà déterminé, on opère comme suit : après avoir mis le point *c* dans la verticale de C, la tablette horizontale, on place le bord MN du déclinatoire contre la méridienne magnétique tracée sur la carte, et l'on tourne la planchette jusqu'à ce que l'aiguille se trouve sur les zéros du limbe. La ligne *cb* sera alors dans le plan vertical de CB.

Il peut arriver qu'après avoir en C tracé la direction *cx* du sommet D, il soit impossible de mesure la distance CD. On détermine alors le sommet D par recoupement. A cet effet, on porte de *c* en *d'* la distance DC estimée à vue ; on met *d'* dans la verticale de D, la planchette horizontale et déclinée sur C ; puis on dirige l'alidade de *d'* sur un point B déjà établi, l'on trace la droite *d'm* le long de la ligne de foi, et par *b* on mène une parallèle *by* à cette droite. La parallèle *by* rencontre *cx* au point cherché *d*. Cela fait, on recommence la mise en station, afin de placer *d* dans la verticale de D et de pouvoir ensuite tracer l'angle CDE.

114. Levé par rayonnement (fig. 135). — On se place en station au point central S qui a été choisi, et on se décline suivant le côté de départ SA. Puis on lève les angles ASB, BSC, DSC, DSA et on mesure les distances SA, SB, SC, SD.

115. Levé par intersections (fig. 136). — La base MN étant placée en *mn* sur la planchette, on met celle-ci en station en M pour N et l'on observe les sommets du polygone ABCD qu'on doit lever. On établit ensuite la planchette en N pour M et l'on observe de nouveau ces sommets; les directions qu'on obtient ainsi coupent celles qui ont été tracées en M, aux points *a,b,c,d*, qui sont les sommets du polygone cherché. On vérifie ce résultat en prenant pour centre de rayonnement un 3ᵉ point P qu'on relie à la base MN.

CHAPITRE XX.

Problèmes à la planchette.

116. I. Résoudre par des opérations à la planchette les problèmes qui ont été donnés aux numéros 72, 73 et 76.

117. II. Prolonger un alignement au delà d'un obstacle qui borne la vue.

Soit à prolonger l'alignement AB (fig. 137).

On trace sur la planchette une droite quelconque *ah*. On se met en station en A, un point *a* de *ah* dans la verticale de A, la planchette horizontale et la droite *ah* dans le plan vertical de AB. De *a*, on dirige l'alidade sur un point C situé au delà de l'obstacle, et on mesure AC qu'on porte de *a* en *c*, à une échelle quelconque $\frac{1}{M}$. On met ensuite la planchette en C pour A, on vise des signaux D,E,F, et l'on marque les points *x,y,z* où les directions ainsi obtenues coupent la droite *ah*. On présente les lignes *cx,cy,cz* à l'échelle et on note les distances qu'elles accusent. Supposons qu'on lise 55ᵐ pour *cx*, 61ᵐ pour *cy* et 68ᵐ pour *cz*. En portant sur le terrain 55ᵐ de C vers D, 61ᵐ de C vers E et 68ᵐ de C vers F, on détermine des points X, Y, Z qui appartiennent à l'alignement AB.

118. III. Fixer sur un terrain accessible la position d'un point *x* marqué sur la planchette où figure le plan ABC... de ce terrain (fig. 138).

On met la planchette en station en un point A du canevas, voisin de la position que doit occuper le point X correspondant à *x*, et on se décline sur un autre point du canevas. Puis on fait planter un jalon J dans le plan de collimation de l'alidade placée contre *ax*; et on porte de A vers ce jalon une distance égale à celle qu'accuse la droite *ax* présentée à l'échelle du plan. L'extrémité X de cette distance est le point demandé.

CHAPITRE XXI.

Planchette photographique.

119. Cet instrument est un véritable graphomètre qui enregistre automatiquement les angles des objets *qu'il peut voir*, angles que l'on mesure ensuite sur l'image par tel procédé qu'on voudra. Il consiste en une chambre noire spéciale (fig. 139 et 140). La lentille, ou combinaison de lentilles, est contenue dans un tube pouvant se mouvoir horizontalement autour d'un axe vertical III. Un prisme triangulaire ABC, solidaire avec l'objectif O, a sa face hypoténuse étamée et ses arêtes A, B et C horizontales. Il réfléchit verticalement dans la chambre noire placée en-dessous les images perçues par l'objectif. L'axe optique XY de la combinaison lenticulaire étant parallèle à la plaque sensibilisée EF disposée horizontalement dans la chambre noire, l'image d'un objet MN qui se trouve en avant de la face verticale AC du prisme est réfléchie sur la face hypoténuse, et vient se reproduire en *mn* sur la plaque sensible.

Le tube mobile horizontal renfermant l'objectif O et le

prisme ABC, est porté par un plateau horizontal PQ qui
repose sur la partie supérieure de la chambre. Ce plateau
est entraîné dans le mouvement de rotation du tube XY
autour de l'axe vertical III. Une ouverture en forme de secteur pratiquée dans le plateau, immédiatement en-dessous
de la face BC du prisme, limite l'étendue des images sur la
plaque EF et les empêche de s'étendre au delà de l'axe de
rotation. Cette ouverture est garnie de deux fils horizontaux
qui se croisent sur YZ, et que nous appellerons f et f' pour
abréger : f est mené suivant un rayon du secteur dans le
plan YZIII, et f' est perpendiculaire à f.

Le plateau étant très-rapproché de la plaque sensible, ces
fils tracent sur l'image, en même temps que celle-ci se forme,
le premier, f, une droite située dans le plan vertical YZIII,
le second, f', une droite perpendiculaire à celle-ci.

Le fil f' servant uniquement à déterminer la différence
entre les hauteurs des objets, nous ne nous occuperons en
ce moment que des lignes ji, ki... formées par le fil f dans
les différentes positions du plateau PQ (fig. 141). Ces dernières lignes donnent tous les éléments de la planimétrie
qu'on obtient par un rayonnement au moyen de la planchette
ordinaire. En effet, l'axe de rotation I étant établi dans la
verticale du point de station, si l'on vise successivement les
points qu'on veut relever, les angles que ces points font avec
la station sont marqués sur la plaque EF par les projections
ji, ki... du fil f, qui passent par les images des signaux
observés.

L'appareil que nous venons de décrire peut servir à relever
tout le panorama qui se déroule autour d'un observateur,
attendu que l'image photographique, bien qu'elle soit reçue
à travers un objectif en mouvement, peut être très-nette.
Comme dans ce cas, il faut donner au plateau PQ un mouvement continu et que dans un tel mouvement, si on laissait
à l'écran l'ouverture qu'il a quand on opère par secteur, on
obtiendrait des images qui se superposeraient, on réduit cette
ouverture à une fraction de millimètre et l'on supprime le
fil f. De cette manière, la plaque EF ne peut recevoir à
chaque instant que l'image des points placés dans le plan
vertical de l'axe optique de la lentille, et l'on obtient ainsi

une image dont tous les points font entre eux et avec le centre I, des angles égaux à ceux que forment entre eux les points correspondants du terrain.

La planchette photographique présente les avantages suivants :

1° Les erreurs de visée se constatent immédiatement, attendu que si l'on vise mal, l'image du fil / se produit à côté de l'objet.

2° Le repèrement des points (N° 67, 5°) est indiqué d'une manière complète sur la plaque sensible.

3° Dans un tour d'horizon, il n'y a pas d'oubli possible, l'image donnant nettement toutes les directions, quelque nombreuses qu'elles soient.

4° Un seul cliché fournissant autant d'épreuves qu'on veut, plusieurs dessinateurs pourront rédiger le plan en expéditions multiples, pendant que le photographe, continuant ses opérations, leur prépare de nouveau matériaux.

5° Le dessinateur peut se servir de l'épreuve sur papier en guise de rapporteur, et tracer ainsi les angles sans le secours d'aucun instrument.

CHAPITRE XXII.

Équerres.

120. L'équerre n'est guère employée dans le levé des plans que pour élever sur les lignes du canevas les perpendiculaires nécessaires à la détermination des détails : courbes des routes, angles des enclos, bâtiments, etc. Cependant, quelques géomètres en font un usage plus étendu ; ils l'emploient au levé des polygones.

121. Équerre d'arpenteur (fig. 142). — Cette équerre, connue aussi sous le nom d'équerre *pomme de canne*, est ordinairement un prisme octogonal ou un cylindre, de 7 à 8 centimètres de largeur sur 10 à 12 de hauteur, portant des pinnules qui se correspondent à angles droits. Elle se place au moyen d'une douille D sur un bâton ferré ([1]).

([1]) La base supérieure porte quelquefois une petite boussole ordinaire

Pour mener par un point A d'une ligne MN du terrain (fig. 143) une perpendiculaire à cette ligne, on place l'équerre au point A, la douille dans la verticale de ce point, on dirige deux pinnules correspondantes dans le sens de la droite donnée, et on fait planter un jalon J dans la direction indiquée par les pinnules qui coupent les premières à angle droit.

Quand la perpendiculaire doit être abaissée d'un point C sur la droite MN, on établit l'équerre au pied D de cette perpendiculaire déterminée à vue. Deux des pinnules étant alors dirigées suivant MN, si le rayon visuel mené par les pinnules perpendiculaires aux premières ne coïncide pas avec C, on déplace l'instrument jusqu'à ce que cette coïncidence ait lieu.

Les équerres sont généralement divisées en huit angles de 45 degrés. Lorsqu'on veut former sur le terrain un angle de cette ouverture, on opère de la même manière que ci-dessus; on a soin seulement de diriger les rayons visuels par les pinnules qui correspondent audit angle de 45°.

Pour vérifier l'équerre, on l'établit en un point A de l'alignement MN (fig. 143); on dirige suivant MN deux de ses pinnules, celles qui sont marquées du chiffre 1 dans la figure, et on fait planter un jalon J dans la direction des pinnules 2 qui doivent être perpendiculaires aux premières. On tourne ensuite l'instrument de manière à amener les pinnules 1 sur J, et si les plans 1 et 2 sont perpendiculaires entre eux, les pinnules marquées 2 seront dirigées suivant MN.

Pour l'angle de 45°, on s'assure qu'il est contenu deux fois dans l'angle droit, en opérant, avec les pinnules qui se coupent sous 45°, comme il vient d'être dit pour les pinnules rectangulaires; et l'on agirait d'une manière analogue pour les angles, autres que ceux de 45 et 90 degrés, que pourrait donner l'instrument.

Les équerres ordinairement employées ne sont pas rectifiables; mais il serait facile de les rendre telles, en faisant

---

dont le diamètre 0—180 est parallèle au plan de collimation de deux pinnules, et qui marque conséquemment l'azimut magnétique des directions que l'on vise par ces pinnules. Semblable disposition se présente très-souvent dans le graphomètre et dans le pantomètre.

pratiquer chaque fente dans une petite plaque mobile entre deux coulisses horizontales.

122. ÉQUERRE ALLEMANDE (fig. 144). — Elle se compose de deux règles fixées en M à angle droit et portées sur un pied au moyen d'une douille. A l'extrémité de chaque règle s'élève une pointe fine destinée à guider le rayon visuel. Les trois pointes A,B,C sont à égale distance du point M; la quatrième D à une distance $MD = \frac{DC}{2}$. L'angle MDC==ADM est donc de 60° et l'angle MCD==MAD de 30 degrés(¹). De sorte que l'instrument peut donner les angles de 30,45,60, 75,90 et 120 degrés.

Pour l'usage et la vérification, nous renvoyons à l'équerre d'arpenteur.

123. ÉQUERRE A MIROIRS. — Elle se compose ordinairement de trois couples de miroirs faisant deux à deux les angles de 90, de 45 et de 22 $\frac{1}{2}$ degrés.

Ces miroirs sont fixés perpendiculairement sur la base ABCD (fig. 145) d'un parallélipipède rectangle d'environ 12 centimètres de longueur sur 2 de largeur et de hauteur. Afin de permettre la rectification de l'instrument, un des miroirs de chaque couple peut recevoir un léger mouvement par une vis logée dans l'épaisseur de la base ABCD.

Couple à 90° — M miroir à moitié étamé (²).

    M' miroir entièrement étamé.

    F fente pratiquée, vis-à-vis de M, dans la face AB de la boîte et servant d'oculaire.

    F'fenêtre pratiquée, vis-à-vis de M, dans la face DC de la boîte et servant d'objectif.

    G fenêtre pratiquée, vis-à-vis de M', dans la face AB de la boîte.

(¹) En effet, si l'on joint le point M au milieu H de DC, le triangle DMH est équilatéral parce que la circonférence décrite sur DC comme diamètre doit passer par M.

MC étant connu, pour déterminer MD d'après la condition de construction de l'instrument, on a la relation

$$\overline{MD}^2 + \overline{MC}^2 = \overline{DC}^2 \text{ ou } 4\overline{MD}^2; \text{ d'où } 3\overline{MD}^2 = \overline{MC}^2.$$

(²) Nous faisons ici une observation applicable à tous les instruments

Les miroirs à 90 degrés servent à tracer des alignements. Leur espacement est tel que lorsque l'observateur tient l'équerre horizontalement à la main, l'œil droit O contre la fente F, la fenêtre G dépasse son oreille droite (fig. 145 et 146). Dans cette position, l'observateur voit dans le miroir en M l'objet doublement réfléchi R, et, en même temps, par la partie diaphane, et dans le prolongement de l'image de R, un objet S situé au delà de l'instrument. Or, le rayon incident RM' faisant avec ce même rayon doublement réfléchi MO un angle égal à deux fois l'angle des miroirs M et M', qui est de 90°, les directions RM', OS sont parallèles; et comme la distance MM' qui les sépare, n'est que de quelques centimètres, on peut admettre qu'elles se confondent, et, par suite, que le point où se trouve l'observateur est sur l'alignement SR.

De là : pour déterminer l'alignement de deux objets S et R, on se place à vue sur cet alignement, entre S et R; puis, tenant l'instrument comme il vient d'être dit, on vise directement un des objets, et on se déplace jusqu'à ce que cet objet soit dans le prolongement de l'image de l'autre. On se trouve alors en un point de SR d'où l'on peut diriger les jalonneurs qui doivent indiquer cet alignement.

Les observations étant instantanées, peuvent être faites à cheval.

Pour vérifier et rectifier l'angle des miroirs M et M', on se place en un point O d'un alignement SR déterminé par la méthode ordinaire du jalonnement; on vise par la fente F l'objet S, et si l'image de R ne coïncide pas avec cet objet, on tourne la vis de correction du système MM' jusqu'à ce que cette coïncidence ait lieu. Quand on ne veut pas tracer l'alignement dont il vient d'être question, on procède de la manière suivante : on se place en O, à peu près au milieu de la distance qui sépare deux objets assez éloignés S et R (fig. 147), de manière à voir l'un d'eux, S par exemple,

à réflexion. La partie de verre diaphane qui termine les miroirs devrait être supprimée, parce qu'elle est inutile, et qu'elle fait perdre une partie de leur clarté aux objets qu'on vise directement.

directement et l'autre par réflexion. Puis on fait demi-tour
sur le talon droit, on vise directement R, et si l'image de S
n'apparaît pas, on marque le point O, et l'on se porte en un
point O' d'où l'on voie cette image dans le prolongement de
R. Cela fait, on se met au milieu de OO', on vise directement
un des objets, S ou R, et on agit sur la vis de correction
jusqu'à ce que cet objet coïncide avec l'image de l'autre. La
rectification serait alors parfaite si l'on avait pris exactement
le milieu de OO' et qu'on se fût déplacé de O en O' perpendiculairement à SR ; mais comme tout cela se fait à vue, il
est nécessaire de recommencer plusieurs fois l'opération.

Couple à 45°. — N miroir à moitié étamé.

N' miroir entièrement étamé.

II fente pratiquée, vis-à-vis de N, dans
la face AB et servant d'oculaire.

II' fenêtre pratiquée, vis-à-vis de N, dans
la face DC et servant d'objectif.

I fenêtre pratiquée, vis-à-vis de N' dans
la face AD.

Les miroirs à 45° servent à faire des angles droits sur le
terrain. Pour mener en O' d'une ligne O'T une perpendiculaire à cette ligne, l'observateur placé en O' et tenant l'équerre
horizontalement, vise par la fente II et la fenêtre II' un
objet T de la direction O'T, et il arrête un jalonneur U
lorsqu'il le voit par réflexion dans le prolongement de T : La
direction O'U est la perpendiculaire demandée. En effet,
l'angle TO'U $=$ TQU $-$ O'UQ ; or, O'UQ est nul, au point
de vue de la pratique, et TQU est droit comme formé par le
rayon incident UN' et ce même rayon doublement réfléchi
NO' dans un système de deux miroirs placés à 45 degrés.

S'il fallait d'un point T abaisser une perpendiculaire sur
un alignement O'U, on déterminerait sur cet alignement un
point O' tel qu'en y observant T par la partie diaphane du
miroir N, on voie par réflexion le jalon U qui signale la direction donnée.

Pour vérifier et rectifier le système NN', on se place en
un point B d'un alignement AC (fig. 148) ; et observant avec

le système à 45°, on vise C directement et on arrête un jalonneur D lorsqu'on le voit par réflexion dans le prolongement de C. Puis on fait un demi à-gauche, on vise le jalon D par la partie diaphane, et on voit si l'image de A correspond avec ce jalon. Si la superposition a lieu, l'angle de 45° est réglé. Dans le cas contraire, on cherche sur AC un point B' d'où l'on voie D directement et A par réflexion ; on se place alors en Z, milieu de BB', et on tourne la vis de correction des miroirs NN', jusqu'à ce que l'image du jalon A soit dans le prolongement du jalon D vu par la fente II.

Couple à 22°$\frac{1}{2}$. — P miroir à moitié étamé.

                  P' miroir entièrement étamé.

                  J fente pratiquée, vis-à-vis de P, dans la face AB et servant d'oculaire.

                  J' fenêtre pratiquée, vis-à-vis de P, dans la face DC et servant d'objectif.

                  K fenêtre pratiquée, vis-à-vis de P', dans la face BC.

Ces miroirs servent à donner l'angle de 45 degrés.

Les explications qui viennent d'être données sur le système de miroirs NN' suffisent pour faire comprendre comment en un point O", on mène une droite O"W faisant avec une autre O"V l'angle de 45° ; et comment on détermine sur une direction le point où tombe l'oblique de 45° menée d'un point donné.

Quant à la vérification, on s'assure si l'angle donné par les miroirs P, P' est contenu deux fois dans l'angle droit, et on rectifie, au besoin, au moyen de la vis de correction. Il est à remarquer cependant que, par quadruple réflexion, les miroirs PP' donnant l'angle droit, on pourrait les vérifier en observant un angle droit déterminé avec les miroirs à 45° rectifiés ; mais la quadruple réflexion est trop difficile à saisir pour que nous conseillions d'y avoir recours.

CHAPITRE XXIII.

Levé à l'équerre.

124. LEVÉ PAR CHEMINEMENT (fig. 149). — Soit à lever le polygone ABC.... On prend pour côté de départ une droite, qu'on appelle *directrice* et qui est telle qu'on puisse lui mener des perpendiculaires de la plupart des sommets. Soit MN cette directrice tracée en *mn* sur la carte. Des sommets A,B,C... on lui mène les perpendiculaires AP,BR,CT...; on mesure les abscisses MP,PR,RT..., ainsi que les ordonnées PA,PB,PC..., et l'on a ainsi les éléments nécessaires pour construire la projection *abcd*... du polygone ABC.... Pour vérifier les mesures partielles MP,PR,RT..., on en fait la somme et, si l'on a bien opéré, cette somme sera égale, à une erreur négligeable près, à la directrice MN mesurée d'avance.

Ceux des sommets qui ne peuvent être construits sur MN par abscisses et ordonnées, le sont au moyen de leurs distances à deux points déjà levés, ou au moyen d'une directrice auxiliaire.

Lorsque l'intérieur du polygone est inaccessible, on lui circonscrit (fig. 150) un polygone rectangulaire MNPQR qu'on construit d'abord sur la carte, et aux côtés duquel on rapporte, comme ci-dessus, les sommets du polygone à lever.

125. LEVÉ PAR INTERSECTIONS. — Lorsque les sommets du polygone sont inaccessibles, on les lève par intersections (fig. 151). A cet effet, on choisit des bases OM,ON accessibles et sur lesquelles on puisse élever des perpendiculaires passant par les sommets. Si les localités le permettent, on les prend rectangulaires, sinon on trace leur angle MON sur la carte au moyen d'un petit triangle dont on mesure les trois côtés. Les bases, prises comme côtés de départ, étant placées en *om* et *on* sur le dessin, on construit successivement tous les sommets de la manière que nous allons indiquer pour l'un d'eux, A par exemple. On détermine les pieds H et G des perpendiculaires abaissées de A sur chacune des

bases; on porte les distances OH, OG réduites à l'échelle la
première de *o* en *h*, la seconde de *o* en *g*; et on marque
l'intersection *a* des perpendiculaires menées à *om* et à *on*
l'une en *h*, l'autre en *g*; *a* est la projection de A.

Il va sans dire que si deux bases ne suffisent pas, on en
prend une troisième qu'on relie aux deux premières.

126. On peut employer pour lever un polygone, une
équerre dont l'angle est quelconque et qu'on appelle *fausse
équerre* : deux lattes clouées ensemble sur un bâton et armées à leurs extrémités de pointes servant de pinnules,
constituent tout l'instrument.

Avant de s'en servir pour rattacher un point à une direction, il faut tracer sur le papier l'angle qu'il donne.

Pour cela, on le plante en un point A, les règles sensiblement horizontales, et l'on fait placer des jalons B et C dans
la direction des pinnules (fig. 24), puis on lève l'angle BAC
en mesurant les trois côtés d'un petit triangle DAE.

Connaissant cet angle, pour déterminer la position d'un
point H′ par rapport à la droite NO marquée sur la carte en
no (fig. 151), on cherche le point I où les pinnules de la
fausse équerre couvrent le point H′ et la direction NO ; on
prend *ni* égal à NI réduit à l'échelle et au point *i* on fait avec
no l'angle de l'instrument. Sur le second côté de cet angle,
on porte la longueur *ih′* correspondante à IH′, et l'on obtient
le point *h′* homologue de H′.

Si le point H′ était inaccessible, on le déterminerait par
intersections, au moyen de coordonnées parallèles à deux
bases faisant entre elles l'angle de la fausse équerre.

Pour abaisser d'un point H′ une perpendiculaire sur une
droite NO, on détermine les points I et I′ où les pinnules de
la fausse équerre couvrent NO et le point H′. Le point R
milieu de II′ est le pied de la perpendiculaire cherchée.

CHAPITRE XXIV.

Problèmes à l'équerre.

127. I. Trouver la longueur d'une distance AB dont l'extrémité B est inaccessible.

1° La dernière solution donnée pour le problème du n° 72 convient ici, surtout lorsqu'on opère avec l'équerre à miroirs. Nous ne la répéterons donc pas, mais nous en donnerons une application, qui se présente souvent dans les reconnaissances : déterminer la distance x d'un objet, du clocher C par exemple, à la route DE qu'on parcourt (fig. 152).

On s'arrête au pied H de la perpendiculaire menée de C sur DE au moyen des miroirs à 45°; sur le prolongement de CH, on marque un point M à une certaine distance de H. Soit HM = 5 mètres. On marche ensuite sur DE jusqu'à ce qu'on trouve un point P tel que CPM soit droit et on mesure HP. On a $\overline{HP}^2 = x \times MH$; et si PH = 50^m, x = 500^m.

2° Sur la direction AB, on élève la perpendiculaire AC; sur cette droite on détermine le pied C de l'oblique à 45° menée de B sur AC; la distance AC = AB (fig. 153).

Cette solution demande beaucoup de temps; elle n'est d'ailleurs applicable que sur un terrain parfaitement découvert.

3° En A, faisons avec AB (fig. 154) un angle droit BAM; sur AM prenons deux distances AD et DC dont la seconde égale une fraction, $\frac{1}{3}$ par exemple, de la première. En C construisons l'angle droit ACE, et marquons l'intersection H des alignements CE et DB. On a AB = 3CH.

L'intersection de deux alignements ne pouvant être obtenue par un opérateur seul, la troisième solution est rarement adoptée. Remarquons cependant qu'elle peut être appliquée avec la fausse équerre, en substituant l'angle que donne cet instrument à l'angle droit.

128. II. Déterminer la distance entre deux points inaccessibles :

1° De préférence, la deuxième solution du problème n° 73.

2° Sur la partie accessible, tracer un alignement·MN; y prendre deux points D et E, tels que les angles ADM, BEM soient droits (fig. 155), et mesurer AD et BE (problème I ci-dessus). Prolonger ensuite AD d'une quantité DA′=AD et BE de EB′=BE. La distance A′B′=AB.

Remarquez qu'en portant A′H=2 (AD—BE), on obtient une direction B′H qui est parallèle à AB.

Si l'on se servait de la fausse équerre, il faudrait dans cette solution remplacer l'angle droit par l'angle de cet instrument.

129. III. Par un point C, mener une parallèle à une direction inaccessible BA (fig. 155).

On détermine d'après le problème précédent, sur la partie accessible, une parallèle B′H à BA. La question est ainsi ramenée à tracer par le point C une parallèle à la droite accessible B′H, et pour la résoudre, il suffit de mener 1° CP perpendiculaire à B′H; 2° CX perpendiculaire à CP.

La droite CP étant perpendiculaire à la droite inaccessible, la solution convient à ce problème : D'un point accessible, mener une perpendiculaire à une direction inaccessible.

Solution analogue au moyen de la fausse équerre.

130. IV. Déterminer, avec l'équerre à miroirs, la hauteur AS (fig. 156) d'un édifice.

On prend sur le terrain environnant un point B tel qu'en s'y plaçant avec l'instrument et en visant horizontalement un point H de l'édifice, l'angle SOH soit de 45°. On a alors SH=OH et SA=OH+OB. La distance OH se mesure, au besoin, comme dans le problème I.

Si l'équerre ne donne que l'angle droit, on choisit pour station un point B′ d'où l'on aperçoive les points A et S sous un angle droit AO′S, et l'on a

$$\overline{OH}^2 \text{ ou } \overline{AB'}^2 = SH \times AH; \text{ d'où } SH = \frac{\overline{AB'}^2}{\overline{OB}}.$$

131. V. Mener, au moyen de l'équerre à miroirs, une horizontale par un point A du terrain (fig. 157).

On plante en terre un jalon incliné auquel est attaché un fil à plomb qui tombe sur A, et on fait porter, dans la direction qu'on veut donner à l'horizontale, une mire M, ou simplement une perche munie d'une bande de papier servant de voyant.

Au moyen des miroirs à 45°, l'œil étant placé en O, on vise directement le point A, et on fait glisser le voyant V jusqu'à ce qu'on l'aperçoive par réflexion. L'angle VOA est droit, et, puisque OA est vertical, OV est horizontal. Si donc on fait descendre le voyant en un point V' tel que VV'=OA, AV' sera l'horizontale demandée.

132. VI. Prolonger un alignement AB au delà d'un obstacle (fig. 158).

On fait les angles droits BAM, MCD, CDE aux points A, C et D pris de telle manière que la direction DE arrive au delà de l'obstacle. Sur cette direction on prend DE=AC, et on a ainsi un point E qui appartient à l'alignement AB. Il ne reste plus qu'à tracer en E l'angle droit DEF pour avoir le prolongement EF de cet alignement.

Si l'on opère avec la fausse équerre, on fait les angles BAM, MCD, CDE et DEF égaux à l'angle de cet instrument.

CHAPITRE XXV.

Levé des détails.

133. Il consiste à rattacher aux lignes du canevas les contours des objets qui se trouvent à la surface du sol.

Suivant les circonstances, on le construit immédiatement sur la minute, ou l'on en fait des croquis cotés. Dans le dernier cas, les croquis doivent être coordonnés entre eux, de manière à rendre leur emploi facile aux dessinateurs qui, dans un temps quelconque, pourront être chargés de les rapporter sur la carte; et, à cet effet, il convient de les classer dans l'ordre qui a été suivi pour la composition du canevas, et d'indiquer sur chacun d'eux les lignes polygonales auxquelles il se rapporte.

La figure 159 est un spécimen de ces croquis. Les points entourés d'un rond appartiennent au canevas : ils ont été calqués sur la carte-minute. Les lignes de construction sont en traits interrompus ; les détails en traits pleins.

Lorsqu'on dessine sur la carte le levé des détails à mesure qu'on l'exécute, on n'inscrit pas les dimensions et on ne trace pas les lignes de construction. C'est la seule différence qui existe entre cette manière de procéder et le levé par croquis. Dans l'un et l'autre cas, il faut beaucoup d'ordre et une certaine habileté dans le dessin topographique. Quand on pourra se procurer des matériaux topographiques sur les localités à lever, lors même qu'ils seraient incomplets, on abrégera le travail en les encadrant très-légèrement au crayon dans le canevas ; il suffira de reconnaître ensuite cette préparation sur le terrain, et l'on emploiera à la rectifier et à la compléter beaucoup moins de temps qu'au levé entier des détails.

Les points caractéristiques des détails se lèvent par cheminement, par intersections, par rayonnement, par abscisses et ordonnées, ou par la méthode des alignements et prolongements. Quand l'échelle est très-petite, la plupart des distances peuvent être mesurées au pas (¹).

A mesure qu'on dessine les objets, on inscrit leurs noms au crayon et en écriture ordinaire. L'orthographe de ces noms sera scrupuleusement observée ; en cas de nécessité, on consultera les archives cadastrales, afin d'y prendre tous les lieux dits ainsi que la désignation des chemins.

Voici quelques explications sur la détermination des détails donnés par la fig. 159 ; il sera facile d'en conclure la marche à suivre dans tous les cas qui pourront se présenter.

_____

(¹) Pour pouvoir rapporter ces distances sur la carte, on doit avoir étalonné son pas, c'est-à-dire déterminé sa longueur l en fonction du mètre. Cette longueur s'obtient de la manière suivante : on compte le nombre n de pas que l'on fait pour parcourir l'intervalle qui sépare deux bornes kilométriques et on a : $l = \dfrac{1000}{n}$ mètres. On répète l'expérience pour d'autres distances comptées d'une borne hectométrique à une autre, et, si les résultats qu'on trouve diffèrent peu les uns des autres, on prend leur moyenne pour valeur de l.

Les détails qui se rapportent aux côtés AB, BC, CD, DE sont ceux d'une route avec chaussée, accotements, fossés et talus. Ils se décrivent avec toute l'exactitude nécessaire, par les mesures prises sur les profils perpendiculaires à ces côtés en A, en B et en C. Si la route est bordée d'arbres, on les figure par des points ou de petits cercles. La ferme qui se trouve à droite de AB, a ses principaux angles h, k, m et n déterminés par des abscisses et des ordonnées rapportées à AB; les angles g et l le sont au moyen de leurs distances aux sommets voisins. Le verger est rattaché à la ferme et à la ligne OR du canevas par la méthode des prolongements : la haie ab prolongée passe par le point O et rencontre le mur gn à 15 mètres de g; le prolongement de cd coupe gn à 8^m de n et OR à 39^m de O; de sorte que les longueurs des prolongements donnent les quatre angles du verger.

Les séparations de cultures (¹) z et z' partent, la première à 22^m du point R perpendiculairement à OR, la seconde de S et aboutit sur DE à 10^m du sommet E.

L'auberge entre M et N est levée par cheminement.

Les détails du chemin de l'église sont obtenus par des profils perpendiculaires aux lignes du canevas.

Pour les maisons sises à droite de MN, on a représenté d'abord tout le bloc; puis on a subdivisé le quadrilatère ainsi construit, pour figurer séparément les maisons. C'est de cette manière qu'il faut procéder dans le levé des détails d'une ville, et ce afin d'éviter l'accumulation des erreurs qui se produirait inévitablement si l'on ne construisait pas un canevas pour chaque groupe de bâtiments.

Le ruisseau qui coule à peu près parallèlement au chemin de l'église est construit par trois points, dont le premier est S du canevas et dont les deux autres appartiennent aux profils O et R.

Enfin, on a déterminé le dernier détail de la fig. 159, l'avenue du duc Jean, en levant par intersection deux arbres d'une même ligne de cette avenue.

(¹) En général, on ne les trace que pour les terres labourées, les marais, les bois, les prés et les jardins.

CHAPITRE XXVI.

Dessin de la planimétrie.

134. D'après les conventions actuelles qui n'admettent plus d'ombres, tous les traits sont de la même grosseur et toutes les teintes uniformes, c'est-à-dire posées à plat. Il y a quelques exceptions à cette règle, entre autres pour les eaux, que l'on renforce ordinairement sur les les bords par une teinte adoucie, et pour les coupes horizontales dans les bâtiments, auxquelles on donne parfois un trait de force du côté de l'ombre (¹).

On remplace très-souvent la teinte des eaux par une suite de lignes parallèles aux bords que l'on fait d'autant plus épaisses et plus serrées qu'elles sont plus voisines des rives.

Le cadre du dessin se compose de deux traits, l'un très-fin placé en dedans, l'autre fort gros et qu'un intervalle égal à sa grosseur sépare du premier.

L'échelle se place en dehors du cadre, parallèlement et au-dessous du côté inférieur.

Le Nord est généralement au haut des cartes ; lorsqu'il n'en est pas ainsi, la ligne Nord-Sud est indiquée par une flèche d'orientation.

Entre les traits du cadre se trouvent habituellement les longitudes et les latitudes, d'après la division centésimale et d'après la division sexagésimale.

135. Lorsque la projection fournie par le levé des détails ne décrit pas suffisamment un objet, on y ajoute un signe ou une teinte. Les teintes et les signes sont conventionnels.

(¹) Voici comment on détermine généralement ce côté. On suppose les objets éclairés par des rayons lumineux ayant une certaine direction, par exemple des rayons faisant 45° avec l'horizon et venant du nord-ouest, le nord étant au haut de la carte ; tout ce qui se trouve au-dessus du plan sécant est censé enlevé. Cette hypothèse admise, on donne un trait de force à toute ligne de la coupe qui représente l'intersection du plan sécant avec une face du bâtiment dans l'ombre.

Quand l'échelle est petite, il est des détails importants, tels que chaussée, accotements, fossés et talus d'une route, ponts, barrages, etc., qui ont trop peu d'étendue pour pouvoir être tracés suivant leur vraie grandeur. Dans ce cas, on donne à ces détails sur la carte l'espace nécessaire pour les représenter par les signes conventionnels qui leur sont propres.

Pour se familiariser avec les signes conventionnels, on doit les étudier, et surtout les dessiner, d'après les modèles-types donnés par les dépôts de la guerre et par d'autres services publics, ainsi que d'après les légendes que portent les cartes spéciales fournies par le commerce.

Dans les figures 160 (carte en noir) et 161 (carte coloriée), nous représentons les détails qu'on rencontre le plus souvent, avec les signes qui leur sont généralement affectés.

136. On termine le dessin de la planimétrie par les écritures.

Les écritures contribuent beaucoup à l'effet et à la clarté du dessin. Aussi, les administrations qui font exécuter des travaux topographiques remettent-elles à leurs dessinateurs un tableau des hauteurs et des caractères des écritures à employer. Les genres d'écriture généralement adoptés sont : la capitale droite ou penchée, la romaine droite ou penchée, et l'italique qui est toujours penchée.

137. Pour ce qui est relatif à la disposition des écritures, on doit consulter le goût. En général, celles qui ne concernent pas les voies de communication sont parallèles au bord inférieur du cadre; elles sont en dehors et près des objets qu'elles désignent, ou à l'intérieur lorsque les objets occupent beaucoup de place. — Les noms des bâtiments toujours en dehors.

Les noms des chemins s'écrivent en dehors parallèlement à leurs sinuosités, et dans le sens qui permet de les lire en tournant la carte le moins possible.

On ne sépare jamais les lettres d'un mot : lorsqu'un titre doit s'étendre sur un grand espace, on l'écrit en séparant les mots qui le composent.

Pour les routes désignées par les localités qu'elles joignent, lo dessinateur écrit en premier lieu le nom de la localité qui se trouve à sa gauche.

Ce qui vient d'être dit des noms des routes s'applique à ceux des fleuves, rivières, canaux et ruisseaux. On peut cependant, lorsque le cours d'eau est assez large, écrire sa désignation entre les deux rives. La direction du courant est indiquée par une flèche.

CHAPITRE XXVII.

Arpentage.

138. L'arpentage comprend deux parties : 1° l'évaluation de la superficie des terrains, et 2° la division de cette superficie suivant des rapports donnés.

139. ÉVALUATION DES SURFACES. — Cette opération consiste à déterminer la surface de la projection horizontale du terrain qu'on mesure (¹).

Pour *arpenter* un terrain, il est utile d'en faire le levé, parce que sur le papier on décompose, plus facilement que sur le terrain, la surface totale en figures géométriques (triangles, trapèzes, etc.) commodes à évaluer.

Lorsqu'un terrain est formé de diverses parcelles dont on veut avoir les aires séparées, comme cela arrive pour les évaluations cadastrales, on détermine d'abord la surface des pièces réunies, puis les surfaces des parcelles et l'on examine si la somme de celles-ci reproduit l'aire totale. On admet généralement qu'une erreur de $\frac{1}{300}$, en plus ou en moins, n'est pas assez grande pour nécessiter qu'on recommence l'opération.

Ces évaluations se faisant, ainsi que nous l'avons dit, sur

(¹) C'est une convention admise par tous les services publics. Si l'on voulait avoir la surface *réelle*, il faudrait la calculer au moyen des angles et des distances mesurés parallèlement au terrain ; mais il est facile de comprendre que cela n'est possible que pour de petites zones à pentes régulières.

le plan, leur exactitude dépend de la précision avec laquelle on a levé l'ensemble et les parcelles. Or, lorsqu'on fait la carte d'une contrée, la représentation des parcelles n'est pas assez rigoureuse pour qu'on puisse déduire leurs surfaces des dimensions qu'elles ont sur le papier. Ce n'est donc pas sur la carte générale qu'on déterminera l'aire des parcelles, mais sur un plan spécial dressé pour servir à l'arpentage, c'est-à-dire donnant, dans leurs moindres détails, les limites des terrains qu'on veut évaluer.

140. Le calcul des surfaces terminées par des lignes droites ne présente aucune difficulté. Nous allons en donner quelques exemples.

Soit à déterminer l'aire d'un polygone levé.

1° A l'équerre par cheminement.

Les opérations mêmes du levé partagent le polygone en triangles, trapèzes et rectangles, dont les dimensions sont connues.

2° A l'équerre par intersections (fig. 162).

Pour lever le polygone, on a abaissé de ses sommets des perpendiculaires sur deux bases rectangulaires OM et ON, et mesuré les distances :

$$OB = x_1; \; OC = x_2; \; OD = x_3; \; OE = x_4; \; OF = x_5; \; OG = x_6;$$

$$OB' = y_1; \; OC' = y_2; \; OD' = y_3; \; OE' = y_4; \; OF' = y_5; \; OG' = y_6.$$

Si l'on retranche du rectangle ODHE' les cinq trapèzes, le rectangle et le triangle, qui sont extérieurs au polygone $A_1 A_2 \ldots A_5$, on aura la surface de ce polygone.

Effectuant les calculs, on arrive à la formule fort symétrique :

Surface du polygone

$$= \frac{1}{2} \left\{ x_1(y_2 - y_6) + x_2(y_3 - y_1) + x_3(y_4 - y_2) + x_4(y_5 - y_3) + x_5(y_6 - y_4) + x_6(y_1 - y_5) \right\}$$

Formule qu'il est facile de généraliser pour un polygone d'un nombre quelconque de côtés.

3° A la planchette.

On trace au crayon des perpendiculaires de tous les sommets sur une directrice quelconque; on obtient ainsi des triangles, des trapèzes et des rectangles, dont on prend les dimensions à l'échelle du plan.

4° Au goniomètre par cheminement.

On pourrait procéder comme dans le cas précédent; mais il est plus exact de se servir exclusivement des angles et des distances qu'on a mesurés sur le terrain, et qui sont inscrits au registre du levé. Cette observation est applicable aux deux exemples qui suivent.

Désignons les angles du polygone par A,B,C,D,E et les côtés par a,b,c,d,e (fig. 163).

La surface $S = ABC + DAC + DAE$.

Le premier triangle $ABC = \frac{ab}{2} \sin B$, et le dernier, $DAE = \frac{de}{2} \sin E$.

Le second $DAC = \frac{c}{2} AP$.

Abaissons de B la perpendiculaire BQ sur la hauteur AP, par C menons la parallèle CR à cette hauteur, et prolongeons AB et DC jusqu'à leur rencontre en O.

$DAC = \frac{c}{2} AP = \frac{c}{2}(PQ + QA)$

$PQ = RC = b \sin RBC = b \sin C$

$QA = a \sin \gamma = a \sin(B+C-180) = -a \sin(B+C)$

$\left.\right\} DAC = \frac{cb}{2} \sin C - \frac{ac}{2} \sin(B+C)$

Donc $S = \frac{1}{2}\left\{ ab \sin B + de \sin E + cb \sin C - ac \sin(B+C) \right\}$

5° Au goniomètre par rayonnement (fig. 164).

En n'employant que les éléments déterminés sur le terrain, on a

$$S = \frac{1}{2}\left(ab \sin\alpha + bc \sin\beta + cd \sin\gamma + de \sin\delta + ea \sin\varepsilon \right).$$

6° Au goniomètre par intersections (fig. 165).

Les éléments du levé sont : la base $MN = b$ et les angles à la base α, β, γ, α', β', γ'.

$S = ANB + BNC - ANC.$

La surface de chacun des triangles qui entrent dans cette formule peut être exprimée en fonction des quantités connues. En effet, prenons, au hasard, le triangle BNC. Dans ce triangle, on connaît l'angle BNC $= \gamma' - \beta'$, et les deux côtés qui comprennent cet angle sont donnés par les relations :

$$\frac{NC}{b} = \frac{sin\alpha}{sin\ MCN} = \frac{sin\alpha}{sin\ (\alpha + \gamma')};$$

$$\frac{NB}{b} = \frac{sin\beta}{sinMBN} = \frac{sin\beta}{sin\ (\beta + \beta')}.$$

141. Lorsqu'il s'agit d'évaluer géométriquement la surface d'un terrain terminé par des lignes courbes (fig. 166), on partage les courbes en arcs assez petits pour qu'ils se confondent sensiblement avec leurs cordes. Les perpendiculaires abaissées des points de division et des sommets D,E sur une directrice CA, partagent la figure en triangles et trapèzes qu'on évalue par les procédés ordinaires.

142. De même, pour trouver l'espace occupé par une route ou une rivière, on divise cet espace en parties assez petites pour pouvoir être regardées comme des rectangles ou des trapèzes.

Mais, généralement, il suffit de le considérer comme un rectangle dont la base est égale à la longueur développée et dont la hauteur est la moyenne arithmétique entre les différentes largeurs. On obtient cette longueur développée en décomposant l'axe de la voie de communication en parties sensiblement rectilignes; on présente ces parties à l'échelle et on fait la somme des distances lues. Ou bien, on se sert du *compteur à roulette* (fig. 167), instrument composé d'une roulette dont la circonférence est divisée en parties égales et qui est armé d'un micromètre. Après avoir placé les aiguilles à zéro, on fait suivre par la roulette la ligne à mesurer et on déduit la longueur l de celle-ci du nombre n de tours et fractions de tour qu'accuse le micromètre. Si la circonférence de la roue est de 5 centimètres et que l'échelle du plan soit $\frac{1}{20000}$ il est évident que

$$l = n \text{ kilomètres.}$$

143. Aux procédés géométriques donnés ci-dessus pour évaluer les surfaces, on peut substituer avantageusement le suivant, surtout lorsque les périmètres sont très-irréguliers.

Soit à déterminer la surface S comprise dans le contour ABCD (fig. 168) dessiné sur une carte.

Après avoir décalqué cette figure sur un papier assez fort et homogène, on la découpe et on la pèse exactement. Soit P son poids. On détermine ensuite le poids P'd'un rectangle quelconque EFGH découpé dans le papier qu'on vient de peser, et on calcule la surface S' de ce rectangle. On a alors pour déterminer S la proportion S : S' = P : P' qui donne :

$$S = S' \times \frac{P}{P'}.$$

144. DIVISION DES SURFACES. — Les problèmes relatifs à la division des surfaces ne sont pas sans difficultés, surtout lorsqu'ils comprennent des conditions particulières d'intérêt ou de localité, comme quand il s'agit, par exemple, de faire aboutir les sentiers de séparation à un point déterminé, tel qu'un puits, une porte...

On résout ces problèmes sur le plan, de la manière suivante.

On opère la division demandée à vue, on mesure les aires partielles, on reconnaît la quantité que chacune se trouve avoir en trop ou en moins pour satisfaire à l'énoncé, et on corrige en conséquence les lignes de partage. Après quelques essais, on arrive à la solution du problème.

Voici une application de cette solution générale.

Deux terrains compris entre les droites MN, PQ (fig. 169), sont séparés l'un de l'autre par une ligne ondulée RST : on demande de remplacer cette limite par une droite partant du point A, de manière que les deux propriétés aient encore la même étendue superficielle.

Après avoir fait le levé MN PQ RST des limites des terrains D et D', on mène une droite AB qui satisfasse approximativement à la condition voulue; on évalue les aires $mSi = a^2$, $d\text{TB} = b^2$ qu'on enlève au propriétaire du terrain D', et celles $mAR = a'^2$, $iVd = b'^2$ qu'on enlève au propriétaire du terrain D.

Supposons que la somme des premières aires surpasse celle des secondes de c mètres carrés. On fera le triangle ABx équivalent à c mètres carrés, et la droite Ax sera la limite demandée. La position de cette droite est déterminée par la valeur de Bx qui est $\frac{2c}{h}$ puisque ABx = c = $\frac{Bx \times h}{2}$. Il est facile de faire voir que la droite Ax retranche aux deux terrains des superficies égales. En effet, la superficie enlevée au terrain D' est

$$S = a^2 + b^2 - mngi - dBxq,$$

et celle qu'on lui donne est

$$S' = ARn + ggV = a'^2 + b'^2 + mAn + iggd;$$

donc

$$S - S' = a^2 + b^2 - (a'^2 + b'^2) - (mAn + mngi + iggd + dBxq)$$

ou

$$S - S' = c - ABx.$$

Et comme ABx = c, on a

$$S = S'.$$

La droite Ax étant ainsi construite, on la fixe sur le terrain en faisant, au point qui correspond à A du papier, un angle MAx avec l'homologue de la droite AM.

CHAPITRE XXVIII.

Levé de bâtiment.

145. Un levé de bâtiment est une représentation de l'ensemble, de la distribution, de la décoration et des détails d'un bâtiment, faite sur le papier par le moyen des projections.

Les projections sont exécutées sur des plans parallèles aux différentes parties du bâtiment.

Le levé est divisé en trois parties : 1° opérations extérieures ; 2° dessin du levé, et 3° rédaction du mémoire.

146. OPÉRATIONS EXTÉRIEURES. — Les opérations extérieures consistent dans l'exécution des croquis, tant d'ensemble que de détails, et dans l'inscription des notes qui doivent servir de base à la rédaction du mémoire.

On commence par faire la reconnaissance du bâtiment et des limites qui en bornent l'étendue. Ces limites comprennent l'épaisseur entière des murs mitoyens et autres qui entourent la partie à représenter, ainsi que les amorces des murs qui se prolongent au delà.

Après la reconnaissance, on s'occupe des plans du rez-de-chaussée et des étages.

147. PLANS. — La section par un plan horizontal de toutes les pièces qui composent un étage, avec la projection sur ce plan de tout ce qui est vu au-dessous, constitue ce que l'on entend par le plan de cet étage (le sol, le pavé, les planchers ne sont pas figurés).

La position du plan sécant est ordinairement déterminée comme suit :

1° Dans les *caves*, à la hauteur de la naissance des voûtes.

2° Pour le *rez-de-chaussée* et les *étages*, à dix centimètres au-dessus de la tablette des fenêtres.

Si les fenêtres d'un étage ne sont pas toutes à la même hauteur, la position du plan sécant devra être telle qu'il les coupe toutes, ou au moins le plus grand nombre.

3° Pour les *greniers*, à cinquante centimètres au-dessus de la sablière.

4° Pour les *mansardes* comme pour les greniers ou les étages, suivant la forme des constructions.

Chaque plan sera figuré sur une feuille séparée.

Il sera disposé de manière que le côté de la façade principale occupe le bas du papier.

Chaque pièce du bâtiment portera une lettre qui correspondra à une légende faisant connaître la destination de la pièce.

148. PLAN DU REZ-DE-CHAUSSÉE. — On détermine d'abord le canevas. A cet effet, on mesure les faces *ab,cd...* et les diagonales d'une des pièces A (fig. 170) et l'on construit avec ces longueurs un polygone *abcd* qui est le canevas auquel on rattache les détails, en procédant, autant que possible, dans l'ordre suivant :

1° *Épaisseur des murs qui entourent la pièce A.* — On détermine cette épaisseur directement, ou on la déduit d'autres dimensions. Une ligne parallèle au bord extérieur indique la saillie du soubassement (¹).

2° *Cheminées.* — Les cheminées s'indiquent au moyen d'un renfoncement dans l'épaisseur de la muraille et des deux petits murs qui forment les côtés.

3° *Arêtes des voûtes.* — On projette au moyen du fil à plomb glissant dans la rainure du quadruple mètre, les points caractéristiques de ces arêtes.

4° *Portes et fenêtres.* — On ne figure que la baie des portes et des fenêtres.

Les portes s'indiquent par une interruption dans la continuité des murs.

Aux fenêtres, on trace les deux lignes qui correspondent à la baie et la ligne intérieure de l'embrasure. Les fenêtres situées au-dessus du plan sécant sont projetées. (V. *Mise à l'encre des croquis.*)

5° *Ornements.* — Les lambris, chambranles des portes, des fenêtres et des cheminées, et, en général, tous les ornements, sont représentés par des croquis séparés.

6° *Escaliers.* — Les escaliers s'indiquent au moyen de la projection horizontale de leurs marches. Dans chaque plan, on représente, autant que possible, les escaliers qui conduisent à l'étage immédiatement supérieur.

7° *Meubles.* — On ne figure que les meubles qui indiquent la destination de la pièce où ils se trouvent : lits et cassettes dans les chambres des soldats; bancs et pupitres dans les amphithéâtres ; fourneaux dans les cuisines; mangeoires, barres et râteliers dans les écuries, etc. Tous ces objets sont représentés par le contour de leur section ou de leur projection. Afin de distinguer plus facilement le lit, on trace les diagonales du rectangle égal à sa projection horizontale. (V. *Mise à l'encre des croquis.*)

Le levé des détails étant terminé dans la pièce A, on relie cette première pièce à la seconde B, à l'aide d'une droite *efg* que l'on fait passer par une communication existant entre les deux pièces, et dont en fixe la position en mesurant les

---

(¹) Quand il est impossible d'obtenir l'épaisseur du mur, on ne trace que la ligne intérieure. (Voir *Mise à l'encre des croquis*, n° 154.)

distances *ae*, *df*. On détermine ensuite le point *g* et on rattache les angles de la chambre B à la ligne *fg*.

Si aucune communication directe n'existait entre les deux pièces, on substituerait à l'alignement une ligne brisée dont on déterminerait la position par les opérations du levé au mètre.

Le canevas de B étant construit, on y rattache les détails et l'on continue les opérations dans le même ordre pour les autres pièces du rez-de-chaussée.

Pour l'inscription des longueurs (cotes) on se conforme aux prescriptions suivantes :

On inscrit les cotes de toutes les dimensions mesurées, lors même qu'elles se répéteraient dans plusieurs parties du bâtiment.

Les cotes sont inscrites correctement suivant la direction des dimensions qu'elles expriment, entre des crochets indiquant les extrémités de la longueur mesurée.

Lorsque différentes cotes se rapportent à une même ligne, on les écrit sur des parallèles à cette ligne.

La cote des dimensions principales, telles que longueur, largeur et hauteur d'une chambre, épaisseur des murs, largeur des trumeaux, etc., doit toujours être inscrite : lorsqu'on ne peut pas la mesurer, on la déduit des cotes partielles.

L'observateur ayant le croquis devant lui, doit pouvoir lire, sans tourner le dessin, les cotes et les écritures.

149. PLANS DES ÉTAGES. — Ces plans s'établissent comme celui du rez-de-chaussée.

150. PLAN DU GRENIER. — On construit le canevas *hikl* (fig. 171) d'une des pièces du grenier, en déterminant le polygone formé par les murs ou cloisons qui limitent cette pièce.

On rattache à ce canevas la section par le plan horizontal mené à 0^{m}50 au-dessus de la sablière et les détails qui sont vus au-dessous de ce plan.

On figure le toit par la section du comble, et, la toiture étant supposée réduite à cette section, on projette tout ce qui est vu au-dessous du plan sécant : la largeur *mn* du mur, la gouttière *pqrs*, etc.

Tout ce qui a été dit ci-dessus pour la représentation des détails, l'inscription des cotes et la manière de relier les pièces d'un étage est applicable au plan du grenier.

151. Coupes verticales. — Une section par un plan vertical, avec la projection sur ce plan de tout ce qui est vu *au delà*, est ce que l'on appelle une coupe.

La simple section se nomme profil.

Les coupes doivent contenir les détails de construction qui ne sont pas suffisamment déterminés par les plans : la hauteur des portes, des fenêtres, des cheminées, etc., l'inclinaison du sol, les combles, les planchers, etc. (fig. 172).

Les traces des plans verticaux sont marquées sur tous les plans (*ab* fig. 170 et 171).

Les coupes sont faites chacune sur une feuille séparée.

Toutes les prescriptions relatives aux cotes doivent être observées dans les coupes. En exécutant les croquis, on y transporte les cotes qui s'y rapportent et qui ont été inscrites sur les plans, en sorte que, pour connaître une dimension sur une des feuilles du cahier des croquis, on ne soit pas obligé d'avoir recours à une autre feuille.

Pour déterminer une coupe, on dessine, dans chaque étage, d'abord le profil; puis on projette les objets qu'on voit directement au delà du plan sécant et dont la projection ne recouvre pas les détails du profil.

152. Élévations. — Une élévation est la projection verticale d'une face extérieure; elle doit donner tous les détails de la façade (fig. 173).

On dessine chaque élévation sur une feuille séparée.

153. Croquis séparés de quelques détails. — On représente séparément des détails dont le nombre et la nature dépendent du but qu'on se propose.

On exécute pour chaque objet les plans, les coupes, les élévations et les profils les plus favorables à l'intelligence de cet objet.

Ces détails sont classés d'après leurs différentes natures.

Les grands détails doivent porter, avec la désignation exacte de la partie du bâtiment à laquelle ils appartiennent, celle de la place qu'ils y occupent; cette place doit, en outre, être indiquée dans les plans des étages.

154. Mise a l'encre des croquis. — On donne du côté de l'ombre un trait de force tiré en dedans de l'épaisseur du corps représenté.

On trace en lignes pleines le contour des intersections des plans sécants avec les différents objets ; on borde intérieurement, avec des hachures, les sections des parties massives, telles que les épaisseurs des murs et des charpentes.

Sur la partie coupée des pièces de bois, on serre un peu plus les hachures que sur les autres sections.

Les objets vus au delà du plan sécant (les objets projetés) sont aussi représentés par des lignes pleines, mais sans hachures.

Dans les plans, on emploie des lignes pointillées :

Pour les arêtes rentrantes et saillantes des voûtes ;

— Les parties d'escalier qui se trouvent au-dessus du plan sécant ;

— Les fenêtres,   id. ;

— Les arêtes des murs cachées par la gouttière ou la corniche ;

— Les côtés et les diagonales des parallélogrammes qui représentent les lits.

(Dans les coupes et les élévations, toutes les lignes qui figurent les objets sont des lignes pleines).

Sont en traits interrompus :

Dans tous les croquis, les lignes de construction et de vérification et les lignes sur lesquelles on écrit les cotes.

Sont marquées par des lignes en traits interrompus avec un point au milieu :

Sur tous les plans, les traces des plans verticaux suivant lesquels on coupe le bâtiment.

Les cotes sont passées à l'encre avec le plus grand soin.

Les notes destinées à suppléer à l'insuffisance du dessin, les légendes et les titres sont écrits parallèlement au bord inférieur du papier.

155. Dessin du levé. — Les dessins sont construits d'après les croquis.

On doit observer tout ce qui a été dit ci-dessus relativement au trait.

Les cotes et les lignes sur lesquelles on les écrit sont en rouge. Toutes les autres lignes sont noires.

On remplace les hachures qui, dans les croquis, bordent les sections, par des teintes plates :

Rouge pour les maçonneries (carmin) ;

Brun jaunâtre pour le bois de charpente (gomme-gutte, carmin et fort peu d'encre de Chine) ;

Gris bleu pour les pierres de taille (bleu de Prusse rompu par un peu d'encre de Chine) ;

Bleu pour le fer (bleu de Prusse) ;

Gris pâle pour le zinc et le plomb (bleu de Prusse, encre de Chine et carmin).

Dans les plans et les coupes, les parties projetées ne sont pas teintées.

Les élévations sont entièrement coloriées. Les teintes qu'on y applique sont uniformes et elles doivent rappeler, autant que possible, la couleur des objets représentés. On applique :

Sur toutes les ouvertures percées dans la façade, portes, fenêtres, créneaux, etc., du noir très-foncé ;

Sur les murs, du jaune pâle (gomme-gutte) ;

Sur les toits couverts en ardoises, du bleu gris (bleu de Prusse et encre de Chine) ;

Sur les toits couverts en tuiles, du rouge orangé (carmin et gomme-gutte), etc., etc.

Les dessins portent les mêmes légendes que les croquis.

Lorsque plusieurs plans se trouvent sur une même feuille, on réunit leurs légendes en une seule.

Le titre de chaque feuille doit faire connaître le nom du bâtiment, la désignation de la partie que le dessin représente et le nom de l'auteur.

156. Rédaction du mémoire.— I. Le mémoire sur le levé du bâtiment sera divisé en cinq chapitres ainsi qu'il suit :

Le premier, intitulé : *Préliminaires*, comprendra une note historique succincte sur le bâtiment dont le levé fait partie, indiquant l'époque et les motifs de sa construction, ses différentes destinations et les changements principaux de sa distribution qui en sont résultés, les principales réparations qui ont été faites, et enfin tout ce qui peut présenter quelque intérêt.

Le second chapitre, intitulé : *De la distribution*, donnera les détails sur les objets suivants :

1° La situation et l'exposition du bâtiment ;

2° L'usage du bâtiment ;

3° La distribution des masses ;

4° L'usage particulier et la distribution intérieure de la partie levée ;

5° La disposition des axes des murs et percées, et la relation entre les distributions des différents étages ;

6° La disposition des communications intérieures et extérieures, telles que portes, corridors, galeries, escaliers, etc.;

7° L'espèce et la situation des voûtes et des planchers ;

8° La disposition des cheminées et de leurs souches, tant à l'intérieur qu'à la sortie du toit ;

9° La disposition des combles et moyens d'écoulement des eaux pluviales ;

10° L'arrangement des effets, emmagasinement des matières, casernement des hommes, ameublement, établissement des dépôts, ateliers, etc., suivant le genre de bâtiment.

Le troisième chapitre, intitulé : *De la construction*, traitera :

1° De la maçonnerie des murs, de leurs épaisseurs, retraites et fruits ;

2° Des crépis, enduits et parements en pierre de taille ;

3° De la maçonnerie des voûtes, de leurs pieds-droits, de leurs dimensions et appareils ;

4° Des cloisons ;

5° Des cheminées ;

6° Des escaliers ;

7° De la charpente et des planchers ;

8° Du carrelage, compartiment, planchéiment et parquet ;

9° Des plafonds ;

10° De la charpente des combles ;

11° Des ouvertures ;

12° Des chéneaux ;

13° De la menuiserie des portes, fenêtres et volets ;

14° Des boiseries ;

15° De la grosse et menue serrurerie ;

16° De la sculpture ;

17° De la vitrerie ;

18° De la plomberie.

Le quatrième chapitre, intitulé : *De la décoration*, fera connaître :

1° Le caractère général de l'architecture du bâtiment et le genre de sa décoration ;

2° Les détails des décorations particulières les plus remarquables, telles que entablements, plinthes, corniches, bas-reliefs, décoration des plafonds, peinture, etc.

Le cinquième chapitre, intitulé : *Observations générales*, renfermera ;

1° Des observations sur l'état actuel du bâtiment, sur la nature des dégradations qu'il présente ;

2° Des propositions de changement pour remédier aux inconvénients remarqués dans la distribution, la décoration, la construction.

II. Les officiers du génie, et quelquefois même les gardes du génie, peuvent avoir à faire, dans diverses circonstances, des inventaires et états des bâtiments auxquels on joint seulement des plans cotés. Ces inventaires diffèrent du mémoire dont le programme vient d'être donné en ce qu'il faut leur donner la forme d'un procès-verbal, qu'on doit en bannir toute discussion, et qu'enfin ils doivent se réduire à une description méthodique du bâtiment, dans l'ordre le plus commode pour le parcourir. Ces descriptions, dans lesquelles on détaille jusqu'aux moindres objets, jusqu'aux plus minutieuses circonstances de la construction, doivent suppléer à des dessins exacts et détaillés.

NIVELLEMENT

CHAPITRE XXIX.

Théorie générale.

157. Le nivellement a pour objet de déterminer les différences d'élévation entre les points du terrain.

Ces points faisant partie d'un système à centre attractif, centre qui est celui de la sphère terrestre, sont d'autant plus élevés qu'ils s'éloignent davantage de ce centre.

Donc, deux points A et B (fig. 174) à égale distance du centre C de la terre, sont à la même hauteur. Ils sont dits de niveau.

La quantité dont un point est plus élevé qu'un autre, s'appelle différence de niveau.

Une surface de niveau est une surface dont tous les points sont de niveau. Toute ligne tracée sur une telle surface est une courbe de niveau.

De ce qui précède, il résulte que dans l'hypothèse de la terre sphérique :

1° Toutes les surfaces de niveau N',N",... sont sphériques et parallèles à la surface N du niveau moyen des mers. Nous avons dit (n° 1) que le rayon de cette dernière surface est de $\dfrac{10\,000\,000^{\text{m}}}{2\pi} = 6366198^{\text{m}}$.

2° Les rayons d'une surface de niveau sont des verticales, et les tangentes des horizontales.

158. L'angle formé par les verticales de deux points A et B de la surface de la terre est égal à autant de secondes centésimales qu'il y a de décamètres dans la distance horizontale qui sépare ces points (fig. 175).

En effet, soient A'B' la projection de AB sur le sphéroïde; AD sa projection sur la surface de niveau qui passe par A; et AE sa projection sur le plan horizontal mené par le même point. C'est cette dernière distance qu'on mesure en topographie, et nous savons qu'elle est sensiblement égale à AD. De plus, les longueurs observées ne dépassant pas 1000 mètres, elle peut être prise pour A'B', car la proportion AD : A'B' = CA' + AA' : CA' donne

$$AD = A'B' \left(1 + \frac{AA'}{CA'}\right);$$

et comme AA', hauteur d'un point au-dessus du niveau de la mer, est tout au plus de quelques milliers de mètres, tandis que CA' est le rayon d'une sphère de 40 000 000 de mètres de circonférence, la fraction $\frac{AA'}{CA'}$ est toujours assez petite pour qu'on puisse considérer les quantités AD et A'B' comme étant égales.

Ceci posé, il est évident que le nombre de secondes centésimales contenues dans l'arc A'B', est

$$\frac{100 \times A'B' \times 100 \times 100}{40\ 000\ 000} = \frac{A'B'}{10},$$

comme nous l'avions annoncé. A 1000 mètres l'angle C est donc d'une minute centésimale.

159. A et S étant deux points de la surface de la terre (fig. 176), et SN' une courbe de niveau rencontrant en D la verticale de A, la différence de niveau entre ces points est AD.

En effet, la hauteur de A est CA, celle de S est CS = CD, et la différence entre ces deux hauteurs est AD.

160. Dans le nivellement d'un terrain, on rapporte, par la pensée, les points à une surface de niveau de comparaison N, choisie arbitrairement (fig. 175). La distance AA' d'un point A à cette surface est la cote de ce point : c'est la différence de niveau entre A et un point de la surface de comparaison. La cote est positive, lorsque le point auquel elle se rapporte est au-dessus de la surface de comparaison ; elle est négative dans le cas contraire.

Généralement, on prend pour surface de comparaison le niveau moyen des mers. Les géographes donnent le nom d'altitudes aux cotes rapportées à cette surface.

Connaissant la cote d'un des points, A par exemple, on obtient celle de B par la différence de niveau DB, celle d'un autre point au moyen de la différence entre sa hauteur et celle d'un point déjà nivelé ; et ainsi de suite. De sorte que le nivellement se réduit à la répétition de cette seule opération : déterminer la différence de niveau entre deux points.

Les instruments au moyen desquels on exécute cette opération se divisent en deux classes : 1° les *niveaux* qui donnent seulement l'horizontale ; 2° les *éclimètres* qui mesurent les angles d'inclinaison.

161. L'horizontale, avons-nous dit, est la tangente à une courbe de niveau.

Si en un point S (fig. 176), nous supposons menées la courbe de niveau SN' et la tangente SH dans le plan de la courbe, la première de ces lignes donnera le *niveau vrai*, la seconde le *niveau apparent*. Elles s'écartent d'autant plus l'une de l'autre qu'elles s'éloignent davantage du point S.

La partie HD de la sécante HD' est la hauteur du niveau apparent au-dessus du niveau vrai à la distance SH $=$ K du point S ; on l'appelle aussi *erreur de sphéricité*. Il est important d'évaluer cette hauteur en fonction de la distance horizontale K. Or, c'est à quoi l'on arrive facilement, en considérant que la tangente K est moyenne proportionnelle entre la sécante entière HD' et sa partie extérieure HD. On a donc :

$$K^2 = (DD' + HD) HD.$$

D'où

$$HD = \frac{K^2}{DD' + HD}$$

DD' est au moins de 12 000 000^m, puisque le rayon R de la terre est d'environ 6366198^m. La distance K est, en topographie, de 1000^m au plus. Donc, la quantité HD est toujours moindre que $\frac{1^m}{12}$ et, par suite, elle est négligeable dans le second membre de la relation ci-dessus. Comme, d'ailleurs, on peut prendre, sans erreur sensible, $\frac{K^2}{2R}$ pour $\frac{K^2}{DD'}$, cette relation se réduit à

$$HD = \frac{K^2}{2R} = K^2 \times \frac{1}{2R} = K^2 \times 0,00000008.$$

L'élévation du niveau apparent au-dessus du niveau vrai croît donc comme les carrés des distances; jusqu'à 100 mètres on peut en faire abstraction, mais au delà on doit en tenir compte.

D'où il suit que deux points S et H situés sur une même horizontale ne peuvent être considérés comme étant de niveau que si la distance SH est moindre que 100 mètres.

162. On sait qu'à cause de la réfraction atmosphérique, la lumière, au lieu de se propager en ligne droite, décrit une courbe qui présente sa concavité vers la terre. Ainsi (fig. 177), si H' est un point observé de S, il sera vu dans la direction SH de la tangente à la courbe décrite par le rayon lumineux SH'. Et, réciproquement, si l'on vise suivant une droite on aperçoit un point situé au-dessous de cette droite; ou, en d'autres termes, lorsque de S on voit un point H', suivant l'axe optique d'une lunette, par exemple, cet axe prolongé en ligne droite passe au-dessus de H'.

L'angle HSH' se nomme *angle de réfraction*. Il est nécessaire de connaître sa valeur; mais la réfraction est si variable, si inconstante dans un même lieu, que l'on ne peut établir aucune règle précise à cet égard. L'expérience montre que HSH' est environ les huit centièmes de l'angle C formé par les verticales des points S et H; et c'est cette valeur qu'on adopte en topographie.

163. Si donc de S (fig. 176), on vise horizontalement la verticale de A, on aperçoit sur cette verticale un point H' situé au-dessous de l'horizontale SH et tel que HSH'=0,08C.

Or, HSD étant égal à 0.5C, on a sensiblement à cause de la petitesse de l'angle C (N° 158) :

$$\frac{HH'}{HD} = \frac{0,08}{0,50} = \frac{1}{6}$$

environ. D'où

$$HH' = \frac{HD}{6} \text{ et } DH' = \frac{5}{6} HD = \frac{5}{6} \times \frac{K^2}{2R}.$$

De sorte qu'en visant suivant le niveau apparent, la hauteur de ce niveau au-dessus du niveau vrai est, pour une distance K, égale à $\frac{5}{6} \times \frac{K^2}{2R}$.

Au moyen de cette relation, on a formé une table (Voir la table IV à la fin de ce traité) qui donne approximativement, pour différentes distances, la correction de sphéricité et de réfraction, c'est-à-dire l'élévation du niveau apparent diminuée de l'abaissement causé par la réfraction.

CHAPITRE XXX.

Généralités sur les niveaux.

164. Le niveau est destiné à diriger horizontalement le rayon visuel de l'observateur dans tous les sens autour d'un point.

Le plan horizontal décrit par le rayon visuel est le plan du niveau ; son élévation au-dessus du point de station est la hauteur de l'instrument.

Donner un coup de niveau sur un point, c'est déterminer la hauteur à laquelle la ligne de visée horizontale coupe une mire placée d'aplomb en ce point. Cette hauteur s'appelle « hauteur de mire » ou « coup de niveau ».

La mire est une règle, de 4 mètres au plus, divisée métriquement, le numérotage procédant à partir du pied vers le sommet. Au point où elle est coupée par le rayon visuel, on lit le nombre de millimètres contenus dans la hauteur ; la fraction de millimètre s'estime à vue.

165. Pour déterminer la différence d'élévation AE entre deux points A et B (fig. 178), on place le niveau en station en N à égale distance de ces points, indifféremment sur la droite AB ou hors de cette droite. Soit S un point de son plan. Visant suivant l'horizontale SH la mire M, on donne le coup de niveau sur A, et l'on note la hauteur AH'; puis on fait transporter la mire en B, et sans déranger le pied de l'instrument, on donne le coup de niveau sur ce point : l'excès de AH' sur la hauteur de mire BG' ainsi obtenue, est égal à la différence de niveau demandée AE. En effet,

$$AH' = AD + DH - HH';$$

mais DH étant la hauteur du niveau apparent au-dessus du niveau vrai, et HH' l'abaissement causé par la réfraction,

$$AH' = AD + \frac{\overline{SH}^2}{2R} - \frac{1}{6}\frac{\overline{SH}^2}{2R} = AD + \frac{5}{6} \times \frac{\overline{SH}^2}{2R}.$$

De même

$$BG' = BD' + D'G - GG' = BD' + \frac{5}{6} \times \frac{\overline{SG}^2}{2R}.$$

Donc

$$AH' - BG' = AE + \frac{5}{6} \times \frac{1}{2R}(\overline{SH}^2 - \overline{SG}^2).$$

Or, le niveau étant placé à égale distance de A et de B, on a SH = SG, et par suite

$$AH' - BG' = AE.$$

Ainsi, la différence de niveau entre A et B s'obtient en soustrayant l'un de l'autre les deux coups de niveau donnés sur A et sur B d'une station également éloignée de ces points.

Mais cette station doit-elle être juste à égale distance des points soumis au nivellement? Non; il suffit de la prendre de telle manière qu'à la simple vue elle paraisse satisfaire à cette condition. En effet, si SH n'est pas égal à SG, le résultat sera affecté d'une erreur égale à la différence entre les corrections de sphéricité et de réfraction pour ces distances. Or, si comme cela se fait généralement, on donne les coups de niveau à moins de 200 mètres, ces corrections sont sensiblement égales lors même que SH — SG serait de 40 à

50 mètres. Dans tous les cas, leur différence est inférieure à la limite d'approximation dans la lecture des hauteurs de mire.

166. Lorsqu'on est obligé de placer le niveau en un des deux points A et B dont on cherche la différence de hauteur, on donne le coup de niveau de ce point, B par exemple, sur la mire placée en A, on note la hauteur de mire AH' (fig. 179), et l'on a pour la différence de niveau cherchée

$$AE = AH' - DE - (DH - HH').$$

Mais DE est égal à BS, hauteur I de l'instrument, et

$$DH - HH' = \frac{5}{6} \times \frac{\overline{SH}^2}{2R}.$$

donc

$$AE = AH' - I - \frac{5}{6} \times \frac{\overline{SH}^2}{2R},$$

c'est-à-dire que pour calculer la différence de niveau, il faut, outre la hauteur de mire, mesurer la hauteur de l'instrument et la distance horizontale SH qui sépare les deux points.

Cette manière de procéder, en admettant même qu'on puisse estimer SH à vue avec une précision suffisante, est beaucoup moins expéditive que celle qui consiste à donner deux coups de niveau d'une station intermédiaire entre les points ; elle est, de plus, moins exacte que celle-ci, parce que, comme nous le verrons dans la description des instruments, il est très-difficile de mesurer la distance I du plan de niveau au-dessus du point de station, sans commettre une erreur de plusieurs millimètres.

CHAPITRE XXXI.

Description et usage des niveaux.

167. Niveau d'eau. — La surface d'un liquide en repos se confond, dans une étendue peu considérable, avec un plan horizontal : tel est le principe du niveau d'eau.

Le niveau d'eau est un tuyau cylindrique en fer-blanc ou en cuivre, dont les extrémités recourbées perpendiculairement servent de logement à deux fioles de verre de même calibre et ouvertes à leurs deux bouts (fig. 180). Le milieu du tuyau porte une douille destinée à recevoir la tige du trépied, sur laquelle l'instrument peut tourner en faisant tout le tour de l'horizon. L'axe de rotation est perpendiculaire au plan AB des bases des fioles.

La longueur du tuyau varie de 1^m à $1^m,30$, et sa grosseur de $0^m,02$ à $0^m,03$. Les fioles cylindriques ont environ $0^m,03$ de diamètre sur $0^m,10$ de hauteur; elles sont terminées supérieurement par un goulot ne laissant qu'un centimètre d'ouverture, afin de pouvoir les boucher plus facilement lorsqu'on transporte l'instrument.

Pour mettre ce niveau en station, on dispose la tige du trépied aussi verticalement que possible; on verse de l'eau par une des fioles jusqu'à ce qu'elle s'élève environ aux deux tiers de leur hauteur, et on achève de rendre la tige verticale en écartant ou en rapprochant les branches du trépied, de manière que dans un tour d'horizon la hauteur d'eau dans les fioles ne change pas d'une manière sensible.

Avant de s'en servir, il faut encore chasser les bulles d'air qui y sont contenues; pour cela, on bouche l'une des fioles avec le pouce et on penche l'instrument, après l'avoir enlevé de son pied, pour amener la colonne d'eau à être verticale.

Ces précautions étant prises, le plan horizontal SH déterminé par les surfaces des colonnes d'eau est le même dans toutes les positions de l'instrument lorsqu'on lui fait décrire un tour d'horizon. En effet, dans toutes les positions du niveau, la somme des volumes d'eau contenus dans les fioles au-dessus du plan AB de leurs bases reste le même; et comme les fioles ont des bases égales, la somme AC+BD des hauteurs est constante.

Mais la partie MP du prolongement de l'axe de rotation interceptée entre les plans AD et SH, est égale à la demi-somme de ces hauteurs; d'ailleurs le point M est invariable, donc le point P l'est aussi. De sorte que tous les plans horizontaux que déterminent les surfaces de l'eau dans les fioles, passent par un point invariable, c'est-à-dire qu'ils se réduisent à un seul plan.

Il résulte de cette propriété qu'en une même station, toutes les tangentes communes aux intersections de la surface de l'eau avec les fioles, sont des horizontales situées dans un même plan. Les quatre rayons visuels que l'on peut mener tangentiellement à ces intersections sont, par conséquent, propres à déterminer les hauteurs de mire nécessaires au nivellement.

Il convient d'observer cependant, que la direction de ces rayons visuels est rendue un peu incertaine par les onglets que, en vertu de l'attraction moléculaire, l'eau forme contre les parois du verre. On diminue cette incertitude en se plaçant à quelque distance de l'instrument pour donner le coup de niveau, car les onglets ne paraissent alors plus que comme des lignes noires, et ces lignes indiquent assez bien le plan horizontal.

168. Un rayon visuel qui s'écarte de l'horizontale de la quantité h dans l'intervalle l des fioles, s'en écarte de la quantité $\frac{h \times D}{l}$ à la distance D; par conséquent, si h n'est que d'un quart de millimètre, il y aura une erreur d'un centimètre sur la mire placée à une distance égale à quarante fois la longueur de l'instrument.

On ne peut donc opérer avec justesse qu'en réduisant la portée du niveau d'eau aux petites distances, comme 25 ou 30 mètres. A ces distances, les coups de niveau peuvent être, sinon tout à fait exacts, du moins assez réguliers pour que les erreurs qui les affectent se balancent, lors de la détermination de la différence de niveau entre deux points.

169. De l'observation qui vient d'être faite relativement à la formation des onglets, il résulte encore qu'il est nécessaire que les fioles soient de même calibre; car si l'une était d'un diamètre intérieur beaucoup plus petit que l'autre, l'onglet y aurait plus d'épaisseur que dans celle-ci, et les tangentes, au lieu d'être horizontales, seraient inclinées à l'horizon.

D'ailleurs, dans ce cas, en supposant que, malgré l'inégalité des fioles, les rayons visuels soient horizontaux, si la tige

du pied n'est pas parfaitement verticale, ces rayons ne sont
pas dans un même plan lorsqu'on fait tourner l'instrument.
Pour le démontrer et constater, en même temps, l'influence
de l'excentricité de la douille, soient b et nb les bases de la
petite et de la grande fiole (fig. 181); AC le plan de ces bases
perpendiculaire à l'axe RM de la tige; α l'angle que la tige
fait avec la verticale; e l'excentricité de la douille, c'est-à-dire
la distance de l'axe de rotation au milieu O du tube; $2l$ la
longueur du tube; $h =$ AE, $H =$ CD les hauteurs moyennes
de l'eau dans les fioles pour une certaine direction du tube;
h' et H' ce que deviennent ces hauteurs quand on fait décrire
au tube 180° sur sa tige (2° position); MP $= x$ la distance du
point invariable M au plan DE déterminé par les surfaces
de l'eau dans la première position; MP' $= x'$ cette distance
dans la seconde position. La somme des volumes d'eau contenus dans les fioles est constante, quelle que soit la direction du niveau. On a donc :

$$bh + nbH = bh' + nbH',$$

ou

$$h + nH = h' + nH' \quad (1).$$

Nous allons exprimer les hauteurs de l'eau en fonction
de x pour la première position et de x' pour la seconde. A
cet effet, nous menons par M des horizontales qui rencontrent
ces hauteurs; et il vient :

$$h = \text{EG} + \text{GA} = \text{QM} + \text{GA} = \frac{x}{\cos\alpha} + \text{AM } tang\,\alpha = \frac{x}{\cos\alpha} + (l+e)\,tang\,\alpha;$$

$$H = \text{DF} - \text{CF} = \text{QM} - \text{CF} = \frac{x}{\cos\alpha} - \text{CM } tang\,\alpha = \frac{x}{\cos\alpha} - (l-e)\,tang\,\alpha.$$

D'où

$$nH = \frac{nx}{\cos\alpha} - n\,tang\,\alpha\,.(l-e).$$

On trouve de la même manière pour la seconde position :

$$h' = \frac{x'}{\cos\alpha} - (l+e)\,tang\,\alpha.$$

$$nH' = \frac{nx'}{\cos\alpha} + n\,tang\,\alpha.(l-e).$$

Substituons dans l'équation (1), il vient, tous calculs faits :

$$x - x' = 2l \sin \alpha . \frac{n-1}{n+1} - 2e \sin \alpha.$$

Donc, lorsque la tige fait un angle avec la verticale, l'inégalité des diamètres des fioles et l'excentricité de la douille
ont pour effet de faire varier la hauteur des horizontales données par le niveau dans ses diverses positions.

Cette hauteur restant constante lorsque α est nul, quels
que soient n et e, il suit que la verticalité de la tige est une
condition qu'il importe d'obtenir aussi exactement que possible lorsqu'on met le niveau d'eau en station.

170. La douille doit s'adapter sur la tige du trépied de
manière que le niveau ne ballotte point quand on le fait tourner. Dans quelques niveaux, elle est remplacée par une tige
qui peut tourner dans la boule d'un genou à coquilles.

171. Les fioles des instruments soignés sont garnies d'ob-
scurateurs. On donne ce nom à des enveloppes cylindriques,
échancrées latéralement de manière à laisser voir les portions
de la surface nécessaires pour diriger le rayon visuel, et
peintes intérieurement en noir ou en rouge. Cette couleur
se réfléchit sur l'eau qui en paraît teinte, et tranche mieux
sur le verre.

On peut obtenir des résultats analogues en colorant l'eau,
ou en appliquant contre les fioles une bande de papier de
couleur.

172. Niveaux a perpendicule. — On sait que toute perpendiculaire à la direction donnée par le fil à plomb est une
horizontale. Sur ce principe sont fondés le niveau de maçon
et les différents niveaux à perpendicule. Le niveau de maçon
(fig. 182) est un triangle ABC, dont la base BC est horizontale quand le fil à plomb attaché au sommet coïncide avec
une perpendiculaire à cette base. La direction de la perpendiculaire est déterminée par le sommet A et un trait F marqué
sur la traverse qui relie les règles AB et AC. Ce trait prend
le nom de ligne de foi.

Le triangle ABC est ordinairement isocèle et on fait l'angle
A droit, afin que l'instrument puisse au besoin servir d'é-
querre.

Pour reconnaître si ce niveau est exact, il suffit de s'assurer qu'en effet la droite AF est perpendiculaire à BC. Si l'on avait un plan horizontal bien dressé, il suffirait d'y poser le niveau et d'examiner si le fil à plomb bat exactement sur la ligne de foi. Mais quand on n'est pas assuré d'avoir un plan horizontal, on applique le niveau, comme l'indique la figure 183, sur une droite BC d'un plan quelconque, et on marque d'un trait f la position du fil à plomb. On retourne ensuite le niveau bout pour bout, de façon que le point B vienne en C et réciproquement, et on marque d'un trait f' le point qui est battu alors par le fil à plomb. Il est clair que la bissectrice de l'angle fAf' est perpendiculaire à la base BC, et que le milieu de la distance ff', prise parallèlement à cette base, doit appartenir à la ligne de foi. Si cette vérification se fait, le niveau est juste; dans le cas contraire, on le rectifie en traçant une nouvelle ligne de foi dans la position voulue.

173. Le niveau de maçon consiste quelquefois en une simple planchette rectangulaire, dont un des bords est perpendiculaire à la droite qui passe par la ligne de foi et le point de suspension du fil à plomb; ou en une règle solide AB (fig. 184) terminée par deux appuis et au milieu de laquelle s'élève à angle droit une deuxième règle portant une ligne de foi et un fil à plomb. Mais, quelle que soit sa forme, on le vérifie comme il vient d'être dit, par la méthode du retournement.

174. Tout le monde sait comment, avec ce niveau, on peut régler les assises des constructions, établir l'appui des fenêtres, etc. Pour l'employer à la détermination de la différence de niveau entre deux points A et B (fig. 185), on met l'une des extrémités d'une règle AC sur le point A, et on tient l'autre dans la direction AB et appuyée contre une règle DE divisée, posée verticalement. On place le niveau sur AC, et quand son fil à plomb couvre la ligne de foi, la hauteur CE marque la différence de hauteur entre A et E. On répète ensuite successivement la même opération jusqu'à ce qu'on arrive en B, et des hauteurs lues sur la règle verticale on déduit la différence de niveau demandée.

Voici une autre manière de se servir de l'instrument pour obtenir la différence d'élévation entre deux points A et B (fig. 186).

On le suspend, la pointe en bas, à une corde portée par deux perches placées en A et B. Le milieu de la corde passe par le milieu *m* de la base et par deux crochets placés symétriquement de part et d'autre de *m*. Lorsqu'on a réglé la position des extrémités de la corde de telle manière que le fil à plomb, qui est attaché au-dessous de *m*, couvre la ligne de foi, les points *a* et *b* sont sur une horizontale et la différence de niveau cherchée est égale à B*b* — A*a*.

175. D'après ce que nous venons de voir, le nivellement au niveau de maçon ne peut être adopté qu'entre des points très-rapprochés; à de grandes distances, il serait excessivement long, et il n'offrirait d'ailleurs pas assez d'exactitude.

On peut cependant donner à ce niveau une disposition qui procure une horizontale indéfinie. Il suffit pour cela de le fixer debout sur une règle montée sur un trépied au moyen d'un genou et portant une lunette ou des pinnules. La ligne de visée est rendue horizontale par le fil à plomb, et elle permet de donner des coups de niveau autour du point de station. Les instruments de cette espèce, autrefois très-répandus, sont difficiles à manœuvrer et à transporter; aussi n'existent-ils plus qu'à l'état de souvenir dans quelques cabinets de topographie.

176. NIVEAU A BULLE D'AIR. — Une bulle d'air renfermée dans un liquide occupe toujours la partie la plus élevée de ce liquide. C'est sur ce principe qu'est basé le niveau à bulle d'air.

Cet instrument consiste ordinairement en un tube de verre légèrement recourbé (fig. 187) et rempli d'alcool ou d'éther ([1]), sauf un petit espace occupé par une bulle d'air. A droite et à gauche d'un point M pris vers le milieu du

([1]) Il importe que le liquide soit mobile et qu'il puisse résister aux plus grands froids. C'est pourquoi on adopte généralement l'alcool ou l'éther.

tube, est gravée une échelle de divisions équidistantes, mais espacées arbitrairement.

Suivant les inclinaisons qu'on donne à l'instrument, la bulle glisse le long de la surface TMT', pour s'arrêter lorsque son milieu correspond au point le plus haut de cette surface, c'est-à-dire au point pour lequel le plan tangent est horizontal. Quand son milieu coïncide avec le point M, on dit qu'elle se trouve entre ses repères, ou bien que le niveau est calé. En comparant ses extrémités aux divisions équidistantes, on peut reconnaître si elle occupe cette position, ou apprécier de combien elle s'en écarte. Ces divisions n'ont point d'autre objet.

Le tube est enfermé dans une garniture cylindrique de cuivre (fig. 188), qui ne laisse à découvert que la partie moyenne, où se trouve l'échelle, et monté sur une règle de métal CD dont la face inférieure est horizontale, lorsque la bulle est entre ses repères ; ce qui exige que cette face soit parallèle au plan tangent en M. Afin de pouvoir, au besoin, rétablir ce parallélisme, on fixe le tube sur la règle au moyen d'un appareil à vis de correction N, qui permet de modifier l'inclinaison du tube et, par suite, celle du plan tangent en M. La règle CD porte le nom de *patin*.

177. Pour vérifier et rectifier ce niveau, on le place sur un plan quelconque P (fig. 189), et on le tourne jusqu'à ce que le milieu de la bulle se trouve en M. Soient alors CD la direction du patin et MH la tangente en M. Le milieu de la bulle étant en M, cette tangente est horizontale. Mais est-elle parallèle à CD? Voilà ce dont il faut s'assurer. Et, à cet effet, on retourne le niveau exactement bout pour bout ; si la bulle revient en M, l'instrument est juste ; mais si son milieu s'arrête en un point B' à $2n$ divisions de M, il faut, pour régler le niveau, la rappeler vers M de n divisions au moyen de la vis de correction N, et recommencer cette opération tant que le niveau, retourné bout pour bout, ne conserve pas exactement la bulle entre ses repères. La rectification n'est en général complète qu'après plusieurs épreuves, parce qu'on ne peut apprécier qu'approximativement de combien on tourne la vis de correction.

Pour justifier ce procédé de rectification, il suffit de faire voir que la tangente en A, milieu de MB', est parallèle au patin. Pour cela, remarquons que l'angle α que la tangente MH (première position) fait avec le plan CD est l'angle d'erreur de construction ; après le retournement, cette tangente, si elle était une ligne matérielle, serait transportée en MH (deuxième position) et ferait encore avec le patin le même angle α. D'ailleurs, la tangente horizontale B'H' faisant aussi l'angle α avec le patin, si l'on joint au centre de courbure les points M,B' et l'intersection I des droites MH,B'H', on a

$$MOB' = 2\alpha,$$

d'où

$$B'OI = \alpha$$

Et OI, droite qui passe par A, est la bissectrice de HIH', angle au sommet du triangle isocèle formé par MH,B'H' et le patin DC ; cette droite est, par conséquent, perpendiculaire à DC.

Donc la tangente en A est parallèle au patin.

178. Le niveau est monté sur un patin lorsqu'il est indépendant, c'est-à-dire lorsqu'il n'est pas fixé à un instrument. Il constitue alors le niveau à bulle d'air simple et il est employé aux mêmes usages que le niveau de maçon, sur lequel il a l'avantage d'une plus grande précision. Nous l'avons déjà employé dans cet état pour rendre la planchette horizontale.

Lorsqu'il est fixé à un instrument, il n'a pas de patin : son plan tangent en M est établi parallèlement à la direction dont il est appelé à régler l'horizontalité, et une vis de correction permet de rétablir ce parallélisme. Telle est la disposition des niveaux que nous avons vus dans les boussoles, les graphomètres, etc. ; et nous la rencontrerons encore dans plusieurs instruments de nivellement.

Pour vérifier un niveau fixé à un goniomètre dont il doit régler l'horizontalité, le théodolite topographique, par exemple, on place le niveau dans la direction de deux des vis du genou, et on le cale au moyen de ces vis ; puis on fait tourner tout l'instrument de 180° autour de son axe vertical. Si la tangente en M est parallèle au limbe, la bulle reviendra entre ses repères; sinon, elle ira se placer à $2n$ divisions du point M, et, pour ajuster le niveau, il faudra la rappeler vers M de n divisions, au moyen de la vis de correction.

La marche à suivre pour régler le niveau attaché à tout autre instrument est analogue à celle que nous venons d'indiquer : on opère le retournement de la partie à laquelle il est fixé. Nous y reviendrons, du reste, lors de la description des instruments de nivellement qui présentent cette disposition.

179. Le niveau à bulle d'air est quelquefois circulaire (fig. 190). La surface supérieure est alors une calotte sphérique dont le rayon est très-grand; elle porte vers son milieu une circonférence de cercle M, circonférence que la bulle doit occuper lorsque le niveau est calé. Le verre est enfermé dans une boîte cylindrique de cuivre, dont la base est munie de trois vis calantes qui s'y meuvent dans des écrous pratiqués au sommet d'un triangle équilatéral. Pour régler ce niveau, on le place sur un plan horizontal et, au moyen des vis calantes, on amène la bulle au milieu du cercle M.

180. La sensibilité de tout niveau à bulle d'air se mesure par le déplacement d qu'éprouve la bulle pour une inclinaison donnée $\alpha°$. Or, ce déplacement étant l'arc qui mesure l'angle α, si l'on désigne par R le rayon de courbure de la surface supérieure, on a :

$$d = \frac{2\pi R}{360} \times \alpha.$$

Le niveau est donc d'autant plus sensible que le rayon de courbure est plus grand.

Quand R est infini, la bulle est folle : quelque petit que soit l'angle α, elle se réfugie à l'extrémité supérieure du niveau.

Quand R est très-considérable, de 500 à 600 mètres par exemple, la bulle, sans être folle, est difficilement amenée et maintenue entre ses repères; mais elle accuse les moindres inclinaisons et permet, conséquemment, d'opérer avec la plus grande précision.

Quand R n'a qu'une dizaine de mètres, le niveau se cale aisément, mais la bulle marche avec trop de lenteur et son déplacement, pour les faibles inclinaisons, ne peut être apprécié.

La valeur de R varie donc d'un instrument à l'autre. Mais il est rare qu'on se serve, ailleurs que dans les observatoires, de niveaux dont le rayon s'élève à plus de 60 mètres. Une plus grande sensibilité serait plus nuisible qu'utile dans les instruments topographiques, parce qu'il est impossible de prendre pour leur installation toutes les précautions que réclament les niveaux à faible courbure.

181. Pour les nivellements à grandes distances, le niveau à bulle d'air est destiné à rendre horizontal le plan décrit par l'axe optique d'une lunette. Les niveaux à bulle d'air et à lunette ont des dispositions très-variées, mais, au fond, la seule distinction qui les sépare, c'est que dans les uns le niveau est indépendant, et que dans les autres il est fixé à la lunette. Nous en décrirons un de chaque espèce, après quoi il sera bien facile de comprendre la construction et l'emploi de tous les autres.

182. NIVEAU A PLATEAU OU NIVEAU-CERCLE DE LENOIR. — Il se compose d'un plateau circulaire qu'on rend horizontal, et d'une lunette qui, pivotant sur le centre du plateau, s'appuie constamment sur celui-ci par deux collets. De sorte que si l'axe optique est parallèle au plateau, il décrit un plan horizontal.

Le plateau AB (fig. 191) est fixé sur une colonne supportée par trois branches, dans chacune desquelles se meut une vis à caler. Les pieds de ces vis V, V', V" reposent sur la tête du trépied.

La lunette DE porte deux prismes carrés (collets) dont les faces F et F' sont dans un plan parallèle à celui des faces G et G'; elle repose sur le plateau par les faces F et F' ou par les faces G et G'.

Au milieu de l'intervalle des collets, sont deux tourillons, dont l'un est reçu dans le centre évidé du plateau et sert à maintenir la lunette au milieu de ce dernier.

PQ est un niveau à bulle d'air simple, que l'on peut poser

soit sur le plateau même, soit sur les faces des collets. Dans
ce dernier cas, il est maintenu par le second tourillon de la
lunette, qui entre dans un trou pratiqué dans le patin.

Voici comment on opère pour vérifier et régler l'instrument :

1° On pose le niveau sur le plateau dans la direction de
deux des vis V, V' au moyen desquelles on le cale ; puis on
le retourne bout pour bout, et si la bulle ne revient pas
entre ses repères, on fait demi-correction par les vis V, V',
demi-correction par la vis N du niveau. C'est par plusieurs tâtonnements répétés qu'on parvient à partager exactement l'erreur par moitié. Lorsqu'on y est arrivé, le niveau
est réglé et le plateau renferme une horizontale. Pour achever
de rendre le plateau horizontal, on pose le niveau dans une
direction perpendiculaire à celle qu'il avait d'abord, et on
amène la bulle au milieu du tube par la troisième vis V'''
du pied.

2° On s'assure ensuite qu'un des fils de la lunette placée
sur le plateau est horizontal, ce qui est évidemment nécessaire dans une opération de nivellement. Si cette condition
n'est pas remplie, on desserre la vis qui maintient le guide
du réticule. On peut alors tourner celui-ci à droite ou à
gauche de manière à corriger la déviation observée, et on
le fixe dans la position convenable.

3° Pour voir si les collets sont parfaitement de même
hauteur, on met la lunette sur le plateau horizontal et on
fait reposer le niveau sur les collets supérieurs. La bulle doit
alors se trouver entre ses repères. Si cette vérification est
en défaut, on fait rectifier l'instrument par l'ingénieur-mé-
canicien.

4° On s'assure si l'axe optique est parallèle au plateau, et
on rectifie au besoin sa direction. Mais avant d'expliquer
cette opération, nous devons rappeler que l'axe optique est
la droite qui joint le point d'entrecroisement des fils du réticule au centre optique de l'objectif ; et que, par conséquent,
il y a en général deux manières de changer sa direction par
rapport à l'axe du canon de la lunette : soit en faisant mouvoir le réticule, soit en tournant l'objectif si le centre optique
de celui-ci ne coïncide pas avec le centre de figure. Mais

c'est ordinairement le premier moyen qui est seul praticable, et le porte-fils est à cet effet muni de deux vis K, dites vis du réticule, au moyen desquelles on peut élever plus ou moins la croisée des fils.

Cela posé, la quatrième opération se fait comme suit :

La lunette reposant par les collets F et F' sur le plateau horizontal, on vise une mire tenue verticalement à quelque distance et on fait amener la ligne de foi M sous le fil horizontal. Soit AM, 1^m,50 par exemple, la hauteur de mire ainsi obtenue (fig. 192). On retourne ensuite la lunette sur son axe de 180°, de manière à la faire reposer par les faces G',G de ses collets, et l'on donne un nouveau coup de niveau sur la mire placée au même point que précédemment. Il est clair que si l'axe optique est horizontal, la seconde hauteur de mire sera égale à la première. Si cela n'est pas et que cette hauteur soit AM' = 1^m,20, on place la ligne de foi du voyant à une hauteur $AH = \dfrac{AM + AM'}{2}$, ou 1^m,35 dans notre hypothèse particulière, et l'on y amène, au moyen des vis K, la croisée i des fils du réticule. L'axe optique est alors rectifié, car le point H se trouve précisément sur l'horizontale dirigée du centre de l'objectif vers la mire. Cependant, pour plus d'exactitude, on répète plusieurs fois la vérification et, s'il le faut, la rectification, jusqu'à ce que la croisée des fils coïncide rigoureusement avec le même point de la mire avant et après le retournement.

Si le constructeur n'a pas ménagé le moyen de rectifier la direction de l'axe optique, ou qu'on ne veuille pas faire cette rectification, il faut, pour déterminer la différence de niveau entre deux points A et B, après avoir mis l'instrument en station en un point intermédiaire, donner deux coups de niveau sur chacun de ces points avec la lunette appuyée d'abord sur les faces F et F', puis sur les faces opposées. Les moyennes h et h' des deux hauteurs de mire lues respectivement pour A et pour B, sont les distances de ces points au plan horizontal passant par le centre de l'objectif. La différence de niveau cherchée est donc $h-h'$.

Si le niveau était précisément à égale distance des points A et B (fig. 193), il suffirait de donner un seul coup de ni-

veau sur chaque point, en ayant soin de faire toute la station
en M avec la lunette appuyée sur les mêmes faces des collets.
Dans ce cas, en effet, les deux lignes de visée O*a*, O*b* font
avec l'horizon le même angle *a*, et comme OH=OH', on a
H*a*=H'*b*. De sorte que la droite *ab* est horizontale, et que la
différence d'élévation entre A et B est égale à la différence des
hauteurs de mire A*a*, B*b* données par le niveau défectueux.

Il est aisé de voir que le procédé qui vient d'être indiqué,
est applicable à tout niveau dont la ligne visuelle n'est pas
horizontale.

183. Niveau de Chézy. — Il se compose d'une lunette
AB emboîtée dans deux collets C et D dont elle peut sortir
et qui sont supportés par deux montants CE, DF (fig. 194).
Ces montants s'appuient sur une règle EF. Un niveau à
bulle d'air GH avec vis de correction est fixé à la lunette.

La règle et tout le système qu'elle porte peuvent basculer
ensemble autour d'un axe horizontal I placé en son milieu.
Ce mouvement s'opère au moyen d'un arc ELF denté extérieurement, qui engrène avec une vis sans fin K et glisse
entre deux joues parallèles IL. Cette première partie du
genou sert à caler le niveau. La seconde partie est terminée
par une douille PQ de forme conique, qui s'enfonce dans le
pied et sur laquelle pivote tout l'appareil lorsqu'on le fait
tourner avec la main pour pointer la lunette sur la mire ; ce
mouvement cesse quand on serre la vis de pression O attachée au pied de l'instrument, et il est remplacé par un mouvement doux qu'on imprime avec la vis tangente N qui engrène avec la gorge du tambour M. On amène ainsi, sans
secousses, le fil vertical sur l'axe de la mire.

Les conditions d'exactitude auxquelles cet instrument doit
satisfaire sont les suivantes :

1° L'axe optique doit être parallèle au plan de support de
la lunette, c'est-à-dire au plan déterminé par les génératrices
de contact du canon avec les collets.

Pour s'en assurer, on vise une mire lointaine dont on
fait arriver le voyant sous le fil horizontal, et on note la hauteur *h* ainsi obtenue. On retourne alors la lunette dans ses
collets, de manière que la vis du réticule qui tantôt était
au-dessus, soit maintenant dans une position diamétralement

opposée, et on lit la hauteur h' à laquelle la mire est coupée par la nouvelle direction de l'axe optique. Si $h' = h$, la condition que nous vérifions est remplie. Si h' est différent de h, on rectifie en amenant, au moyen des vis du réticule, le fil horizontal sur le voyant placé à la hauteur $\frac{h + h'}{2}$.

2° L'axe optique doit être horizontal lorsque le niveau est calé. La première condition ayant été obtenue comme il vient d'être dit, on cale le niveau ; puis on retourne la lunette bout pour bout, et on la replace dans ses collets : si la bulle revient entre ses repères, l'instrument est juste ; dans le cas contraire, il faut ramener la bulle au milieu du tube, en faisant demi-correction par la vis du niveau, demi-correction par la vis tangente K du genou.

On reproche au niveau de Chezy de donner des rayons visuels qui ne sont pas dans un même plan horizontal quand on fait un tour d'horizon. En effet, si la tige IP n'est pas rigoureusement verticale, l'axe de la lunette change de hauteur en même temps que son plan vertical change de direction, et l'erreur qui en peut résulter augmente avec l'angle d'inclinaison de la tige et la distance du point I à la lunette. Toutefois, si l'on a soin de mettre, à vue, la tige à peu près verticale, cette erreur est presque nulle.

184. NIVEAU RÉFLECTEUR. — Les niveaux réflecteurs sont construits d'après ce principe, que si l'œil O voit dans un miroir plan AB son image O', la droite OO' est perpendiculaire au miroir (fig. 195). D'où il suit que si ce dernier est vertical, la ligne OO' est horizontale.

Lorsqu'on vise par le bord latéral d'un miroir rectangulaire suspendu verticalement, l'œil se trouve divisé en deux par cette ligne, la glace ne reproduit que la moitié de son image et la prunelle paraît sur ce bord comme un point noir. Le rayon visuel passant par ce point est toujours une horizontale et le voyant d'une mire placé dans le prolongement de ce rayon indique la différence de niveau entre l'œil et le pied de la mire.

L'instrument représenté par les fig. 196 et 197 se compose d'un pendule P suspendu au couvercle C qui entre à frottement doux dans une enveloppe cylindrique E ; sur le

pendule est fixé un petit miroir *m* rectangulaire d'environ
deux centimètres de largeur sur trois de hauteur, lequel est
encastré dans une pièce de cuivre *p* liée au pendule par un
ressort *r* et une vis V.

L'enveloppe E a une fenêtre F qui peut se fermer au
moyen d'un second tube T tournant sur cette enveloppe.
L'ouverture inférieure de l'enveloppe s'adapte sur un pied
ou se ferme au moyen d'un couvercle (fig. 197); de sorte
que l'instrument peut être installé comme les niveaux ordinaires ou tenu à la main.

Pour niveler avec cet appareil, on commence par ouvrir
la fenêtre F en tournant le tube extérieur T, et on fait
mouvoir le couvercle supérieur C jusqu'à ce que le miroir *m*
se présente à l'observateur comme dans la figure 196. Se
plaçant ensuite à 30 ou 40 centimètres de l'instrument de
manière à voir la prunelle de son œil au milieu du bord
vertical visible du miroir et, en même temps, la mire placée
au delà, l'observateur fait les signes nécessaires pour que le
voyant soit amené exactement à la hauteur du centre de sa
prunelle, et alors le coup de niveau est donné.

Pour s'assurer que la condition de construction de l'instrument, la verticalité du miroir, est remplie, on donne un
coup de niveau comme il vient d'être dit et on note la hauteur
de mire *h*; on tourne ensuite le dos à la mire et l'on fait
mouvoir le couvercle C jusqu'à ce qu'on ait devant soi la
surface réfléchissante du miroir; puis regardant obliquement
dans la glace, on voit si le rayon visuel allant de l'œil à son
image rencontre le voyant. Si cette coïncidence a lieu, l'instrument est bon; dans le cas contraire on fait amener le
voyant sous le rayon visuel et on lit la hauteur de mire *h'*.
Enfin, pour rectifier le niveau, on place le voyant à la hauteur $\frac{h+h'}{2}$ et l'on agit sur la vis V jusqu'à ce que l'on voie
en même temps l'image de son œil et celle du voyant.

Par son petit volume et sa simplicité, le niveau réflecteur
est préférable aux autres niveaux dans la topographie des
reconnaissances.

185. Nous avons passé en revue la première catégorie
des instruments de nivellement. Il nous reste à parler de la

mire, qui est, comme nous le savons, l'accessoire indispensable de ces instruments.

186. Mire a voyant (fig. 198 et 199). — Le corps de la mire se compose de deux règles ayant chacune deux mètres de haut, et dont l'une peut glisser dans une rainure pratiquée dans l'autre.

Le *voyant* porte une douille de cuivre, dans laquelle passe le corps de la mire, et une vis de pression permet de le fixer à la hauteur convenable.

Pour les coups de niveau de deux mètres au plus, les règles sont réunies. L'aide se conformant aux signes que lui fait le topographe, amène la ligne de foi FF' dans le plan de la visée. La hauteur de mire est indiquée sur celle des règles dont la graduation est ascendante.

Pour les coups de plus de deux mètres, l'aide fixe le voyant au sommet de la règle dont la graduation est descendante et l'amène dans le plan du niveau en faisant couler cette règle dans la rainure. Lorsque le voyant est à la hauteur voulue, il serre la vis de pression D, et la hauteur de mire est alors indiquée sur la règle mobile par un index placé au sommet de la règle inférieure.

187. Mire parlante (fig. 200). — Cette mire n'a pas de voyant. Elle est formée d'une règle de 4 mètres environ de hauteur, de 6 à 8 centimètres de largeur, portant, comme l'indique la figure, une graduation noire et rouge sur fond blanc, avec des chiffres assez gros pour être lus au moyen de la lunette. Elle est munie à sa partie postérieure de deux poignées P et d'un niveau circulaire N. L'aide la tient par les poignées, de manière que la bulle de ce niveau soit au centre; la mire est alors parfaitement verticale.

L'opérateur lisant sur cette mire le coup de niveau en même temps qu'il fait la visée, n'a aucun signe à faire au porte-mire. Le travail est par là notablement abrégé et affranchi de beaucoup de causes d'erreurs.

CHAPITRE XXXII.

Pratique du nivellement au niveau.

188. L'ordre à établir dans les opérations du nivellement est le même que pour le levé : on conclut du grand au petit, c'est-à-dire qu'on opère d'abord dans les grands polygones et ensuite dans les traverses, en suivant exactement les séries de numéros des sommets de la planimétrie.

Lorsqu'on détermine, d'une seule station, la différence de niveau entre deux ou plusieurs points, l'opération prend le nom de nivellement simple.

Lorsqu'on arrive à ce résultat en faisant plusieurs stations successives, le nivellement est dit composé, ou nivellement par cheminement.

189. NIVELLEMENT SIMPLE. — Soit N un point à égale distance à peu près des points A, B, C... à niveler : si les distances NA, NB, NC... ne dépassent pas la bonne portée du niveau dont on doit se servir, et qu'en même temps le plan horizontal H H'de ce niveau installé en N coupe la mire lorsqu'elle est placée en A, en B, en C..., la différence de hauteur entre les points A, B, C... peut être obtenue par le nivellement simple.

Les figures 201, 202, 203 et 204 sont relatives aux différents cas qui peuvent se présenter dans le nivellement simple de deux points A et B. Le premier coup de niveau est donné sur le point A dont la cote est censée connue : c'est le *coup-arrière*. Le coup sur le point B dont on cherche la cote, est le *coup-avant*.

Le coup est *à voyant direct* ou *à voyant renversé*, suivant que la hauteur de mire est comptée au-dessus ou au-dessous du point observé. Pour avoir la différence de niveau entre les deux points, on retranche le coup-avant du coup-arrière, en affectant du signe moins le coup à voyant renversé : cette différence ajoutée, avec son signe, à la cote de A donne la cote de B.

Figure 201. — Le plan IIII' du niveau installé en N ([1]), à égale distance à peu près de A et de B, passe au-dessus de ces deux points.

$$Coup\text{-}arrière\ldots\ \mathrm{A}a = 2^m,537$$
$$Coup\text{-}avant\ldots\ \mathrm{B}b = 1^m,254$$
$$Différence\ de\ niveau = +1^m,283$$
$$\}\ \text{cote B} = \text{cote A} + 1^m,283.$$

Figure 202. — Le plan IIII' du niveau passe au-dessus de B et au-dessous du point A, qui est supposé sur la crête d'un mur.

Pour donner le coup-arrière, on accroche la mire par son talon au point A, et l'on fait arriver la ligne de foi de son voyant sur le rayon visuel dirigé suivant IIII'; Aa est le coup-arrière à voyant renversé. Si la distance de A au sol était moindre que la mire, on remplacerait celle-ci par un fil à plomb dont on ferait arriver le plomb dans le plan du niveau. On agirait de même si la hauteur de A au-dessus du plan du niveau dépassait la longueur totale de la mire.

$$Coup\text{-}arrière\ldots\ \mathrm{A}a = -1^m,835$$
$$Coup\text{-}avant\ldots\ \mathrm{B}b = 1^m,172$$
$$Différence\ de\ niveau = -3^m,007$$
$$\}\ \text{cote B} = \text{cote A} - 3^m,007.$$

Figure 203. — Le coup-arrière est à voyant direct; le coup-avant à voyant renversé.

$$Coup\text{-}arrière\ldots\ \mathrm{A}a = 1^m,956$$
$$Coup\text{-}avant\ldots\ \mathrm{B}b = -2^m,830$$
$$Différence\ de\ niveau = +4^m,786$$
$$\}\ \text{cote B} = \text{cote A} + 4^m,786.$$

Figure 204. — Les deux coups de niveau sont à voyant renversé.

[1] C'est afin de simplifier le dessin que, dans les figures, nous plaçons le point de station du niveau dans l'alignement AB. On sait que dans le pratique on peut le choisir hors de cet alignement. Il suffit qu'il soit sensiblement à égale distance des points que l'on compare.

Coup-arrière. . $Aa = -2^m,634$
Coup-avant. . . $Bb = -0^m,821$ cote B $=$ cote A $-1^m,813$.
Différence de niveau $= -1^m,813$

190. NIVELLEMENT COMPOSÉ. — Soit à niveler par cheminement les sommets du polygone ABC... (fig. 205). Ordinairement, la cote d'un des sommets est connue. Si elle ne
l'est pas, on donne au point A, que l'on a choisi pour point
de départ, une cote arbitraire $\pm \alpha$ mètres, c'est-à-dire qu'on
rapporte le nivellement à une surface de comparaison située
à α mètres au-dessous ou au-dessus du point A ; et, afin
d'éviter les cotes négatives, on fixe la valeur de α de façon
que l'on soit bien assuré que tous les points à niveler se
trouvent d'un même côté de cette surface. Soit en conséquence $\alpha = 100^m$.

Cela fait, on met le niveau en station en N, à égale distance à peu près du point de départ et du sommet B ; on
donne le coup de niveau sur ces deux points et on obtient
ainsi la cote de B. On se place ensuite en N' entre B et C
et on détermine la cote de ce dernier point. Et l'on continue de la même manière jusqu'au dernier sommet, en
rattachant chaque nivellement partiel à celui qui le précède
immédiatement, par un coup-arrière donné sur le sommet
qu'on vient de niveler. Le modèle joint à la figure 205 fait
voir comment on tient le registre des opérations.

Lorsque deux sommets consécutifs, tels que D et E, sont
trop éloignés l'un de l'autre, ou que leur différence de niveau
est trop considérable pour qu'on puisse les niveler d'une
seule station, on cherche la cote E par le nivellement de
plusieurs points intermédiaires m,n,p,q... Ainsi (fig. 206),
on fait entre D et E plusieurs stations x,x',x''..., desquelles
on soumet au nivellement simple successivement les points
D et m, m et n, n et p..., jusqu'à ce qu'on trouve une station
x''' d'où l'on puisse observer le sommet E et le point p qu'on
vient de niveler. La différence de niveau entre D et E est
égale à la somme des coups-arrière donnés des stations
x,x',x''..., moins la somme des coups-avant donnés de ces
mêmes stations.

Pour vérifier l'exactitude des opérations, on ferme le polygone de nivellement au point de départ. A cet effet, on détermine la différence de niveau entre ce point et le dernier sommet F, et cette différence, ajoutée à la cote de F, doit évidemment donner la cote de départ 100.

Si l'on s'est borné à inscrire les hauteurs de mire, sans calculer les cotes, on vérifiera la fermeture du polygone en s'assurant si la somme des coups-arrière est égale à la somme des coups-avant. En faisant cette somme on aura soin d'affecter du signe moins les coups à voyant renversé.

Il arrivera en général que le polygone de nivellement ne fermera pas rigoureusement; l'erreur que l'on peut tolérer dépend du but que l'on a en vue, de l'instrument que l'on emploie, du temps dont on dispose, etc. Si l'on trouve que cette erreur n'est pas assez considérable pour forcer à recommencer l'opération, on la répartira également sur tous les sommets. Supposons que, comme cela arrive dans l'exemple de la figure 205, le polygone ferme à 20 millimètres près : on divisera l'erreur totale par le nombre de stations, et le quotient $\frac{20^{mm}}{9}$ indiquera la correction à faire à la cote du sommet B; $\frac{20^{mm}}{9} \times 2$ sera donc la correction du troisième sommet; $\frac{20^{mm}}{9} \times 3$ celle du quatrième; et ainsi de suite jusqu'au dernier. Les cotes ainsi corrigées s'inscrivent dans une colonne particulière et en regard des cotes primitives. Cette précaution est nécessaire parce qu'elle montre le degré de confiance que mérite l'opération, et parce qu'il ne faut jamais, en principe, altérer un résultat quelconque, sans indiquer en même temps pourquoi et de combien il a été modifié.

Si, lorsque le nivellement du polygone est terminé, la cote β d'un des sommets, D par exemple, est donnée par rapport à la surface de comparaison adoptée pour le travail dont ce polygone fait partie, on réduira à cette surface toutes les cotes qui figurent dans la sixième colonne du registre, en ajoutant à chacune d'elles la différence β—98,233 avec son signe, 98,233 étant la cote qu'on a obtenue pour D.

191. Après qu'on a exécuté, d'après la méthode précédente, le nivellement des différents polygones d'un canevas topographique, on passe au nivellement des détails; mais ici l'on suit une marche toute différente. En une seule station de niveau, on détermine les cotes de tous les points qui se trouvent dans un certain rayon autour de l'instrument, en les rapportant aux points du canevas A,B,C... pris pour repères. Ce genre de nivellement simple porte le nom de *nivellement par rayonnement*. Le modèle (fig. 207) fait voir comment on tient note des opérations.

192. Dans certains travaux, tels que les routes, les canaux, les chemins de fer, etc., le nivellement ne procède que sur une seule direction qui est celle du tracé; sauf cependant les profils en travers qui appartiennent aussi au nivellement, mais au nivellement de détail. Dans　s, la vérification par la fermeture n'est plus possible, et il n'y a pas d'autre moyen de constater l'exactitude des opérations, que de les recommencer en entier; et c'est ce qu'on doit toujours faire dans un travail de quelque importance. Le nivellement de vérification est conduit du dernier point qu'on a déterminé vers le point de départ : c'est le nivellement en retour.

Les résulats du nivellement sur une seule ligne sont généralement consignés dans un registre dont la figure 208 donne le dispositif, et sur la tenue duquel nous allons donner quelques explications. La première colonne contient les numéros d'ordre des points qui font l'objet du nivellement et que nous appellerons « repères ». Les nivellements simples qui relient ces repères deux à deux ne sont pas numérotés. Les lettres A et R indiquent respectivement le nivellement en allant et le nivellement en retour.

La colonne suivante contient la désignation des repères. Cette désignation doit être faite clairement et en peu de mots; elle est complétée par un dessin dont la place est marquée dans la sixième colonne. Aucune mention n'est faite des points intermédiaires qu'on doit niveler entre deux repères consécutifs, lorsque ces repères ne peuvent être soumis à un nivellement simple.

Dans la cinquième colonne, on inscrit : 1° la cote N donnée pour le point de départ, et 2° les calculs nécessaires

pour obtenir la cote des points 2, 3, 4... Ces calculs se font
comme suit : Supposons que (voir le registre représenté par
la figure 208) on ait fait en allant trois nivellements simples
entre les repères 1 et 2. La différence de niveau dN_1 entre
ces points est égale à la somme des trois coups-arrière moins
la somme des trois coups-avant donnés dans ces nivellements
partiels. De même dans le nivellement en retour, on déduit
la différence de niveau dN_2, entre 2 et 1, en soustrayant la
somme des coups-avant de la somme des coups-arrière
donnés des stations intermédiaires qu'on a dû faire entre ces
points.

Après avoir reconnu que la vérification a lieu dans les
limites voulues, on adopte pour différence de niveau dN entre
1 et 2 la demi-somme des quantités dN_1 et dN_2 (la seconde
de ces quantités étant prise avec le signe de la première), et
l'on dispose les calculs comme il est indiqué à la cinquième
colonne pour la détermination de la cote du point 2.

On procède de la même manière pour tous les nivellements
qu'on doit exécuter entre les repères pris deux à deux.

193. Le nivellement des points couverts par l'eau prend
le nom de *sondage*. Le niveau est alors remplacé par la surface même de l'eau, et il suffit, pour avoir la différence de
hauteur entre les points du fond, de mesurer leurs distances
verticales à cette surface. Ces distances s'obtiennent ordinairement au moyen de la *sonde*.

La sonde est un poids, plus ou moins considérable, attaché
à l'extrémité d'une corde appelée *ligne*. Le poids, ou plomb,
a la forme d'une pyramide tronquée, dans la grande base
de laquelle on a pratiqué un creux pour y mettre du suif.
Le suif est destiné à prendre l'empreinte des rochers, à retenir
du sable ou de la vase, et à faire connaître ainsi la nature
du fond.

Lorsque l'eau est guéable, un homme entre dedans et
sonde avec une mire graduée les points dont on veut avoir
la cote ; ces points sont déterminés par intersections de deux
stations connues du rivage.

Lorsque la surface des eaux à sonder a peu de largeur, on
tend d'un bord à l'autre, entre deux points qu'on marque
sur la carte, un cordeau gradué et l'on fait couler la sonde

aux principaux points de division. On obtient ainsi la cote et la position des points soumis au nivellement, c'est-à-dire un profil du cours d'eau.

Lorsque le moyen précédent n'est pas applicable, on sonde d'une barque et on relève les points de sonde comme il a été dit au problème III des goniomètres (N° 74).

Si la hauteur de l'eau ne demeurait pas constante pendant l'opération, il faudrait que l'observateur prît note de l'heure précise à laquelle il mesure chaque sonde, afin de pouvoir ramener tous les coups de sonde à une même surface de niveau. Aux approches des côtes maritimes, on ramène ces coups à la surface de la basse mer des équinoxes; et on fait usage pour cela de l'échelle des marées, long madrier placé à l'entrée des ports et sur lequel sont tracés le niveau de la basse mer des équinoxes et son élévation de quart d'heure en quart d'heure.

CHAPITRE XXXIII.

Éclimètres.

194. Soient AB la droite qui joint deux points du terrain; VV′ la verticale du point A; AV la partie de cette verticale dirigée vers le ciel ou le zénith; et AH l'horizontale de A menée dans le plan vertical de AB (fig. 209).

L'angle BAH est *l'angle de pente* de la droite AB; son complément VAB est *la distance zénithale* de B vu de A.

BAH ou son complément VAB est ce qu'on appelle *l'angle vertical* de AB.

Suivant que le point B est plus haut ou plus bas que le point A, la distance zénithale VAB est plus petite ou plus grande qu'un angle droit. De sorte que quand on connaît cette distance, il n'est pas nécessaire de voir le terrain pour décider si la droite monte ou descend de A vers B.

L'angle de pente BAH est *d'ascension* lorsque B est plus élevé que A; il est *de dépression* dans le cas contraire. Sa valeur absolue n'indiquant pas la direction de AB au-dessus ou au-dessous de l'horizon, on la fait précéder du signe + pour les ascensions et du signe — pour les dépressions.

195. Les instruments au moyen desquels on mesure l'un ou l'autre des angles verticaux d'une direction du terrain, se nomment *éclimètres* ou *clisimètres*.

L'éclimètre se compose d'un limbe adapté à un appareil qui permet de l'établir verticalement au-dessus du sol, et divisé en grades et fractions de grade. Autour du centre R se meut une lunette entraînant avec elle un vernier qui rend plus exacte la lecture des angles (fig. 210 et 211) ([1]).

Lorsque l'éclimètre est destiné à donner les angles de pente, la division initiale est marquée zéro et le numérotage procède dans deux sens à partir de cette division (fig. 210).

Lorsqu'il est construit pour l'observation des distances zénithales, la division initiale est marquée 100ᵍ et la graduation court de chaque côté de cette division, comme l'indique la figure 211.

Les conditions de construction sont : 1° l'axe de rotation de la lunette doit être au centre du limbe; 2° le plan de collimation doit être parallèle au limbe; 3° lorsque l'axe optique est horizontal, le zéro du vernier doit coïncider avec la division initiale du limbe.

Ces conditions étant remplies, si on dirige la lunette sur un point de mire, on lit au zéro du vernier l'angle vertical de l'axe optique, avec une approximation qui dépend de la graduation du limbe et du nombre de divisions que porte le vernier. Cette approximation est, dans les meilleurs éclimètres topographiques, d'une demi-minute tout au plus.

Quand on opère avec l'éclimètre donnant les angles de pente, on doit, en même temps qu'on inscrit l'angle observé, noter s'il est d'ascension ou de dépression. Les éclimètres donnant les distances zénithales n'exigent pas qu'on établisse cette distinction entre les angles lus, distinction qui est une

([1]) Les constructeurs placent indifféremment l'oculaire ou l'objectif du côté du limbe.
Nous supposerons dans toute la théorie de l'éclimètre que l'oculaire se trouve du côté du limbe.

source d'erreurs, et c'est pour cette raison qu'on les adopte de préférence aux autres.

196. Pour observer l'angle vertical d'une direction AB : L'éclimètre étant en station en A, on vise, *parallèlement au sol*, la mire tenue d'aplomb en B. L'angle qu'on lit alors au zéro du vernier donne l'amplitude de l'angle cherché (fig. 212). Il n'est pas nécessaire de tenir compte ici de l'angle de réfraction, parce que cet angle est toujours de beaucoup inférieur à l'approximation que donne la lecture sur le limbe ; pour le même motif, lorsqu'on opère sur des distances de 500 à 600 mètres au plus, et c'est généralement le cas en topographie, on peut négliger l'angle des verticales de A et de B (N° 158), et, par conséquent, admettre le parallélisme de ces verticales.

Pour que le rayon visuel soit parallèle au sol, c'est-à-dire à la droite AB, le voyant doit être à une hauteur égale à la hauteur de l'instrument en A. Dans la pratique, pour marquer cette hauteur sur la mire, on tient celle-ci verticalement contre la lunette placée horizontalement, et on élève son voyant jusqu'à ce que la ligne de foi paraisse être de niveau avec l'axe optique.

197. Nous venons de voir que dans les observations topographiques à l'éclimètre, on peut, en général, négliger la correction de sphéricité et de réfraction. Et c'est ce que nous ferons dorénavant, sauf à indiquer les modifications à introduire lorsque la distance entre les points oblige à tenir compte de cette correction.

198. La somme des distances zénithales réciproques d'une direction AB est égale à 200ᵍ ; et la différence des angles de pente réciproques est nulle.

En effet (fig. 209), à cause du parallélisme des verticales des points A et B, on a :

$$Z + Z' = 200^g$$

et

$$\alpha = \alpha'.$$

Remarque. — Si l'on tient compte de la sphéricité et de la réfraction : le point B étant vu de A (fig. 213) suivant l'axe optique, cet axe, à cause de la réfraction, est dirigé suivant la droite AB' faisant avec AB l'angle de réfraction r, et l'angle lu est VAB' = Z. On a donc :

$$Z = VAB - r.$$

De même, en appelant Z' l'angle qu'on lit en observant la distance zénithale de A vu de B, on a :

$$Z' = V'BA - r ;$$

donc

$$Z + Z' = VAB + V'BA - 2r.$$

Mais V'BA = 200° — VAB + C, en désignant par C l'angle des verticales des points A et B. De cette relation on tire :

$$VAB + V'BA = 200° + C ;$$

et comme $r = \frac{8}{100} C$ (N° 162), on a :

$$Z + Z' = 200° + C - 2r = 200° + C - 0,16C = 200° + 0,84C.$$

Si, dans les mêmes circonstances, on veut avoir la relation entre les angles de pente réciproques a et a', on remplacera dans la dernière équation Z par 100° — a et Z' par 100° + a', et il viendra

$$200° - a + a' = 200° + 0,84C ;$$

d'où

$$a' - a = 0,84 C.$$

190. Connaissant la distance horizontale K qui sépare deux points A et B (fig. 209) et l'un ou l'autre des angles verticaux, Z par exemple, de la direction AB, on peut calculer la différence de niveau entre ces points, puisqu'on a :

$$BH = K \, cot Z.$$

Si l'éclimètre donne l'angle de pente a, on a

$$BH = K \, tang \, a.$$

Remarque. — Quand la distance K dépasse 500ᵐ, on doit avoir égard à la correction de sphéricité et de réfraction :

Soient, dans ce cas, VAB' = Z l'angle lu pour la distance zénithale du point B vu de A (fig. 214) ; r l'angle de réfraction ; et AD = K la distance AB réduite à l'horizon.

DB' est la différence de niveau apparente entre les points A et B.

$DH = \dfrac{K^2}{2R}$ est l'erreur de sphéricité.

$BB' = \dfrac{1}{6} \times \dfrac{K^2}{2R}$ est l'erreur produite par la réfraction.

Donc la différence de niveau vraie

$$BH = DB' + DH - BB' = DB' + \dfrac{5}{6} \times \dfrac{K^2}{2R} = DB' + qK^2,\ \text{en}$$

désignant par q la constante $\dfrac{5}{6} \times \dfrac{1}{2R}$.

Le triangle ADB' donne :

$$\dfrac{DB'}{K} = \dfrac{\cos Z}{\sin(Z - C)} = \dfrac{\cot Z}{\cos C - \sin C \cot Z}.\ \text{D'où } DB' = \dfrac{K \cot Z}{\cos C - \sin C \cot Z}$$

Dans les opérations topographiques, cette valeur de DB' ne diffère de $K \cot Z$ que d'une quantité insignifiante au point de vue de la pratique. On peut donc écrire $DB' = K \cot Z$ et, par suite

$$BH = K \cot Z + qK^2.$$

Le terme qK^2 se calcule comme nous l'avons vu plus haut, n° 163. Il est positif dans le cas d'une ascension et négatif dans le cas d'une dépression.

200. Pour le nivellement à l'éclimètre, la première idée qui se présente est de viser parallèlement au sol, parce qu'on lit ainsi l'angle vertical de la droite qui joint les points à niveler. Mais cette manière d'opérer aurait le grave inconvénient de n'être pas toujours applicable sur des terrains couverts, et d'exiger beaucoup de temps par la sujétion qu'elle impose d'arrêter, pour chaque station, la hauteur du voyant avant de faire transporter la mire sur le point qu'on doit observer. Il est beaucoup plus simple de conserver au point de mire une hauteur constante, fixée d'après les conditions locales ; et de tenir compte, dans le calcul, de la quantité dont cette hauteur surpasse celle de l'instrument.

Ainsi, soient Z l'angle vertical lu après avoir visé de A le centre du voyant de la mire B ; K la distance AB réduite à l'horizon ; I et J respectivement la hauteur de l'instrument et celle du point de mire.

Supposons K < 500ᵐ.

On a, dans le cas de Z < 100ᵍ (fig. 215):
La différence de niveau BH $= K\ cot Z + I - J$.
Et dans le cas de Z > 100ᵍ (fig. 216) :
La différence de niveau BH $= K\ cot Z - I + J$.

Formules dans lesquelles Z n'est pas l'angle vertical de la direction AB, mais celui de l'axe optique.

De ce qui vient d'être dit on conclut aisément la règle suivante : Pour obtenir la cote du point visé, connaissant celle du point de station, on ajoute à cette dernière la quantité

$$K\ cot Z + I - J$$

en ayant soin de prendre K $cot Z$ avec son signe

$$(+ \text{ pour } Z < 100^{\text{g}}, - \text{ pour } Z > 100^{\text{g}}).$$

Si l'éclimètre donne les angles de pente, la quantité ci-dessus devient

$$K\ tang\ \alpha + I - J$$

et on doit prendre K $tang\ \alpha$ avec le signe + ou avec le signe — suivant que α est d'ascension ou de dépression.

Remarque. Lorsque K > 500ᵐ, on tient compte de la correction de sphéricité et de réfraction, en ajoutant (Nᵒ 199) le terme qK^2 à la cote obtenue d'après la règle précédente.

201. Le terme K $cot Z$, ou K $tang\ \alpha$ si on a lu l'angle de pente, peut se calculer par logarithmes, mais on l'obtient plus facilement au moyen de la table III qui se trouve à la fin de ce volume. Cette table donne la valeur de K $cot Z$ correspondant à différentes pentes pour K égal à 1, 2, 3....9 mètres.

Dans les colonnes extrêmes de cette table sont indiqués les angles, de deux en deux minutes pour les six premiers grades et de quatre en quatre minutes pour les suivants. Les angles de la première colonne sont croissants, ceux de la dernière sont décroissants à partir de 100ᵍ. Vis-à-vis de ces angles sont inscrites les valeurs de leurs cotangentes pour les rayons K de 1, 2, 3.... 9 mètres. Enfin, pour faciliter le calcul des différences de niveau pour les distances zénithales qu'on ne trouve pas directement dans cette table, on a placé au bas des pages les différences pour 1, 2 et 3 minutes.

1er Exemple de l'emploi de la table.

$$\text{Soient } Z = 107^{\text{G}},04 \quad \text{et} \quad K = 346^{\text{m}},50.$$

On dit :

Pour Z=107^{G},04 et K=300^{m}...0^{m},3331×100 =33^{m},31
» K= 40^{m}...0^{m},4442× 10 = 4^{m},442
» K= 6^{m}...0^{m},6662× 1 = 0^{m},6662
» K=0,5^{m}...0^{m},5552× 0,1= 0^{m},0555

Donc 346,5 *cot* 107^{G},04 =38^{m},474.

Cette quantité doit être prise avec le signe *moins*, puisque Z > 100^{G}.

2e Exemple.

$$\text{Soient } \alpha = +7^{\text{G}},08 \quad \text{et} \quad K = 89^{\text{m}}.$$

Sur la ligne qui correspond à 92^{G},92, complément de α, on trouve

Pour K = 80^{m}...8^{m},934
» K = 9^{m}...1^{m},0051
» K = 89^{m}...0^{m},939...... quantité qui

doit être prise avec le signe *plus*, puisque α est d'ascension. (Voir, pour plus de détails, le chapitre XXXVII.)

202. L'éclimètre le plus employé est adapté à la boussole (fig. 117).

La boussole munie d'un éclimètre est appelée *boussole-nivelante*. Si, de plus, sa lunette porte un réticule-stadia, l'instrument prend le nom de *boussole-nivelante-stadia*.

L'éclimètre est quelquefois formé de deux arcs. Sa lunette entraîne alors avec elle deux verniers qui arasent les divisions de ces arcs.

203. La boussole étant en station, pour que l'éclimètre puisse donner exactement les angles verticaux, il faut 1° que son limbe soit vertical ; 2° que l'axe de rotation de la lunette soit au centre ; et 3° que la division initiale du limbe coïncide avec le zéro du vernier, lorsque l'axe optique est horizontal.

Le limbe peut être considéré comme vertical, lorsque les niveaux de la boussole sont calés. En général, on n'a aucune erreur sensible à craindre lorsqu'on se borne à régler approximativement la verticalité de l'éclimètre.

Le centrage de l'axe de rotation de la lunette se vérifie comme il a été dit pour le graphomètre. Si la vérification est en défaut, l'éclimètre doit être rejeté, à moins qu'il ne soit composé de deux arcs, auquel cas on se débarrasse de l'erreur d'excentricité en déduisant l'angle observé de la lecture aux deux zéros.

Pour vérifier la troisième condition *dans l'éclimètre donnant les distances zénithales*, remarquons d'abord que, la boussole étant en station et la lunette horizontale, si le zéro du vernier marque sur le limbe une division n qui diffère de la division initiale, 100^0, de la quantité ε, toutes les distances zénithales fournies par l'éclimètre sont en erreur de la quantité ε, qu'on appelle erreur de collimation; et la correction qu'il faudra leur appliquer est $+\varepsilon$ ou $-\varepsilon$, suivant que n est plus petit ou plus grand que 100 grades. Cela posé, prenons deux points A et B (fig. 217) à une centaine de mètres l'un de l'autre, et déterminons les distances zénithales réciproques de la direction AB, en visant *parallèlement au sol*. Comme à 100 mètres on peut négliger la réfraction et l'angle des verticales des points A et B, on a, en désignant par ε la correction de collimation et par Z et Z' les angles lus respectivement en A et en B :

$$VAB = Z + \varepsilon$$

$$V'BA = Z' + \varepsilon$$

et

$$VAB + V'BA \text{ ou } 200^0 = Z + Z' + 2\varepsilon;$$

d'où

$$\varepsilon = \frac{200^0 - (Z + Z')}{2}.$$

Si donc la somme des distances zénithales réciproques vaut 200^0, l'éclimètre est juste; dans le cas contraire, les angles qu'il donne doivent tous être augmentés de la quantité $\frac{200^0 - (Z + Z')}{2}$ prise avec son signe.

Supposons, pour exemple, que $Z = 99^g,17$ et $Z' = 100^g,89$.

On a $\epsilon = \dfrac{200^g - 200,06}{2} = -0^g,03 =$ correction de colli-

mation.

De sorte que la valeur exacte de Z est $99^g,17 - 0,03 = 99^g,14$
et celle de Z', $100^g,89 - 0,03 = 100^g,86$.

On tient ordinairement compte de la quantité ϵ fournie
par la vérification, en l'ajoutant avec son signe à toutes les
distances zénithales qu'on observe. On peut cependant la
détruire, lorsque l'éclimètre est muni d'une vis de rappel
qui permet de mouvoir le limbe dans son propre plan, sans
déranger les autres parties de l'instrument. Pour opérer cette
rectification, on détermine, comme il vient d'être dit, par la
méthode des visées réciproques, l'angle vertical vrai $Z + \epsilon$
d'une direction AB; on se place en station en A et on fait
porter la mire en B après avoir fixé son voyant à hauteur de
l'instrument. Puis on met le zéro du vernier à la graduation
$Z + \epsilon$, et on fait mouvoir le limbe de l'éclimètre au moyen
de la vis dont il vient d'être question, jusqu'à ce que l'axe
optique coupe la ligne de foi du voyant.

204. Nous venons de voir que, lorsqu'on ne rectifie pas
la position du point 100, la correction de collimation de
l'éclimètre donnant les distances zénithales s'ajoute, avec son
signe, à tous les angles lus, que ceux-ci soient relatifs à une
ascension ou à une dépression.

Il n'en est pas de même pour *l'éclimètre qui mesure les
angles de pente :* si la correction est positive pour les angles
d'ascension, elle est négative pour les angles de dépression ;
et réciproquement.

En effet, l'oculaire étant du côté du limbe (fig. 210), il
est visible que les angles d'ascension fournis par l'instrument
sont trop petits et les angles de dépression trop grands, si
le vernier marque un certain nombre de divisions au-dessus
du zéro du limbe, lorsque la lunette est horizontale ; et que
le contraire a lieu, si, dans cette position de la lunette, le
vernier marque une division située au-dessous de la division
initiale zéro de l'éclimètre.

Pour trouver l'erreur de collimation de cet éclimètre, on
détermine, comme ci-dessus, les angles de pente réciproques

d'une direction AB d'une centaine de mètres de longueur (fig. 217), en visant chaque fois *parallèlement au sol*. Soit α l'angle d'ascension lu en visant de A sur B et représentons par $+\varepsilon$ la correction à faire à cette lecture pour obtenir l'angle de pente BAH.

$$BAH = \alpha + \varepsilon.$$

Soit α' l'angle de dépression observé de B sur A ; la correction à faire à cet angle pour trouver ABH' étant $-\varepsilon$, on a

$$ABH' = \alpha' - \varepsilon.$$

Or, $BAH = ABH'$; donc $\alpha' - \alpha = 2\varepsilon$ et

$$\varepsilon = \frac{\alpha' - \alpha}{2}.$$

Si $\alpha' - \alpha$ est positif, la correction ε est additive pour les ascensions et négative pour les dépressions ; si, au contraire, $\alpha' - \alpha$ est négatif, les angles d'ascension fournis par l'éclimètre sont trop forts et les angles de dépression trop faibles de la quantité ε.

Supposons, pour exemple, que l'angle d'ascension observé soit $5^g,10$ et que l'angle de dépression soit $5^g,40$. On aura $\varepsilon = \dfrac{5^g,40 - 5,10}{2} = +0^g,15$; et, si on ne rectifie pas l'éclimètre on devra, à chaque observation qu'on fera, augmenter l'angle lu de 15 minutes si c'est une ascension, et le diminuer de la même quantité si c'est une dépression.

Supposons encore que, lors de la vérification de l'éclimètre, on ait trouvé pour les angles de pente réciproques $\alpha = +6^g,20$ et $\alpha' = -6^g,00$. La correction de collimation sera, dans ce cas, $\varepsilon = \dfrac{6^g,00 - 6,20}{2} = -0^g,10$ pour les ascensions et $+0^g,10$ pour les dépressions.

Lorsque l'éclimètre de la boussole a deux arcs gradués, on peut trouver son erreur de collimation en ne faisant qu'une seule station. Pour cela, on vise un point, avec la lunette à droite, et on lit ce qu'indiquent les verniers ; puis on observe le même point avec la lunette à gauche et on prend de nouveau l'angle : la demi-différence de ces deux angles est l'erreur de collimation. Cette manière de vérifier l'éclimètre est connue sous le nom de méthode des doubles visées.

Remarquons que si la lunette est armée d'une vis de rappel qui lui donne le mouvement doux, son retournement pour la seconde observation, dans la méthode des doubles visées, n'est possible que pour autant que la partie supérieure ou la partie inférieure du limbe forme une demi-circonférence complète (fig. 218).

205. Pour déterminer l'angle vertical des petites lignes, on se sert quelquefois du niveau de maçon complété par une bande circulaire de métal dont le centre est le point de suspension du fil à plomb. Ce limbe est gradué à droite et à gauche de la division initiale et celle-ci se trouve sur le rayon qui passe par la ligne de foi F (fig. 219).

206. Parmi les éclimètres qui peuvent être employés à la main, nous décrirons les trois suivants, qui sont les plus employés.

1° *L'éclimètre* ou *clisimètre à réflexion* n'est autre chose que la boussole du même nom (N° 104), dans laquelle le limbe portant l'aiguille aimantée est remplacé par un anneau gradué chargé d'un poids. Cet anneau tourne autour d'un axe qui passe par son centre et qui est fixé dans le fond de la boîte. Pour mesurer avec cet instrument un angle de hauteur, on tient le limbe verticalement, on dirige les pinnules sur le point à observer et on lit, en même temps, par réflexion, la graduation qui correspond à l'angle vertical du rayon visuel. En opérant de cette manière, on suppose évidemment que l'observateur voit la division initiale lorsque son rayon visuel est horizontal; et telle est, en effet, la condition de construction de l'instrument.

2° Le *clisimètre de Burnier.* Si dans la boussole de *Burnier* (N° 105), on substitue au limbe portant l'aiguille aimantée, un limbe chargé d'un poids, on aura le *clisimètre* du même inventeur. Pour opérer avec ce clisimètre, on le tient de manière que les bases du cylindre-limbe soient sensiblement verticales, on dirige les pinnules sur le point qu'on doit observer et on lit, en même temps, à travers la lentille oculaire, la graduation de l'angle vertical du rayon visuel.

Il est clair, d'après cela, que lorsque ce rayon est horizontal, la graduation initiale doit être vue par l'observateur.

3° Le *clisimètre réflecteur*. Pour rendre le niveau réflecteur (N° 184) susceptible de mesurer les angles verticaux, on a introduit dans le pendule une tige munie d'un poids. Cette tige est perpendiculaire au pendule; elle est divisée en parties égales qui correspondent aux tangentes des angles que le miroir forme avec la verticale. En modifiant son tirage, on fait varier la distance du poids au plan du miroir et, conséquemment, l'inclinaison de celui-ci.

Ces variations sont indiquées sur la tige par un index fixé au pendule.

Pour mesurer l'angle de pente d'une direction AB (fig. 220), on se place en A, on tient l'instrument devant l'œil O, on vise la mire B parallèlement au sol, et l'on modifie le tirage de la tige jusqu'à ce que l'image de l'œil se trouve dans la direction du rayon visuel. On lit alors sur la tige l'angle VMN que fait le miroir MN avec la verticale AV, lequel angle est égal à l'angle cherché ABH, puisque AV et MN sont perpendiculaires respectivement à BH et à BA.

On démontre comme suit que les tangentes des angles α que le miroir forme avec la verticale sont proportionnelles aux longueurs correspondantes de la tige (fig. 221).

Soient DL le pendule suspendu en D, P son poids, et G son centre de gravité. Soient n le chiffre que marque l'index, δ la grandeur de chacune des divisions de la tige TT' et P' le poids de cette tige et de sa masse concentré à leur centre de gravité G'. Puisqu'il s'agit de mouvement autour de l'axe D, il suffit pour l'équilibre que les moments de rotation des forces P et P' par rapport à cet axe soient égaux, ou que l'on ait

$$P \times DE = P' \times DF \quad (1)$$

Mais $DE = DG \sin \alpha$; $DF = SF - SD = RG' \cos \alpha - DR \sin \alpha$.

Substituant dans l'équation (1), il vient

$$P \times DG \sin \alpha = P' \times RG' \cos \alpha - P' \times DR \sin \alpha,$$

$$P \times DG \, tang \, \alpha = P' \times RG' - P' \times DR \, tang \, \alpha,$$

$$tang \, \alpha = \frac{P' \times RG'}{P \times DG + P' \times DR} = RG' \times \frac{P'}{P \times DG + P' \times DR}.$$

Or, $RG' = n\,\delta$ et, si on désigne la constante $\dfrac{P'}{P \times DG + P' \times DR}$ par c, on a

$$tang\ \alpha = c\,n\,\delta.$$

Pour une autre inclinaison α' du miroir, on aurait

$$tang\ \alpha' = c\,n'\,\delta.$$

Par conséquent :

$$tang\ \alpha : tang\ \alpha' = n : n'.$$

Dans la pratique, deux observations, dans lesquelles on connaît directement α et α', permettent de graduer la tige.

267. Remarque sur le nivellement a l'éclimètre. — Lorsque dans un terrain accidenté on exécute un nivellement par visées horizontales, c'est-à-dire au niveau, on est souvent forcé de viser à de petites distances, de faire plusieurs stations pour déterminer la différence de hauteur entre deux points très-rapprochés. On comprend, en effet, que l'horizontale du niveau placé entre les extrémités A et B d'une pente rapide, rencontre le sol ou passe au-dessus de la mire à une faible distance de l'instrument, et que, par conséquent, la différence de hauteur entre A et B ne pourra s'obtenir que par une suite de nivellements simples. Dans les mêmes circonstances, l'éclimètre établi en un des points donne l'angle vertical de l'axe optique dirigé sur l'autre, et permet ainsi, par une seule station, de calculer la différence d'élévation cherchée. Il est vrai que, pour arriver au résultat, on doit déterminer la distance horizontale K entre les points que l'on compare ; mais la perte de temps qu'entraîne ce mesurage est beaucoup moins grande que celle qu'occasionnent plusieurs stations avec le niveau ; elle est d'ailleurs presque nulle lorsqu'on travaille à la boussole-nivelante-stadia. On nivelle donc, en général, plus vite à l'éclimètre qu'au niveau.

Comparons maintenant les deux genres de nivellement sous le rapport de la précision des résultats.

Les cotes déterminées à l'éclimètre sont moins exactes que celles des nivellements par visées horizontales. La plupart des éclimètres qu'on emploie ne donnent, en effet, les angles qu'à une minute près ; quelques-uns donnent la demi-minute, mais il n'est guère permis d'espérer davantage. Or, l'erreur produite par la demi-minute dans la différence de niveau observée, croît avec l'inclinaison de la lunette et la distance horizontale K, et elle dépasse un centimètre dès que cette dernière distance égale 100 mètres.

Comme conséquence de ce qui précède, on peut conclure que le nivellement d'une contrée doit se faire en partie au niveau, en partie à l'éclimètre. On exécutera par visées horizontales le nivellement général, c'est-à-dire le nivellement des points principaux; et cette opération ayant fourni par planchette quelques cotes rigoureusement déterminées, chaque topographe nivellera son terrain à l'éclimètre, en prenant pour repères les points du nivellement général.

Les résultats fournis ainsi par l'éclimètre seront d'une exactitude suffisante, supérieure même parfois à celle qu'on obtiendrait avec le niveau. C'est qu'en effet, si le nivellement général peut être conduit suivant des directions qu'on a choisies de manière à éviter les inconvénients que présente l'usage du niveau, il n'en est pas de même du nivellement des planchettes qui, devant embrasser toutes les parties du terrain, comprend un grand nombre de lignes à pentes rapides ou embarrassées d'obstacles; et, dans ces conditions, le nivellement au niveau exigerait tant de stations, offrirait de si nombreuses chances d'erreur, que le nivellement à l'éclimètre lui est préférable sous tous les rapports.

208. Nivellement a la planchette photographique. — La planchette photographique peut être employée de deux manières à la détermination des différences de hauteur : comme niveau et comme éclimètre.

Première manière. — Si l'instrument (fig. 140 et 141) décrit d'un mouvement continu un tour d'horizon, autour de l'axe vertical III, la croisée de fils f et f' trace sur la plaque sensible une circonférence de cercle, qui rencontre l'image en des points dont les correspondants sur le terrain sont dans un même plan horizontal.

Ce plan est pris pour plan de comparaison.

Les points *vus* sont au-dessus ou au-dessous du plan de comparaison, suivant que leurs images sont extérieures ou intérieures à la circonférence. Leurs distances à ce plan sont positives dans le premier cas, et négatives dans le second.

Appelons D la distance d'un de ces points à l'instrument; H sa distance au plan de comparaison; h la distance de son image à la circonférence; d la distance focale (qu'on suppose constante).

Nous aurons

$$H = \frac{D}{d} \times h.$$

De même, pour un autre point nous obtenons

$$H' = \frac{D'}{d} \times h',$$

et la différence de niveau entre ces deux points est

$$H - H'.$$

Deuxième manière. — Lorsqu'on dispose la plaque sensible EF verticalement, tous les points *vus* compris dans le plan YZIII ont leurs images sur une droite IZ passant par le centre I et le point où l'axe optique rencontre EF; et l'angle de hauteur de ces points est égal à l'angle formé par IZ et l'horizontale menée par I dans le plan vertical EF.

CHAPITRE XXXIV.

Niveaux de pente.

209. La *pente totale* d'une ligne AB (fig. 222) est la différence de niveau BH entre ses extrémités, et sa *pente par mètre*, ou simplement sa *pente*, est le rapport $\frac{BH}{AH}$.

Les instruments au moyen desquels on détermine directement la pente par mètre se nomment *niveaux de pente*.

210. NIVEAU DE PENTE DE CHÉZY.— Le niveau de pente le plus connu est celui de Chézy [1]. Il se compose (fig. 223)

---

[1] Appelé aussi *niveau de l'ingénieur des ponts et chaussées.*

d'une règle RR' qui porte un niveau à bulle d'air et qui est reliée au trépied par un genou à vis calantes. Sur la règle s'élèvent, à angle droit, deux pinnules de hauteurs inégales. La plus grande est un cadre rectangulaire évidé dont les montants maintiennent, à coulisses, le châssis XF. Ce châssis peut marcher dans le sens vertical : on lui donne le mouvement prompt à l'aide du bouton C, et le mouvement doux en tournant la vis sans fin KK'. Il est percé d'un œilleton P, petit trou évasé en cône intérieurement. C'est au sommet de ce cône que l'observateur applique l'œil pour viser par la grande pinnule. A côté de l'oculaire P est une fenêtre sur laquelle sont tendus deux crins se coupant à angle droit, à la hauteur du point P. La seconde pinnule porte un châssis GH entièrement semblable à celui qui vient d'être décrit ; seulement, comme on ne le fait mouvoir que pour la rectification de l'instrument, il n'est susceptible que d'un déplacement très-restreint. On opère ce déplacement en agissant sur la vis à tête carrée V à l'aide d'une clef.

L'oculaire de chacune des pinnules correspond exactement à la croisée des fils de l'autre.

L'un des côtés du grand cadre porte une échelle de parties égales, et sur le châssis de ce cadre est tracé un vernier dont le zéro coïncide avec celui de l'échelle, lorsque les rayons QT, PU sont horizontaux.

Cette condition étant satisfaite, pour déterminer la pente de la direction qui va de A vers B (fig. 222), on met l'oculaire Q dans la verticale du point de station A, on cale le niveau, et on fait placer la mire en B, après avoir fixé la ligne de foi à une hauteur BM = AQ, hauteur de l'instrument. On glisse ensuite le châssis du grand rectangle, jusqu'à ce que le rayon visuel QT passe par le centre du voyant et on lit la graduation n marquée par le zéro du vernier sur l'échelle. Cette graduation n suffit à faire connaître la pente AB. En effet, si par l'oculaire Q on suppose menée l'horizontale QD, on aura, en appelant δ la grandeur d'une des divisions, DT = $n\delta$, hauteur de la croisée des fils au-dessus du zéro de l'échelle ; et, le rayon visuel QT ayant été dirigé parallèlement à AB, le triangle QDT sera semblable à ABH.

Donc, en désignant par l la distance QD, longueur de l'instrument, on aura :

$$\frac{n\delta}{l} = \frac{BH}{AH} = \text{pente de AB} = p.$$

Si $n = 1$, la pente est $\frac{\delta}{l}$, quantité constante qui est indiquée sur l'instrument. De sorte que la pente observée est toujours égale au produit de la constante $\frac{\delta}{l}$ par le chiffre n qu'on lit au zéro du vernier.

Afin de permettre de lire directement la pente, sans faire la multiplication de $\frac{\delta}{l}$ par n, l'inventeur construit l'échelle de la manière suivante :

Connaissant la longueur $l = 0^m,30$, il détermine la grandeur δ des divisions de manière que le rapport $\frac{\delta}{l} = 0,005$, relation de laquelle il tire $\delta = 0^m,0015$; et, pour former le vernier, il prend sur le châssis un espace égal à 4δ qu'il divise en 5 parties égales. Ce vernier donne par conséquent la hauteur du châssis à un cinquième de division de l'échelle près ; et comme chaque division lue pour une distance observée correspond à 5 millimètres de pente, il est évident qu'avec l'instrument ainsi gradué, on pourra mesurer les pentes à moins d'un millimètre.

Supposons qu'après avoir observé la pente AB, on trouve le zéro du vernier entre la 6ᵉ et la 7ᵉ division de l'échelle, son trait numéro 3 coïncidant avec une des divisions de cette échelle. On dira :

Pour les 6 divisions entières............$0^m,005 \times 6 = 30^{mm}$.
Pour la fraction donnée par le vernier.$0^m,001 \times 3 = 3^{mm}$.
Pente de AB $= 33^{mm}$.

Lorsqu'avec le niveau de pente de Chezy, on est en station au sommet B de la pente BA (fig. 224), on doit encore placer le petit châssis dans la verticale du point de station, mais on vise dans ce cas par le grand châssis qu'on élève jusqu'à ce que le rayon PU rencontre le centre du voyant placé à la hauteur UB de l'instrument.

211. Avant de se servir du niveau de pente, il faut le

vérifier, c'est-à-dire s'assurer que le rayon de visée est bien horizontal lorsque le vernier marque zéro.

A cet effet, on appelle la bulle entre ses repères, on place l'instrument à zéro et on fait arriver la ligne de foi d'une mire sous le rayon QT. Soit h la hauteur de mire. On retourne ensuite la règle bout pour bout et on rappelle la bulle au milieu du tube. Si le rayon PU aboutit alors au même point de mire qu'avant le retournement, ce rayon est horizontal et l'instrument est juste. Mais si ce même rayon aboutit à un autre point situé à une hauteur h', il faut l'amener sur la ligne de foi fixée à la hauteur $\frac{h+h'}{2}$, en faisant la correction moitié avec la vis V du petit châssis, moitié avec la vis K'K.

On répète l'expérience jusqu'à ce qu'il n'y ait plus de rectification à faire.

212. Nous avons expliqué comment, avec le niveau de Chezy, on obtient la pente d'une direction donnée.

Pour trouver une direction ayant une pente donnée et partant d'un point déterminé, on place l'instrument en station en ce point, le zéro du vernier coïncidant avec la graduation qui correspond à la pente indiquée. Puis, on cherche par tâtonnement un point tel qu'en y faisant poser la mire dont la hauteur est égale à celle de l'oculaire au-dessus du sol, la ligne de visée passe par le centre du voyant. Il est évident que la droite qui va du pied de la verticale de l'oculaire à celui de la mire satisfait à la question.

213. On peut aussi se proposer de calculer le remblai et le déblai à faire en différents points C, D... d'un alignement, pour former suivant cet alignement une rampe régulière AX ayant une pente donnée (fig. 225). On place pour cela l'instrument en station en A, le zéro du vernier sur la division qui marque la pente désignée ; on vise la mire tenue en C et on fait hausser le voyant jusqu'à ce que la ligne de foi soit coupée par le rayon visuel QT. Ce rayon visuel étant mené parallèlement à AX, il est visible que le remblai à faire en C est marqué par la hauteur de mire CM diminuée de la hauteur QA de l'instrument.

De même, si on fait arriver sous le rayon QT le voyant de

la mire placée en D, on trouve qu'en ce point on doit exécuter un déblai d'une profondeur égale à QA — DM'.

214. NIVEAU DE PENTE A PERPENDICULE. — En divisant en
m parties égales chacune des parties DF, EF (fig. 226) déterminées par la ligne de foi F sur la traverse DE d'un niveau
de maçon, formé d'un triangle rectangle isocèle, on transforme cet instrument en niveau de pente.

En effet, si on place les pieds de ce niveau sur une pente
ST et qu'on note le numéro *n* de la division qui est couverte
par le fil à plomb, on a VF $= n\delta$, en appelant δ la grandeur
d'une des divisions. Mais les triangles semblables VAF, HST
donnent

$$\frac{VF}{AF} = \frac{TH}{SH} = p, \text{ pente de ST.}$$

Or, le triangle DAE étant rectangle et isocèle, on a

$$AF = DF = m\delta,$$

et par suite

$$p = \frac{n\delta}{m\delta} = \frac{n}{m}.$$

Pour se servir de ce niveau de pente à perpendicule, on le
pose sur une règle établie suivant la direction qu'on veut
observer. Quelquefois, pour le rendre plus commode, on le
monte sur un pied au moyen d'un genou qui permet de
diriger la traverse parallèlement au sol.

CHAPITRE XXXV.

Description du relief du terrain par les sections horizontales.

215. Le moyen employé aujourd'hui pour décrire le
relief, consiste à dessiner les intersections avec le sol d'une
série de plans horizontaux équidistants (fig. 227).

Ces intersections, appelées *courbes de niveau* ou *sections
horizontales*, sont entièrement déterminées par cette seule
condition d'être en tous leurs points à une distance connue

de la surface de comparaison. La recherche de chacune d'elles se réduit donc : 1° à trouver sur le terrain une série de points A,B,C.... de même cote, 63 par exemple, et tels que les droites AB,BC,CD.... appartiennent sensiblement à la surface du sol ; et 2° à unir les projections (fig. 228) a,b,c... de ces points par un trait continu. La courbe que l'on obtient ainsi est la courbe 63 ; on la cote de distance en distance, pour indiquer la hauteur du plan horizontal qui lui a donné naissance.

Lorsque l'équidistance E entre les plans horizontaux est assez petite pour que la droite tracée d'une section à l'autre, dans le sens de la plus grande pente (ligne de plus grande pente), coïncide sensiblement avec le sol, les courbes décrivent le relief d'une manière complète et facilitent singulièrement la lecture de la carte. En effet, l'intervalle entre ces courbes est plus ou moins grand, suivant qu'elles décrivent une pente plus ou moins douce, et, en comparant cet intervalle à l'équidistance, on juge facilement de l'intensité de la pente en un point quelconque du terrain.

216. En appelant α l'angle de pente de la zone décrite par deux courbes consécutives, q et r, par exemple (fig. 227), et $\frac{1}{M}$ l'échelle du levé, on a pour la distance ε entre ces courbes sur la carte :

$$\varepsilon = \frac{E}{M} \, cotg\alpha,$$

quantité qui, pour une équidistance donnée, est d'autant plus petite que α et M sont plus grands. Pour $\alpha = 45°$, on a $\varepsilon = \frac{E}{M}$; donc deux courbes qui comprennent entre elles une zone inclinée à 45°, sont distantes d'une quantité égale à l'équidistance réduite à l'échelle, quantité qu'on appelle *équidistance graphique.*

Par conséquent, pour que le tracé des courbes soit possible, l'équidistance doit être subordonnée à la nature du terrain et à l'échelle adoptée. Elle varie encore avec les besoins du service en vue desquels le levé est exécuté. De sorte qu'il n'est guère possible d'en fixer la grandeur par une loi invariable. Tout ce qu'on peut dire, c'est qu'elle doit être la même pour les différentes parties d'une même carte, et qu'on la détermine en ayant égard aux considérations qui viennent d'être énoncées. Comme indication générale, nous dirons que la plupart des auteurs recommandent de prendre le demi-millimètre pour équidistance graphique $\frac{E}{M}$, parce que cette équidistance conduit à des résultats aussi exacts qu'on peut le désirer, et qu'elle permet de tracer les courbes avec la plus grande facilité, même celles qui décrivent les pentes de 45°, c'est-à-dire les pentes les plus rapides qu'on ait, en général, besoin de considérer.

217. La détermination des sections horizontales se fait ordinairement d'après l'une ou l'autre des deux méthodes suivantes.

218. Méthode régulière. — Elle comprend quatre opérations distinctes :

1° Levé et nivellement du canevas et de ses traverses.
2°   »   des lignes de profil.
3°   »   des bases des sections horizontales.
4°   »   des sections horizontales.

Nous avons déjà exposé la première de ces opérations; il nous reste à faire connaître les trois dernières.

Nous supposerons dans tout ce qui va suivre que l'équidistance $E = 1^m,00$, que les sections horizontales doivent être obtenues par une suite de points espacés de 15^m au plus, et que, pour déterminer et lever ces points, on emploie l'un quelconque des niveaux et des goniomètres que nous avons décrits.

Profils. — Les profils sont des traverses sur lesquelles on marque des points de cote ronde, c'est-à-dire des points dont la cote est un multiple exact de l'équidistance adoptée.

Ces traverses s'appuient sur des points A, B, C, D.. (fig. 229) du canevas, et sont dirigées, autant que possible, suivant les pentes du terrain. Dans les circonstances ordinaires, elles sont espacées de trois à quatre cents mètres.

Soient A et B, C et D les extrémités de deux profils voisins (la cote de chacun de ces points et sa position sur la carte sont connues); et cherchons à déterminer entre A et B les points de cote ronde.

On place le niveau en N, dans le voisinage de A, on donne le coup-arrière sur ce point et on note la hauteur de mire observée, 2ᵐ,05 par exemple. Le premier point de profil cherché étant 57, se trouve plus haut que le repère A de 57ᵐ,00 — 56ᵐ,33 ou de 0ᵐ,67. On fait donc cheminer l'aide sur le profil AB avec la mire haute de 2ᵐ,05 — 0ᵐ,67 = 1ᵐ,38, on l'arrête à l'instant où la ligne de niveau N passe par le centre du voyant et on marque le pied E de la mire par un piquet enfoncé à fleur du sol.

L'aide monte ensuite la pente avec la mire élevée à 1ᵐ,38 — 1ᵐ,00 = 0ᵐ,38, jusqu'à ce que l'observateur, apercevant la ligne de foi du voyant suivant l'horizontale du niveau N, lui fasse signe de s'arrêter. Le pied F de la mire se trouve alors au point 58 et on le marque par un piquet.

Le voyant ne pouvant plus être descendu d'une quantité égale à l'équidistance, on transporte le niveau à une nouvelle station N'. On donne le coup-arrière sur le point 58, et l'on détermine, comme on l'a fait en N, autant de points de cote ronde qu'il est possible.

On continue de la même manière jusqu'à l'extrémité B du profil et, comme vérification, on doit fermer sur ce dernier point (¹).

L'opération précédente étant répétée pour tous les profils, fera connaître une série de points E, F, G.... E', F', G'.... appartenant aux différentes sections horizontales. On rapporte ces points sur la carte, et on passe à la troisième partie de la méthode.

BASES DES SECTIONS. — On choisit sur deux profils voisins deux points de même cote, G et G', par exemple, et on les relie par une série de points espacés de 50 à 60 mètres et situés avec les deux premiers dans un même plan horizontal.

Ces nouveaux points sont déterminés par cheminement. Ainsi, l'observateur met le niveau en *n* à une trentaine de

(¹) La figure 230 montre comment on pourrait déterminer des points de profil au moyen du quadruple mètre et du niveau de maçon.

pas à droite de G, et il donne le coup-arrière sur ce point. Le porte-mire se transporte alors, sans changer la hauteur du voyant, à une trentaine de pas à droite de l'observateur, et celui-ci l'arrête lorsque l'horizontale du niveau coupe la ligne de foi. Le pied L de la mire a donc la même cote que le point G et il est marqué par un piquet enfoncé à fleur du sol.

Cela fait, l'observateur transporte le niveau en n', à une trentaine de pas du piquet L, et, prenant la tête de ce piquet pour repère, il détermine, comme il vient d'être dit, un nouveau point M de la base GG', et il continue l'opération, jusqu'à ce qu'il aille se fermer sur le point G' du second profil.

On fait le levé des points L,M,P..., et on obtient ainsi sur la carte une base de section.

On laisse entre deux bases consécutives, GG' et KK', l'intervalle nécessaire pour contenir un nombre de sections marqué par $\frac{1}{E} - 1$, en supposant que le voyant puisse être élevé à 4^m au-dessus du sol. On divise de cette manière le terrain en une suite de petites zones, dans chacune desquelles on va actuellement déterminer et lever les sections horizontales.

SECTIONS HORIZONTALES. — Soit (fig. 231) GKL'L une des zones dont il vient d'être question.

Afin de pouvoir déterminer d'une seule station les quatre sections 59, 60, 61 et 62, on met le niveau en un point S, tel que la ligne de visée passe au-dessus du point de base G à la plus grande hauteur que puisse marquer le voyant. La mire est donc placée en G, et on obtient une hauteur de $3^m,48$ par exemple.

L'aide, conservant cette hauteur au voyant, se porte à une quinzaine de mètres à droite de G ; là, il s'arrête et se retourne vers l'observateur, qui le fait monter ou descendre le long de la pente, jusqu'à ce que la ligne de foi se trouve dans le plan du niveau. Le pied de la mire marque alors un point n° 1 qui est à la cote 59 et qu'on signale au moyen d'un piquet.

On répète cette opération, et on détermine ainsi successivement de la station S divers points 1, 2, 3, 4 à la cote 59, jusqu'à ce qu'on se ferme en L.

La recherche des points de l'horizontale supérieure 60 se fait en baissant le voyant de 1^m. On porte la mire sur le point II et on agit pour cette section, et successivement pour toutes celles qui peuvent être soumises au plan du niveau établi en S, ainsi qu'on a procédé pour l'horizontale GL.

Lorsqu'on a terminé le rayonnement au point S, on choisit une autre station S' dans la zone voisine LML'M', où l'on opère comme on l'a fait au point S, et on continue ainsi dans toutes les zones déterminées par les bases et les profils, en ayant soin, afin d'éviter l'accumulation des erreurs, de fermer le rayonnement de chaque station sur un des points du petit canevas dans lequel on opère.

Les points des sections sont levés par intersections, dans chacune des zones auxquelles ils appartiennent, et, en unissant sur la carte par un trait continu tous les points de même cote, on obtient les différentes courbes de niveau.

210. Méthode irrégulière. — La méthode régulière donne des résultats très-exacts, mais elle est longue et pénible. Elle exige d'ailleurs, pour pouvoir être appliquée, un terrain découvert et accessible dans tous les sens.

Dans la topographie à petites échelles on suit une méthode qui est moins rigoureuse au point de vue de la théorie, mais qui conduit rapidement à des résultats graphiquement exacts.

Cette méthode est connue sous le nom de méthode irrégulière. Elle consiste : 1° à déterminer la position et la cote d'un grand nombre de points caractéristiques du relief, et 2° à déduire de ces points les points de passage des courbes.

La première partie, lever et niveler des points, nous est connue; nous indiquerons plus loin l'ordre dans lequel il convient de l'exécuter pour arriver aux meilleurs résultats, lorsque nous aurons fait connaître en quoi consiste la seconde partie de la méthode.

Soient (fig. 232) $a, b, c, d \ldots$ les projections sur la carte de plusieurs points du terrain ayant respectivement pour cotes 110,25 ; 114,70 ; 112,40 ; 111,85... ; et supposons que les sections horizontales doivent être à l'équidistance d'un mètre. Si les droites *ab,ac,ad,bc*... représentent des lignes appartenant à la surface du terrain, il est clair qu'entre les points *a* et *b* il passe quatre courbes : 111, 112, 113 et 114 ; que les courbes 111 et 112 passent seules entre *a* et *c ;* qu'entre *b* et *c* se trouvent les courbes 113 et 114 ; qu'entre *a* et *d* il n'y a que la courbe 111 ; que la courbe 112 passe seule entre *c* et *d*, et ainsi des autres lignes.

Voyons maintenant comment on trouve les points de passage des courbes sur l'une quelconque des lignes *ab,ac*... La question se réduit à trouver sur la droite considérée, *ab* par exemple, la projection des points du terrain dont la cote est un multiple exact de l'équidistance, et pour la résoudre on raisonne comme suit :

La pente AB (fig. 233) entre les points représentés par *a* et *b* étant supposée régulière, la distance horizontale AX du point 114 au point A est donnée par la proportion :

$$4,45 : 3,75 = AH : AX ; \text{ d'où } AX = AH \times \frac{3,75}{4,45}.$$

Or AH est connu : c'est la projection horizontale de la distance AB ; il suffit donc, pour avoir sur la carte la position *x* du point 114, de porter de *a* vers *b* la quantité $AH \times \frac{3,75}{4,45}$ réduite à l'échelle (fig. 232).

De même la distance horizontale AY du point 111 au point A se tire de la proportion (fig. 233).

$$4,45 : 0,75 = AH : AY \text{ qui donne } AY = AH \times \frac{0,75}{4,45}.$$

Et portant cette distance réduite à l'échelle de *a* vers *b* on obtient la projection *y* du point qui a pour cote 111,00 (fig. 232).

Partageant ensuite l'intervalle *xy* en autant de parties égales que l'équidistance est contenue de fois dans la différence 114 — 111, on aura tous les points où les sections traversent la droite *ab*.

Pour que les points *x,y*... soient bien les points de passage

des courbes, il faut évidemment, comme nous l'avons supposé, que la pente AB soit régulière. La proportion au moyen
de laquelle on trouve les points de cote ronde repose donc
sur l'hypothèse de l'uniformité des pentes, et il importe
d'avoir égard à cette considération lorsqu'on choisit sur le
terrain les points A, B, C... qui devront servir plus tard à
déterminer la direction des courbes.

Ceci étant établi, nous allons esquisser la marche à suivre
pour conduire à bonne fin la description du relief par la méthode irrégulière.

Dans le chapitre XXXVII, nous donnerons tous les détails
pratiques de cette méthode.

L'instrument que l'on emploie ordinairement est la boussole-nivelante-stadia (nº 202). Après avoir levé et nivelé les
points A, B, C... du canevas de la carte (fig. 234), on rattache
à ces points des *traverses de nivellement ab...mn...* qu'on
mène de préférence le long des thalwegs, et des sommets
desquelles on détermine, par rayonnement, d'autres points
1, 2, 3, 4... importants sous le rapport des formes du terrain.

Ces rayons, qu'on appelle aussi coups de côté, sont dirigés
autant que possible sur des points tels que la droite qui les
unit au pied de la boussole appartienne sensiblement à la
surface du terrain. Si pour quelque point on était obligé
de s'écarter de cette prescription, on donnerait sur la
carte au rayon correspondant un tracé particulier, pour le
distinguer des droites qu'on peut diviser en points de cote
ronde.

Le nombre de points à déterminer ainsi varie avec la
nature du terrain; il est généralement d'autant plus grand
que le sol est plus tourmenté.

Lorsque toutes les cotes sont calculées, on détermine sur
la minute, comme il a été expliqué ci-dessus, les points où
les sections doivent couper les côtés et les rayons des traverses de nivellement, et on réunit légèrement au crayon
par un trait continu ceux de ces points qui sont de niveau.
On se rend ensuite avec la carte sur le terrain, et l'on trace
définitivement les courbes en tenant compte, par des estimations à vue, des inflexions du sol que les opérations du
nivellement n'ont pas fait connaître.

220. Observations sur les courbes horizontales. — L'équidistance étant la même pour toute la carte, il peut arriver que, dans les parties les plus accidentées, le tracé des courbes devienne impossible; ou bien que quelques mouvements caractéristiques du sol se trouvant entre deux sections ne soient pas représentés.

Dans le premier cas, on arrête le tracé de quelques courbes, jusqu'à ce que la pente qu'elles décrivent devienne plus douce; et dans le second, on détermine des courbes intercalaires qu'on indique, pour les distinguer des courbes qui sont à l'équidistance adoptée, par un tracé ponctué.

La figure 227 suffit pour faire comprendre comment, étant données sur la carte les courbes de niveau, on construit au moyen de l'équidistance, le profil suivant une droite quelconque tracée à travers le dessin.

La description du relief par les sections horizontales est le moyen le plus sûr d'offrir aux yeux la comparaison de toutes les hauteurs. Ce procédé est celui qui permet de juger avec la plus grande certitude le mérite du système de pentes et de rampes d'un projet, la nature des positions, les facilités et les difficultés qu'offre à la marche d'une armée une direction donnée sur la carte.

CHAPITRE XXXVI.

Dessin du nivellement ou expression du relief.

221. Le relief, avons-nous dit, est représenté géométriquement par les sections horizontales. Lorsqu'on veut le faire ressortir, l'exprimer, on le dessine tel qu'il s'offrirait à nos regards si, placés à une très-grande hauteur, nous voyions le terrain réduit à sa projection horizontale.

Or, remarquons 1° que, vu de très-haut, le terrain apparaît comme une surface ondulée où l'on distingue les hauteurs des profondeurs par la diversité des teintes qui semblent les couvrir; et 2° que dans l'hypothèse de la lumière zénithale, hypothèse admise pour le dessin topographique, une surface plane est également éclairée en toutes ses parties et elle reçoit d'autant plus de lumière qu'elle est moins inclinée sur l'horizon. Il suffira donc, pour produire l'effet désiré, de conserver plus ou moins blanches les zones formées par les courbes de niveau en proportionnant la teinte à la pente que ces courbes décrivent.

Les procédés à employer pour produire ces nuances peuvent varier à l'infini; mais il est généralement admis aujourd'hui de le faire en traçant à l'encre, entre les courbes, des hachures dirigées suivant les lignes de plus grande pente, et pour le tracé desquelles on se conforme à certaines règles ayant pour but de rendre la carte aussi expressive que possible. Ces règles sont, à peu près partout, celles de l'école allemande, ou celles de l'école française. Nous allons donc indiquer les méthodes adoptées par ces deux écoles pour le dessin du nivellement; mais avant, nous devons faire remarquer, comme nous l'avons déjà fait à propos des sections horizontales, qu'on est convenu de ne pas considérer, dans l'expression du relief, les pentes plus roides que 45°. En effet, celles qui dépassent cette limite n'appartiennent pas aux formes primitives du terrain; elles sont toujours rocheuses et composées d'une multitude de plans, dont la description géométrique est impossible ou du moins très-difficile. Ces pentes sont, en conséquence, figurées par des signes conventionnels (Voir les figures 160 et 161 : talus, dunes, ravins, etc.).

222. École allemande. — Les règles formulées par le major saxon Lehmann, qui représente cette école, sont les suivantes :

1° Hypothèse de la lumière zénithale.

2° Sections horizontales dont on trace la projection au crayon quand on fait des hachures, et à l'encre quand on n'en fait point.

3° Hachures normales aux courbes de niveau, fines pour les pentes faibles et fortes pour les pentes rapides dont la limite est fixée à 45°.

L'écartement C *d'axe en axe* de ces hachures est le même

pour tout le dessin ; mais leur largeur H augmente en raison directe du nombre des degrés des angles de pente α. Cette largeur se détermine par la proportion :

$$H : C = α : 45 ;$$

d'où

$$H : C - H = α : 45 - α,$$

c'est-à-dire que la largeur de la hachure est à l'intervalle blanc comme l'angle de pente est à son complément à 45°.

4° La largeur de la hachure la plus fine est celle qui correspond à la pente de 5° : elle est donnée égale à $\frac{1}{9}$ de millimètre et il est facile d'en déduire, par la première des proportions ci-dessus, la largeur des hachures pour les pentes supérieures à 5 degrés.

5° Depuis 1 jusqu'à 5° les hachures ont $\frac{1}{9}$ millimètre de largeur; mais on diminue leur nombre de telle sorte que le même espace qui pour 5° est rempli par 5 hachures, le soit par 4 pour 4°, par 3 pour 3°, par 2 pour 2° et par 1 pour 1°.

223. On reproche à la méthode de Lehmann plusieurs défauts, parmi lesquels nous citons les suivants :

1° Il est très-difficile de calculer exactement, comme le voudraient les auteurs de la méthode, l'angle de pente au moyen de la largeur de la hachure et de l'intervalle constant C.

2° L'exécution des hachures est extrêmement pénible, et demande de la part du dessinateur une attention soutenue.

3° Dans les parties fortement accidentées, les hachures cachent entièrement les détails.

4° Le noir représentant les pentes de 45° apparaît comme une tache.

224. Le général prussien Müffling, considérant la topographie sous un point de vue spécialement militaire, a apporté à la méthode de Lehmann quelques modifications heureuses. Partant de ce principe, qu'une carte militaire doit faire juger, au premier aspect, du plus ou moins de difficulté qu'un pays offre à la marche des armées, il a admis, pour les différents terrains, la classification suivante :

1re *classe*. Terrains propres aux manœuvres, depuis 0° jusqu'à 15° d'inclinaison.

2° *classe*. Terrains sur lesquels ne peuvent manœuvrer que de petits détachements, de 16° à 30°.

3° *classe*. Terrains qu'on ne peut gravir qu'avec beaucoup de peine, de 31° à 45°.

Chacune de ces classes renferme trois subdivisions, de 5 en 5 degrés, de sorte qu'il y a neuf gradations de pente à différencier d'une manière bien prononcée. Pour atteindre ce but, Müffling a fait de sa hachure un véritable signe conventionnel : il en varie non-seulement la grosseur, mais encore la forme, et lui donne ainsi une signification déterminée (fig. 235).

Voulant éviter d'exprimer par une teinte noire la pente extrême de 45°, Müffling a aussi changé les rapports du blanc au noir fixés par Lehmann : dans son diapason, la largeur de la hachure est à l'intervalle blanc comme

1 : 9 pour 5°;   2 : 8 pour 10°;   3 : 7 pour 15°;
4 : 6   »   20°;   5 : 5   »   25°;   6 : 4   »   30°;
7 : 3   »   35°;   8 : 2   »   40°;   9 : 1   »   45°.

Les avantages de la méthode de Müffling sont faciles à saisir : un dessinateur qui n'a pas d'exercice peut représenter convenablement les pentes ; le dessin est d'une intelligence facile, et une erreur notable dans la lecture d'une carte est impossible.

225. École française. — Les principes de cette école, en ce qui concerne le relief, ont été arrêtés par la commission qui fut chargée, en 1828, par le gouvernement français, de fixer les bases d'un système régulier de topographie.

L'école française rejette toute considération de lumière soit oblique, soit verticale, c'est-à-dire qu'elle admet implicitement la lumière zénithale.

Les courbes de niveau tracées à l'encre sont considérées comme exprimant suffisamment le relief, dans les cartes dont les échelles sont supérieures à $\frac{1}{10,000}$. Lorsque l'échelle est égale ou inférieure à $\frac{1}{10,000}$, on se dispense de passer les courbes à l'encre ; mais on intercale entre elles des hachures normales destinées à modeler le relief.

La largeur de ces hachures est invariable et laissée au choix du dessinateur ; mais leur écartement varie de manière que l'intervalle blanc soit toujours égal au quart de la longueur de la hachure.

Cette règle se modifie lorsque la distance entre les courbes devient moindre que 2 millimètres. Alors on grossit la hachure, à mesure que les pentes deviennent plus rapides, en conservant toujours l'intervalle blanc égal au quart de la longueur de la hachure (fig. 236). Pour le tracé des hachures dont il vient d'être question, le dessinateur imite un diapason, sans s'assujettir à une règle fixe.

On conserve la trace des courbes qui ont servi de directrices aux hachures, soit en arrêtant les hachures à une faible distance des courbes, soit en ne les traçant pas dans le prolongement les unes des autres.

226. La méthode française présente, comme la méthode allemande, mais à un degré moindre, les inconvénients suivants :

1° D'être d'une exécution lente et difficile ;

2° De cacher sous les hachures presque tous les détails, lorsque le terrain est tourmenté.

Pour parer à ces inconvénients, le général Desprez a proposé un système très-rationnel, mais qui fut rejeté par la commission de 1828. D'après ce système, les sections horizontales doivent être passées à l'encre sur toutes les cartes, quelle que soit leur échelle, et les hachures normales remplacées par des hachures parallèles aux courbes, tracées en traits interrompus et d'autant plus rapprochées qu'elles se rapportent à des pentes plus rapides.

Les courbes à l'équidistance d'un mètre, tracées en traits fins ou en bistre (fig. 160 et 161) entre les sections principales de la carte de Belgique au 20000°, tout en contribuant à la description géométrique des formes du terr   produisent parfaitement, sous le rapport de l'expre   du relief, l'effet que le général Desprez voulait obtenir par ses hachures parallèles.

Voici une autre modification du système Desprez. Elle consiste à exprimer le relief au moyen de courbes plus ou moins *épaisses*, suivant l'inclinaison plus ou moins forte des pentes qu'elles décrivent. On obtient ainsi un relief qui parle très-bien aux yeux et l'on charge moins la carte que lorsqu'on trace des hachures, surtout si pour dessiner les courbes on emploie l'encre brune, qui donne des tons plus doux que l'encre de Chine sans nuire à l'expression du modelé.

———

Nous avons passé en revue les différentes opérations que comporte un levé topographique. Afin de bien faire comprendre comment on coordonne ces opérations, nous donnons dans le chapitre suivant, sous forme de programme, la marche à suivre pour lever et niveler un terrain à la boussole nivelante.

Ce programme entre dans tous les détails pratiques : c'est un guide pour les personnes qui, après avoir terminé un cours de topographie, sont chargées pour la première fois de faire un levé. Nous l'appelons, en conséquence, « programme d'un levé d'école ».

———

CHAPITRE XXXVII.

Programme d'un levé d'école à la boussole nivelante.

227. RECONNAISSANCE. — Avant de commencer les opérations, on parcourt le terrain à lever afin de reconnaître la direction qu'il convient de donner aux lignes du canevas (N° 12) et la position que doit occuper sur la carte le côté de départ AB (N° 67).

Canevas. Nous supposons que l'étendue du levé ne soit que d'une centaine d'hectares, et nous composons en conséquence le canevas de la manière suivante : 1° d'un polygone enveloppant le terrain (polygone de base) qu'on dirige suivant les routes et les sentiers et, au besoin, à travers champs ; 2° de traverses qui divisent le grand polygone en polygones plus petits reliés entre eux par des côtés communs; elles suivent ou contournent les détails caractéristiques : chemins, cours d'eau, marais, bois, îlots de maisons, etc.

Si l'étendue du levé surpassait notablement celle que nous avons supposée, on composerait le canevas de plusieurs polygones de base reliés par des sommets communs.

Choix des sommets. A l'échelle, les côtés ne doivent pas avoir plus de 6 centimètres (N° 86); de sorte que si, comme nous le supposons, on travaille au 5000°, la distance entre deux sommets consécutifs est au maximum de 300 mètres.

Les sommets doivent être des points utiles, des points qui facilitent les opérations subséquentes, telles que constructions de traverses, levé des détails, description du relief. De chacun d'eux on doit pouvoir observer les deux sommets voisins et, autant que possible, un des points de repère auxquels, comme vérification, on rapporte les opérations du canevas (N° 68). Le long des routes on les prend sur l'axe d'un des accotements.

228. VÉRIFICATION DE LA BOUSSOLE. — On fait deux visées réciproques parallèlement au sol (N°ˢ 196 et 203). Si la différence des azimuts n'est pas égale à deux droits, on recherche si l'erreur est due à une déviation locale (N° 94), ou à des défauts de construction ; dans le dernier cas on rejette l'instrument. Si la somme des distances zénithales diffère de deux droits de la quantité $2\,\varepsilon$, l'erreur de collimation est ε.

On répète cette double opération sur le côté de départ AB. A cet effet, de A on vise le point B qu'on a choisi pour second sommet du polygone de base, et de B on fait l'observation réciproque sur A, en visant chaque fois parallèlement au sol. L'azimut et l'angle vertical de AB sont inscrits dans le registre (voir page 206). Comme nous prenons les azimuts à partir de la méridienne magnétique, il faut, dans les boussoles à limbe mobile, placer le zéro sous l'index du rayon parallèle (N° 95). Les azimuts sont comptés du Nord vers l'Ouest (N° 78), et la boussole est graduée de gauche à droite (N° 82).

229. ÉTALONNAGE DE LA STADIA (N° 27...34). — La mirestadia qu'on emploie est à voyant fixe. On se sert des fils L et S du réticule (fig. 28).

On prend pour distance d'étalonnage une droite D' égale au moins à la moitié du plus grand côté qu'on aura à mesurer, lequel est de 300 mètres dans l'exemple qui nous occupe; la correction focale sera, par conséquent, graphiquement inappréciable (N° 29).

230. PRÉPARATION DE LA CARTE. — Coller sur une planchette ou sur un carton la feuille de papier destinée à recevoir la minute et construire au crayon un rectangle représentant à l'échelle la grandeur du levé (supposons 1000ᵐ sur 800). Tracer le côté de départ AB et y marquer le point A. — Tout point du canevas est marqué avec la pointe sèche du compas et entouré d'un petit cercle. — Au moyen de l'azimut observé pour le côté AB, construire la méridienne sur la carte (N° 79). Tracer à cette méridienne des parallèles et des perpendiculaires équidistantes et prolongées à travers le cadre jusqu'aux bords de la tablette; ce treillis, qui doit être construit avec le plus grand soin, est ensuite passé à l'encre rouge. Sur une des méridiennes, indiquer le Nord par une pointe de flèche dessinée au crayon. Enfin, construire sous le bord inférieur du cadre (le Nord est au haut de la carte), une échelle de transversales de 1ᵐ pour 5000.

231. LEVÉ DU POLYGONE DE BASE. — Les sommets seront désignés par des capitales penchées : $A, B, C \ldots Z, A', B', C' \ldots$ Nous distinguerons deux cas :

Premier cas. — Les distances sont mesurées à la chaîne. Afin de pouvoir vérifier les angles verticaux par les observations réciproques, on visera parallèlement au terrain. A cet effet on prendra la hauteur de l'instrument à chaque station. Cette hauteur se mesure ordinairement sur un jalon muni d'un voyant et divisé en millimètres à partir du pied.

Opérations en A :

1° Mettre la boussole en station en A et fixer le voyant du jalon à hauteur de l'instrument;

2° Établir le jalon au point B;

3° Diriger l'axe optique sur le voyant (N° 85) et inscrire dans le registre l'azimut et l'angle vertical (voir page 206).

4° Observer, s'il y a lieu, les points de repère et inscrire les azimuts correspondants. Désigner ces points par les lettres α, β, γ...

5° Repérer le point de station (N° 67, 5°);

6° Chaîner deux fois la distance AB horizontalement; si les deux résultats s'accordent suffisamment, inscrire leur moyenne arithmétique dans la colonne « distances réduites »;

7° Construire sur la carte le point B et les azimuts des repères. Les azimuts seront construits d'après la méthode des praticiens (N° 80).

Opérations en B :

1° La boussole étant en station en B, fixer le voyant à hauteur de l'instrument, et faire, comme vérification, la visée réciproque sur A;

2° Établir le porte-mire en C;

3° Viser le voyant et inscrire l'azimut et l'angle vertical;

4° Observer les points de repère (voir 4° de la station en A);

5° Repérer le point de station B;

6° Chaîner horizontalement la distance BC, comme il a été dit pour AB;

7° Construire sur la carte le point C et les azimuts des repères.

Les opérations se répètent dans le même ordre aux autres sommets du polygone. Dès que la vérification sur les repères est en défaut, on recommence les opérations à partir du dernier sommet où cette vérification se faisait.

La vérification par les azimuts réciproques doit réussir chaque fois, excepté dans le cas de déviations locales. Lorsqu'une déviation de cette nature est constatée en un sommet D, on construit l'angle D (N° 91) par la différence des azimuts lus pour ses côtés.

Tous les soirs on calcule les cotes des points déterminés dans la journée; on donne au point de départ A la cote 100

(N° 190). Les calculs se font dans un cahier et sont disposés comme suit (N° 201) :

De A sur B, angle vertical $= 101^G,25$
Correction de collimation $= -0,05$

$$Z = 101,20$$

Distance AB $= 123^m,50 \begin{cases} 100 \dots 1,89 \\ 20 \dots 0,377 \\ 3 \dots 0,0566 \\ 0,5 \dots 0,0094 \end{cases}$

$\overline{\hspace{2cm}}$
2,333 à retrancher de la cote de A.

$$\text{Cote A} = 100,000$$
$$\text{Cote B} = 97,667$$

De B sur C, angle vertical $= 100^G,48$
Correction de collimation $= -0,05$

$Z = 100,43$. Cet angle ne se trouve pas dans la table III. Comme il est $> 100^G$, on calcule pour $100^G,42$, angle immédiatement inférieur dans cette table, et on ajoute la différence pour 1 minute indiquée au bas des pages.

Distance BC $= 97^m,00 \begin{cases} 90 \dots 0,5940 \\ 0140 \\ 7 \dots 0,0462 \\ 11 \end{cases}$

$\overline{\hspace{2cm}}$
0,655 à retrancher de la cote B.

$$\text{Cote B} = 97,667$$
$$\text{Cote C} = 97,012$$

De C sur D, angle vertical $= 93^G,38$
Correction de collimation $= -0,05$

$Z = 93,33$. Cet angle ne se trouve pas dans la table. Comme il est $< 100^G$, on calcule avec $93,34$ angle immédiatement supérieur dans cette table et on ajoute la différence pour 1 minute.

$$\text{Distance CD}=136^{\text{m}},00 \begin{cases} 100,. & 10,5000 \\ & 0,0200 \\ 30.. & 3,1500 \\ & 0,0050 \\ 6.. & 0,6300 \\ & 0,0009 \end{cases}$$

14,3059 à ajouter à la cote C.

Cote C = 97,012

Cote D = 111,318

. . . .

Les opérations du levé sont réputées exactes lorsque le polygone ferme en longueur et en direction.

Lorsque le polygone de nivellement ne ferme pas rigoureusement et que l'erreur n'est pas assez considérable pour forcer à recommencer les opérations, on la répartit sur tous les sommets (N° 190) et l'on inscrit dans la colonne « cotes corrigées » les résultats ainsi obtenus.

Deuxième cas. — *Les côtés sont mesurés à la stadia.* Les lignes de visée ne sont plus parallèles au sol, puisque la hauteur du voyant fixe est plus grande que celle de l'instrument. Par conséquent, les observations réciproques ne vérifient pas les angles verticaux.

Désignons par C le coefficient fourni par l'expérience d'étalonnage (N° 229).

Opérations en A :

La boussole étant en station, diriger l'axe optique sur le centre du voyant supérieur de la mire tenue verticalement en B; faire arriver ensuite le voyant inférieur sous le fil supérieur S et prendre note de la hauteur de mire H.

Inscrire dans le registre l'azimut, l'angle vertical de l'axe optique, la distance lue $\Delta = \text{H} \times \text{C}$, la distance réduite $\text{K} = \Delta \cos^2 \alpha$, la hauteur I de l'instrument et la hauteur J du voyant supérieur de la mire.

Observer les points de repère. — Voir le 4° du 1ᵉʳ cas ci-dessus.

Repérer le point de station. — Voir   5°   idem.

Construire les observations. — Voir   7°   idem.

Les opérations en B, en C, en D... sont analogues à celles qui ont été faites en A. On commence toujours par la visée réciproque, afin de vérifier l'azimut de la station précédente; et si l'on constate une déviation locale, on opère comme il est prescrit au N° 91.

On calcule chaque soir les cotes des points déterminés dans la journée. — On ne perdra pas de vue qu'on doit tenir compte de la hauteur J du point de mire et de la hauteur I de l'instrument (N° 200). — Les calculs se font dans un cahier et on les dispose comme suit :

$$\text{De D sur E, angle vertical} = 103^g,45$$
$$\text{Correction de collimation} = -0,05$$
$$Z = \overline{103,40}$$

$$\text{Distance DE} = 98,40 \begin{cases} 90... & 4,811 \\ 8... & 0,428 \\ 0,4. & 0,021 \end{cases}$$
$$\overline{-5,260}$$

$$\left.\begin{array}{l} I = 1^m,20 \\ J = 3^m,00 \end{array}\right\} I - J = -1,800$$

$$\overline{-7,060}$$
$$\text{Cote D} = \overline{111,318}$$
$$\text{Cote E} = \overline{104,258}$$

$$\text{De E sur F, angle vertical} = 99^g,95$$
$$\text{Correction de collimation} = -0,05$$
$$Z = \overline{99,90}$$

$$\text{Distance EF} = 60,10 \begin{cases} 60... & 0,094 \\ 0,1. & 0,0016 \end{cases}$$
$$\overline{+0,096}$$

$$\left.\begin{array}{l} I = 1^m,25 \\ J = 3^m,00 \end{array}\right\} I - J = -1,750$$

$$\overline{-1,654}$$
$$\text{Cote E} = 104,258$$
$$\text{Cote F} = 102,604$$

$$\text{De F sur G, angle vertical} = 96^g,30$$
$$\text{Correction de collimation} = -0,05$$
$$Z = \overline{96,25}$$

$$\text{Distance } FG = 149,54 \begin{cases} 100..... & 5,8800 \\ & 0,02 \\ 40..... & 2,3530 \\ & 0,006 \\ 9..... & 0,5293 \\ & 0,0014 \\ 0,5... & 0,0294 \\ 0,04.. & 0,0024 \end{cases}$$

$$+ 8,822$$

$$\left. \begin{matrix} I = 1^m,30 \\ J = 3^m,00 \end{matrix} \right\} I - J = - 1,700$$

$$7,122$$

$$\text{Cote } F = 102,604$$

$$\text{Cote } G = 109,726$$

• •

Pour la fermeture du polygone de nivellement, on se conforme à ce qui a été prescrit plus haut.

232. Levé des traverses. — Les sommets sont désignés par des romaines penchées : $a, b...z, a', b'...$

Dans le registre en tête des inscriptions relatives à chaque traverse, on indique son numéro, son point de départ et son point de fermeture.

On ne perdra pas de vue : 1° que les sommets doivent réunir les conditions énumérées au N° 227 ; 2° que les traverses doivent avoir pour point de départ et pour point de fermeture des sommets appartenant au polygone de base ou à une traverse déjà établie.

On fait le levé et le nivellement des sommets des traverses par cheminement sans visées réciproques : les points de repère contrôlent seuls les opérations.

On détermine chaque jour la collimation par deux visées réciproques. — Se rappeler que, pour obtenir de cette manière l'erreur de collimation, on doit viser parallèlement au sol.

Pour l'inscription des angles, des distances, etc., et pour le repèrement des sommets, on observe les règles établies pour le polygone de base. Dès qu'une station est terminée, on construit les points qu'on y a déterminés.

Calcul des cotes. On calcule chaque soir les cotes des points qu'on a pris pendant la journée. Les calculs sont disposés dans un cahier de la manière indiquée pour le polygone de base.

On donne au point de départ de chaque traverse la cote corrigée fournie pour ce point par le nivellement du polygone de base ou d'une traverse précédente.

Toute traverse doit fermer en longueur, en direction et en hauteur; si l'erreur dans le nivellement est assez petite, on en fait la répartition comme il a été dit plus haut.

233. LEVÉ DES DÉTAILS. — Cette opération consiste à décrire les détails par la projection horizontale de leurs contours extérieurs (N° 133). Le soir, on ajoute à cette projection les signes conventionnels et les écritures (le tout au crayon).

On dessine les détails sur la carte sans tenir note de leurs dimensions. Les lignes de construction ne doivent pas être conservées.

Lorsque le mauvais temps ne permet pas de découvrir le dessin, on fait des croquis cotés qu'on transporte dès qu'on le peut sur la carte-minute.

Les détails sont rapportés aux lignes du canevas prises successivement.

Les grandes routes avec chaussée, accotements et fossés, les chemins de fer, et, en général, toutes les voies de communication se décrivent par des profils en travers perpendiculaires aux lignes polygonales; le sentier est indiqué par un trait plein; les talus sont figurés par la projection de leur largeur et couverts de hachures perpendiculaires à leur longueur, la force des hachures s'appuyant à l'arête supérieure; les arbres qui bordent les routes sont représentés par un petit cercle.

Pour lever le contour des maisons, des églises, des cimetières, des jardins, on abaisse des points principaux du contour des perpendiculaires sur les lignes polygonales qui côtoient ces détails, et on mesure à la chaîne les abscisses et les ordonnées ; ces perpendiculaires sont menées à vue. Lorsque les objets sont très-éloignés des lignes du canevas, on détermine leur position par intersection de deux sommets établis sur la carte.

Dans la représentation des rues, afin d'éviter l'accumulation des erreurs, on dessine d'abord le contour de tout un bloc de maisons, puis on subdivise ce bloc à vue, d'après les bâtiments qui le composent.

Les séparations de culture sont levées au pas et tracées en traits interrompus. Le nom de la culture est marqué dans chaque compartiment par sa lettre initiale.

Au fur et à mesure qu'on lève les détails, on a soin d'inscrire les noms des chemins, cours d'eau, fabriques, etc. ; le soir, on les écrit sur la carte conformément aux prescriptions contenues dans les N°ˢ 136 et 137.

234. SECTIONS HORIZONTALES. — Les formes du terrain seront décrites au moyen de sections horizontales à l'équidistance E. Nous supposerons ici que E = 1 mètre.

Esquisse de la méthode à employer. On détermine les courbes par la méthode irrégulière (N° 219), en procédant de la manière suivante :

Prenant pour repères les points du canevas, on relève par cheminement des traverses dont les côtés sont dirigés de préférence le long des thalwegs.

Des sommets de ces traverses, on donne des coups de côté sur d'autres points importants sous le rapport des formes du terrain : changements d'inclinaison du sol ; sommets des escarpements ; limites des pentes marquées par les talus, les fossés, etc. ; points de rebroussement des courbes..... Le choix de ces points a une grande influence sur la bonté du figuré du relief.

Des cotes fournies par le canevas et les traverses de nivellement on déduit les points de passage des courbes qu'on trace ensuite en s'aidant de l'inspection du terrain. Ces points de passage se nomment « points de cote ronde ».

Détails sur le levé des traverses de nivellement. Toutes les distances sont, de préférence, mesurées à la stadia.

On fait le levé par cheminement sans visées réciproques ;

la vérification des opérations se fait sur les points de repère α, β,... On détermine la collimation tous les jours par deux visées réciproques parallèles au sol.

Les sommets des traverses et les points obtenus par les coups de côté sont désignés par les chiffres 1, 2, 3...; à chaque nouvelle traverse, on recommence la série 1, 2, 3... On n'en fait pas le repèrement.

Dans le registre, en tête de chaque traverse on écrit son numéro, son point de départ et son point de fermeture.

Pour la fermeture des traverses, on observe ce qui a été prescrit pour la fermeture des traverses du canevas.

On inscrit, à mesure qu'on fait les observations, les angles, les distances, la hauteur de l'instrument, etc.

Dès qu'une station est terminée, on construit tous les points qu'on y a déterminés.

La proportion au moyen de laquelle on obtient les points de passage des courbes, repose sur l'hypothèse que la pente est uniforme entre les deux points que l'on considère. De là l'utilité de choisir pour côtés des directions qui appartiennent sensiblement, dans toute leur étendue, à la surface du terrain. On trace en traits interrompus les côtés des traverses de nivellement qui ne satisfont pas à cette condition, afin de les distinguer des lignes sur lesquelles on pourra plus tard marquer les points de cote ronde.

Calcul des cotes. On calcule chaque soir les cotes des points levés dans la journée (voir polygone de base). On donne au point de départ de chaque traverse de nivellement la cote corrigée fournie pour ce point par des opérations antérieures.

Lorsque les traverses sont calculées, on écrit au crayon sur la carte toutes les cotes qui figurent dans le registre, à côté et près des points qu'elles concernent.

Détermination des points de cote ronde. Les opérations relatives à cette détermination sont faites comme il est dit au N° 219.

Esquisse des sections. Tous les points de passage des courbes étant établis, on réunit légèrement ceux qui ont même cote par un trait continu au crayon.

Dernier travail sur le terrain. On se rend ensuite avec la minute du levé sur le terrain, et l'on trace définitivement les courbes, en tenant compte, par des estimations à vue, des inflexions du sol que le nivellement n'a pas suffisamment fait connaître.

235. PRÉCAUTIONS A PRENDRE LORSQU'ON CHANGE DE BOUS-SOLE. — Si, pendant le levé, on change de boussole, on doit :

1° *Vérifier la boussole dont on va se servir*, opération qui se fait de la manière indiquée au N° 228 ci-dessus.

2° *Régler la boussole dont on va se servir.* A cet effet, on la place en H d'une direction HG dont on a déterminé l'azimut α avec l'ancienne boussole ; on vise G et, tenant la lunette sur ce point, on tourne le limbe jusqu'à ce que la pointe bleue marque α. L'index couvre alors une certaine division ; si l'on a soin de le laisser sur cette division, on pourra construire avec les méridiennes de la carte les azimuts qu'on observera avec la nouvelle boussole (N° 95).

Lorsque celle-ci est à limbe fixe, pour la régler on la place au point H ; on détermine l'azimut α' de la direction HG et on trace sur la carte de nouvelles méridiennes faisant avec les anciennes un angle égal à $\alpha - \alpha'$, vers l'Ouest ou vers l'Est suivant que $\alpha - \alpha'$ est positif ou négatif. Les azimuts qu'on observera par la suite devront être construits avec ces méridiennes et leurs perpendiculaires (N° 94).

3° *Déterminer le coefficient de la lunette-stadia.* Pour cela on fait une expérience d'étalonnage en se conformant aux prescriptions des N° 27 et 29.

236. ACHÈVEMENT DE LA CARTE-MINUTE. — Les opérations sur le terrain étant terminées, on rétablit d'une manière nette le treillis formé par les méridiennes et leurs perpendiculaires.

On trace ensuite à l'encre noire le canevas de la planimétrie et du nivellement, et l'on écrit à l'encre rouge les cotes de niveau près des points auxquels elles se rapportent. Toutes les autres parties de la carte restent au crayon.

Le cadre a un trait fort et un trait fin ; il est interrompu dans les parties où le canevas le traverse.

La direction de l'aiguille aimantée est indiquée par une ligne ayant seulement une pointe de flèche. La direction du méridien vrai est marquée par une flèche complète ; au-dessus de la pointe on place la lettre N.

237. Mise au net. — Elle comprend quatre parties : copie au crayon, mise à l'encre, lavis, écritures.

1° *Copie au crayon.* Copier la minute par la méthode des carreaux. — On se servira des carreaux formés par les parallèles et les perpendiculaires à la méridienne.

Les lignes du canevas ne sont pas reproduites.

Tracer une échelle rectiligne sous le bord inférieur du cadre.

2° *Mise à l'encre.* Passer toute la carte à l'encre en traits fins : les maçonneries et les bords des routes en rouge ; les eaux en bleu ; les haies et les arbres en vert ; le reste en noir.

Tracer les hachures des encaissements, berges, talus, etc.

Figurer les détails en se conformant au tableau des signes conventionnels.

Nettoyer la carte à la mie de pain et laver à grande eau.

3° *Lavis.* Laver la carte en se conformant au tableau des teintes conventionnelles.

Refaire les lignes rouges, et donner les traits de force.

4° *Écritures.* Faire les écritures à l'intérieur du cadre.

Tracer le cadre à l'encre noire. — Un trait fort et un trait fin.

Construire les flèches d'orientation.

Dessiner les écritures extérieures.

REGISTRE DES OPÉRATIONS A LA BOUSSOLE NIVELANTE.

POINTS obser-vés.	ANGLES AZIMUTS	ANGLES verti-caux.	DISTANCES lues (1)	DISTANCES ré-duites à l'ho-rizon.	HAUTEURS (2) de l'in-stru-ment.	HAUTEURS (2) du point de mire.	DIFFÉRENCES de niveau +	DIFFÉRENCES de niveau −	COTES primi-tives.	COTES corri-gées.	OBSERVATIONS (3).
						POLYGONE AB... V'A					
»	G	G	»	m	»	»	»	»	100.000	100.000	
B	375.50	104.25	»	123.50	»	»	»	2.333	97.667	97.663	
α	83.00	»	»	»	»	»	»	»	»	»	
A	475.50	98.85	»	»	»	»	»	»	»	»	
C	166.48	100.48	»	97.00	»	»	»	0.655	97.012	97.004	
B	366.48	99.62	»	»	»	»	»	»	»	»	
D	385.50	93.28	»	136.00	»	»	14.706	»	111.348	111.306	
C	185.50	»	m	»	m	m	»	»	»	»	
E	40.00	103.45	98.69	98.40	1.20	3.00	»	7.060	104.258	104.242	Le coefficient de la stadia est 108.40.
α	250.00	»	»	»	»	»	»	»	»	»	
D	210.00	»	»	»	»	»	»	»	»	»	
F	48.20	99.95	60.44	60.40	1.25	3.00	»	1.654	102.604	102.584	
»	»	»	»	»	»	»	»	»	93.125	92.929	
A	200.50	98.05	280.00	279.72	1.28	3.00	7.075	»	100.200	100.000	50 sommets. Erreur + 0m,20 en hauteur.

1) Les distances chaînées suivant la pente, ou bien, lorsqu'on opère à la stadia, la hauteur de mire multipliée par le coefficient.
2) On ne remplit pas ces colonnes. 1° lorsqu'on vise parallèlement au sol ; 2° lorsqu'on ne cherche pas la cote du point observé.
3) Le repèrement des points de station (n° 67) s'inscrit dans cette colonne.

DEUXIÈME PARTIE

———

TOPOGRAPHIE DES RECONNAISSANCES.

TOPOGRAPHIE DES RECONNAISSANCES.

CHAPITRE XXXVIII.

Diastimètres, goniomètres et hypsomètres.

238. Le levé des reconnaissances repose sur les mêmes principes que les levés réguliers ; mais, comme on est obligé de l'exécuter avec rapidité et souvent en présence de l'ennemi, on est contraint d'employer des procédés plus ou moins rigoureux, suivant le but qu'on se propose et les facilités qu'on a de l'atteindre. Son exactitude est donc subordonnée aux instruments dont on est muni, aux courses qu'on est libre d'entreprendre et au temps qu'on peut y consacrer.

Il porte le nom de *levé à vue* ou *levé irrégulier*, et comprend, comme tout levé topographique, quatre opérations : 1° construction du canevas, 2° levé des détails, 3° description du relief, et 4° dessin de la planimétrie et du nivellement.

Pour exécuter ces opérations, on suit, en les modifiant d'après les circonstances dans lesquelles on se trouve, les règles qui ont été exposées dans la première partie de ce traité. Quant aux instruments qu'on y emploie, ils doivent être portatifs et d'une construction fort simple. Comme, en outre, ils sont tenus à la main pour les observations, lesquelles sont forcément très-rapides, ils ne peuvent, en général, donner de résultats satisfaisants que s'ils sont maniés par quelqu'un qui a l'habitude des levés exacts.

239. Nous examinerons successivement les principaux instruments et procédés employés dans la topographie des reconnaissances pour mesurer les distances, les angles et les différences de niveau ; puis nous ferons connaître, en esquissant les opérations d'un levé irrégulier, les modifications qu'on apporte généralement aux méthodes de la topographie régulière lorsqu'on est pressé par le temps.

DIASTIMÈTRES.

240. Pour mesurer une distance directement, c'est-à-dire en la parcourant, on se sert d'un cordeau métrique ou, au besoin, d'un cordeau ordinaire qu'on divise sur place au moyen du double décimètre.

Lorsqu'on ne peut pas employer ce procédé, on détermine a distance au pas. — On sait qu'avant de mesurer de cette manière, on doit étalonner son pas (N° 133). — On compte les pas 2 par 2 ou 4 par 4 jusqu'à 100 et on note les centaines.

Quelle que soit la manière de compter les pas, elle absorbe l'attention et nous empêche d'observer les objets qui se trouvent à droite et à gauche de la direction que nous mesurons. Pour éviter cet inconvénient, on se sert quelquefois d'une montre à secondes : on note en combien de secondes on a parcouru une distance ; et multipliant par ce nombre le nombre de mètres qu'on fait habituellement en une seconde, on aura la longueur cherchée. Il est clair que si l'on connaît le nombre de mètres que le cheval fait en une seconde aux différentes allures, on pourra évaluer les distances sans mettre pied à terre. Inutile de dire que la détermination des distances par le temps qu'on met à les parcourir est beaucoup plus inexacte que la mesure au pas.

Pour mesurer les distances sans les parcourir, on a proposé un grand nombre d'instruments connus sous le nom de *diastimètres indirects.*

Dans la première partie de ce traité, nous avons étudié les diastimètres indirects qu'on emploie en topographie régulière, savoir : la stadia, le chorismomètre et la stadia-chorismomètre. Nous y avons également fait voir qu'on peut mesurer les distances sans les parcourir avec l'un quelconque des instruments de la planimétrie, et que parmi ceux-ci il y en a plusieurs, les sextants et l'équerre à miroirs, qui donnent le résultat promptement et sans constructions graphiques.

Nous allons étudier maintenant quelques autres appareils et procédés propres à la mesure ou à l'appréciation des distances.

241. Tube à miroir de Fallon (fig. 237). — Cet instrument sert à élever ou à abaisser des perpendiculaires. Il a été proposé par le colonel autrichien Fallon.

Voici sa composition :

Une glace à moitié étamée et à moitié diaphane est fixée dans un tube ; elle fait 45° avec la droite qui joint son milieu C à l'œilleton O. Le tube porte sur le côté et à hauteur de la glace, une fenêtre F. Pour trouver avec cet appareil le pied de la perpendiculaire abaissée de B sur une direction OA, on chemine sur cette direction jusqu'à ce que, voyant le point A directement, on aperçoive B par réflexion : l'angle ACB est alors droit.

Le tube à miroir donnant l'angle droit, on peut l'employer à la mesure des distances en suivant la méthode exposée au N° 72 (3° solution) pour le sextant et au N° 127 pour l'équerre à miroirs.

242. Le stadiomètre Stubendorf permet d'appliquer très-rapidement cette méthode. Il consiste en deux prismes donnant chacun l'angle de 90°, d'un fil d'une longueur f et d'une règle d'une longueur totale l portant une mire mobile. Soit à observer la distance HC (fig. 152). Les extrémités du fil sont attachées aux poignées des prismes ; deux observateurs portant chacun un prisme et éloignés de toute la longueur du fil, se placent l'un en H, l'autre en P sur la perpendiculaire à HC. Ce dernier vise alors le point C et fait signe à l'observateur H de mouvoir la mire M le long de la règle fixée à son prisme dans la direction CH ; il arrête ce mouvement quand il voit C et M sous l'angle droit. La lecture de la division de la règle où se trouve alors la mire donne immédiatement la distance cherchée. En effet, on a :

$$HC = \frac{\overline{PH}^2}{MH} = PH \times \frac{PH}{MH} = f \times \frac{f}{MH}.$$

Or, le rapport *r* de *f* à *l* est connu; par conséquent, la distance IIC vaut 2*r*, 3*r*, 4*r*... fois la longueur *f* du fil, suivant que la mire se trouve au milieu, au tiers, au quart... de la règle à partir de II.

Le stadiomètre que nous venons de décrire est dû au colonel russe Stubendorf.

Remarque. — Lorsqu'on a un instrument donnant l'angle droit et qu'il est impossible d'appliquer la solution des N°' 72 et 127 que nous venons de rappeler, on la remplace par la suivante.

Soit à mesurer (fig. 238) la distance AII = *d*. On cherche deux points B et C d'où l'on voit AII sous l'angle de 90°, on mesure les distances BC = *a*, AC = *b* et AB = *c*, et on a, puisque *d* est un diamètre du cercle circonscrit à ABC :

$$d = \frac{a \times b \times c}{2 \text{ surface ABC}} = \frac{abc}{2\sqrt{p\,(p-a)\,(p-b)\,(p-c)}} \text{ , en désignant}$$

par *p* le demi-périmètre du triangle ABC.

243. STADIOMÈTRE DE BYLANDT. — Cet instrument, présenté par M. le comte de Bylandt, d'Arnhem, se compose de deux appareils. Le premier porte deux miroirs donnant l'angle droit; le second, qui constitue le stadiomètre proprement dit, est divisé en deux compartiments dans chacun desquels sont fixés deux miroirs : les miroirs du compartiment supérieur donnent l'angle de 87°, 8', 15″, ceux du compartiment inférieur l'angle de 5°, 42', 30″.

Pour mesurer la distance du point II au point C (fig. 152), on détermine en II l'angle droit EIIC; on chemine sur IIE jusqu'à ce qu'on trouve un point P tel qu'en y observant avec les miroirs supérieurs du stadiomètre, on voie l'image de C dans la direction de II : l'angle CPII = 87°, 8', 15″. On fait ensuite marcher un aide sur le prolongement de CII, et on l'arrête en M au moment où on l'aperçoit, par les miroirs inférieurs du stadiomètre, dans la direction de II : l'angle MPII = 5°, 42', 30″. Enfin, on mesure IIM et l'on a :

$$IIC = IIM \times 200.$$

En effet

$$HC = HP \, tang \, 87°,8',15'' = HP \times 20 \Big\}$$
$$HP = HM \, cotg \, 5°,42',30'' = HM \times 10 \Big\} \, HC = HM \times 200.$$

Pour que le mesurage se fasse rapidement, il faut trois personnes : la première détermine l'angle droit en H et tient l'extrémité d'un cordeau métrique que déroule la seconde, le jalonneur M ; la troisième fait les opérations en P.

Le stadiomètre que M. de Bylandt a construit pour être employé à l'appréciation des distances dans l'infanterie, consiste en une petite boîte prismatique d'environ 4 centimètres de hauteur sur 3 de largeur et de longueur, et dans laquelle se trouvent deux couples de miroirs donnant respectivement l'angle droit et l'angle de 87°, 8', 15''.

Pour mesurer avec cet instrument la distance d'une position à un but C (fig. 152), on vise, dans une direction à peu près perpendiculaire à cette distance, un signal E bien déterminé et le plus éloigné possible ; puis on se déplace quelque peu jusqu'à ce qu'on ait amené la coïncidence des objets E et C dans les miroirs à 45°. On marque le point H où l'on se trouve alors, et on cherche sur l'alignement EH le point D où la coïncidence des mêmes objets est obtenue dans les miroirs donnant l'angle de 87°, 8', 15''. Enfin, on mesure la base HD et on a :

$$HC = HD \times 20.$$

244. Tachymètre (fig. 239). — Cet instrument est dû au capitaine d'infanterie Delhaye, de l'armée belge.

Deux règles AO, A'O' portant des visières O et O' pivotent chacune autour d'un axe perpendiculaire à une troisième règle A'M'. Dans ce mouvement, AO peut glisser sur la face supérieure de A'O'.

Un miroir MM' perpendiculaire au plan de la règle A'M' est dirigé suivant la droite qui passe par les axes A et A'. Sous ce miroir et dans le prolongement de la face réfléchissante, se trouve une tige en acier P.

La distance AP=AO ; la distance A'P=A'O'.

Les divisions des règles AO, A'O' valent AA' ; elles sont partagées chacune en 10 parties égales.

Pour déterminer une distance PZ (fig. 240) : Tenir les règles horizontalement à vue, la tige au-dessus de P; viser par l'oculaire O et la tige du miroir un objet B dans la campagne, et ouvrir l'angle M'AO jusqu'à ce que Z soit vu par réflexion dans le prolongement de la tige. Les angles marqués α sont alors égaux (pour la démonstration, voir le sextant-rapporteur à un miroir, N° 59).

On mesure ensuite dans la direction PB une base PP'; et, sans changer l'angle α qu'on vient d'obtenir, on se place en P' comme on l'a fait au point P. Là, on vise le point B par l'oculaire O' et la tige, et on ouvre l'angle M'A'O' jusqu'à ce que l'image de Z soit au-dessus de cette tige. Les angles α' sont alors égaux, et il est facile de voir que le triangle ACA' de l'instrument est semblable au triangle PZP' du terrain. De sorte que l'on a

$$PZ : AC = PP' : AA'$$

D'où

$$PZ = PP' \times \frac{AC}{AA'}$$

Mais AC étant égal à un certain nombre n de fois AA', nombre qu'on lit à l'intersection des règles AO et A'O', il vient

$$PZ = PP' \times \frac{n.\,AA'}{AA'} = PP' \times n.$$

La distance observée est donc égale à la base multipliée par le chiffre qu'on lit à l'intersection des deux règles après la seconde station.

Remarquons que le tachymètre donne à la fois la longueur des directions et l'angle qu'elles font avec la base; de sorte qu'avec ce seul instrument on peut rapporter toute la planimétrie sur le papier.

245. DIASTIMÈTRE DE SALNEUVE (fig. 241). — Cet instrument a été proposé par M. Salneuve, professeur à l'École polytechnique de Paris; il se compose d'une règle AC divisée en millimètres; à l'une de ses extrémités A est placée une lunette dont l'axe optique lui est perpendiculaire. En face de la lunette est fixée une glace A qui est à demi étamée et dont le plan perpendiculaire à la règle, fait avec l'axe de celle-ci un angle de 45°. Un second miroir M, entièrement étamé, est maintenu perpendiculairement sur la règle au moyen d'un appareil qui permet de changer l'angle β qu'il forme avec l'axe AC et de le faire glisser parallèlement à lui-même.

Pour déterminer une distance AB, on tient la règle horizontalement, le miroir fixe au-dessus de A, la lunette dirigée sur le point B; et on fait glisser le miroir M jusqu'à ce que l'on aperçoive B par double réflexion dans la direction de l'objet B vu directement. On a alors

$$AB = AC \, tang\alpha.$$

D'où l'on voit que l'angle α, supplément de 2 β, étant déterminé une fois pour toutes, les distances observées comme nous venons de le dire s'obtiendront en multipliant l'intervalle entre les deux miroirs par le coefficient constant *tang α*. Ce coefficient s'obtient par une expérience d'étalonnage. Supposons qu'on veuille que les longueurs observées égalent mille fois la distance entre les miroirs, auquel cas le coefficient constant *tang α* = 1000. On mesure exactement une distance AB de 500^m par exemple, et on place le miroir M à $\frac{500^m}{1000}$ = 0^m,50 du miroir fixe. Puis, tenant l'instrument horizontalement, de A on vise directement B et on tourne le miroir M autour de son axe perpendiculaire à la règle, jusqu'à ce que l'image de B soit vue dans la direction de cet objet même. L'instrument sera alors réglé pour le coefficient 1000, puisque le mécanisme qui fait glisser le miroir M, ne change pas l'angle α obtenu par l'expérience d'étalonnage.

246. INSTRUMENT DE MARTINS (fig. 242). — Dans une lunette est placée une glace M faisant 45° avec l'axe optique et présentant une partie diaphane et une partie étamée; la ligne de séparation de ces deux parties est à hauteur de l'axe optique. La lunette est portée par un pied creux qui lui est perpendiculaire et dans lequel se trouve un miroir M' mobile autour d'un axe perpendiculaire au plan OMM'. Le pied est percé d'une fenêtre dont le milieu est dans ce même plan OMM'. L'angle décrit par le miroir M' est indiqué sur un limbe L.

Si l'on vise le point A et que l'on tourne le miroir jusqu'à ce que l'on voie ce point par double réflexion, on aura

$$MA = MM' \, cotg \, MAM';$$

or, l'angle MAM' est double de l'angle décrit par le miroir M', et ce dernier angle est mesuré sur un limbe L ; la distance AM est donc connue.

247. Télégoniomètre de Rieffel (fig. 243). — Deux perches de 2 mètres de longueur sont réunies en A par une charnière. Elles portent des marques C et C' au milieu de leur longueur et D et D' à des distances AD=AD'=$\sqrt{2}$=1^m,414. Une chaînette servant d'indicateur a aussi pour longueur $\sqrt{2}$. L'angle en A est droit, lorsque la chaînette tendue a ses extrémités en C et C' ; il est de 45° lorsque ces extrémités sont en B et D' ou en B' et D.

La règle AB' est divisée de la manière qui sera indiquée par la théorie de l'instrument.

Soit à mesurer une longueur MN (fig. 244). En M, avec l'instrument lui-même, on fait un angle droit NMA. Sur le côté MA on mesure une base MA=b ; puis, plaçant les perches sur le sol en A, on dirige l'une d'elles sur M et l'autre sur N ; enfin on fixe l'une des extrémités de la chaînette en D et on lit la division E où aboutit l'autre. On a alors

$$MN = b \, tang \, A.$$

Mais de ce que la chaînette DE=DA, l'angle DEA=A et EDA=180-2A.

Donc

$$AE : AD = sin \, 2A : sin \, A = 2 \, sin \, A \, cos \, A : sin \, A;$$

d'où

$$AE = 2AD cos A \quad \text{et} \quad cos A = \frac{AE}{2AD}.$$

Appelons K le nombre par lequel il faut multiplier la base pour avoir la distance cherchée.

$$K = tang \, A = \frac{sin A}{cos A} = \frac{\sqrt{1 - cos^2 A}}{cos A}; \text{ d'où } cos A = \frac{1}{\sqrt{1 + K^2}},$$

et, par suite

$$AE = \frac{2AD}{\sqrt{1+K^2}}.$$

Si donc de A vers B' on porte les longueurs qu'on calcule en faisant dans cette dernière équation le coefficient K successivement égal à 1, 2, 3, 4..., et qu'on inscrive aux extrémités de ces distances respectivement les nombres 1, 2, 3, 4..., toute distance, observée comme nous l'avons prescrit, s'obtiendra en multipliant la base par le nombre qu'on lit sur la règle AB', au bout de la chaînette attachée en D.

Si l'angle DAE = 45°, la distance inconnue est égale à la base; et comme alors l'extrémité mobile de la chaînette arrive en B', il est évident qu'on doit prendre pour base une longueur plus petite que la distance à mesurer.

248. LE SEXTANT MULTITPLICAEUR du major Hanoteau de l'artillerie belge, est un sextant ordinaire approprié à la mesure rapide des distances en campagne.

Avant de donner la description de cet instrument, nous allons expliquer le problème qu'il est appelé à résoudre. Ce problème est le suivant :

Étant donné (fig. 246) un objet inaccessible, trouver l'angle sous lequel on voit d'un point O, pris sur cet objet, une base AB de grandeur et de direction connues et déduire de cet angle la distance AO, en fonction de la base AB.

Un opérateur armé du sextant se place (voir les problèmes au goniomètre) au pied A de la perpendiculaire menée de O sur la direction AB signalée par deux jalons C et D. Cela fait, il se porte à l'extrémité B; de la base et de ce point il vise O directement et le jalon C par réflexion : l'angle marqué sur le limbe représente l'amplitude de l'angle ABO ou plutôt celle de l'angle AOB, son complément, car, disons-le tout de suite, le zéro de l'instrument correspond à l'angle droit. Au moment où l'opérateur quitte le point A, deux chaîneurs pourvus d'un cordeau métrique de 20 mètres mesurent la base AB ([1]).

([1]) Si l'on manque de personnel, l'opérateur mesure lui-même cette base au pas.

Si l'objet O est mobile, deux opérateurs, munis chacun d'un sextant, se placent, l'un au pied de la perpendiculaire menée de O sur la base, l'autre en B. Le premier suit l'objet O en le maintenant couvert par l'image du jalon C, et il s'arrête en un point A, à l'instant où son coopérateur B lui fait signe que l'angle AOB est observé.

Que l'objet soit fixe ou mobile, l'instrument donne donc la valeur de l'angle O sous lequel on aperçoit de cet objet une base AB de grandeur déterminée, et la distance OA pourra se calculer par la formule : $OA = AB \, cotg \, O$.

Or, si l'on cherche les diverses amplitudes de l'angle O pour lesquelles la distance OA est égale 1° à 5,6,7... 19 fois une base AB de 100 mètres et 2° à ces multiples de la base augmentés de $\frac{AB}{10}$, de $\frac{2AB}{10}$, de... $\frac{9AB}{10}$, on arrive au tableau ci-dessous, où les angles, exprimés en décigrades, correspondent de 10 en 10 mètres à toutes les distances comprises entre 500 et 1990 mètres. Ce tableau est complété par un appendice qui donne également les angles O pour les multiples de la base de 20 à 30 ; mais pour ceux-ci sans intercalation de dixièmes, que l'on a simplement remplacés par les différences progressives des angles.

Le tableau et son appendice sont frappés sur la charpente de l'instrument.

TABLEAU.

MULTI-PLES de la base 100.	ANGLES O en déci-grades.	ANGLES O EXPRIMÉS EN DÉCIGRADES POUR UNE MAJORATION DE LA BASE DE 1 A 9 DIXIÈMES.								
		1	2	3	4	5	6	7	8	9
5	125,6	123,2	120,9	118,7	116,6	114,5	112,6	110,6	108,7	106,9
6	105,4	103,4	101,8	100,2	98,6	97,4	95,7	94,6	92,9	91,6
7	90,3	89,0	87,4	86,6	85,4	84,3	83,2	82,2	81,2	80,2
8	79,2	78,2	77,2	76,2	75,3	74,4	73,6	72,8	72,0	71,2
9	70,4	69,6	68,8	68,0	67,3	66,6	65,9	65,2	64,5	63,9
10	63,4	62,8	62,2	61,6	61,0	60,4	59,8	59,2	58,7	58,2
11	57,7	57,2	56,7	56,2	55,7	55,2	54,7	54,2	53,8	53,4
12	52,9	52,4	52,0	51,6	51,2	50,8	50,3	49,9	49,5	49,2
13	48,9	48,5	48,1	47,8	47,4	47,1	46,7	46,4	46,0	45,7
14	45,4	45,1	44,8	44,4	44,1	43,8	43,5	43,2	42,9	42,6
15	42,4	42,1	41,8	41,5	41,2	41,0	40,7	40,5	40,2	40,0
16	39,7	39,5	39,3	39,0	38,8	38,5	38,3	38,0	37,8	37,6
17	37,4	37,1	36,9	36,7	36,5	36,3	36,1	35,9	35,7	35,5
18	35,3	35,1	34,9	34,7	34,5	34,3	34,1	33,9	33,7	33,6
19	33,5	33,3	33,1	32,9	32,7	32,6	32,4	32,2	32,1	32,0

APPENDICE.

DIFFÉRENCES	45	14	12	11	11	10	9	9	8	7	5
ANGLES en déci-grades.	34,8	30,3	28,9	27,7	26,6	25,5	24,5	23,6	22,7	21,9	21,2
MULTIPLES de la base.	20	21	22	23	24	25	26	27	28	29	30

L'usage de la table est facile à comprendre. Soit l'angle O égal à $44^{décie.}$, 5; la distance OA est alors égale à 15 fois la base $100^m + \frac{3}{10}$ de cette base, c'est-à-dire égale à 1530^m. Soit encore l'angle $0 = 67^{décie.}$,3; pour cet angle la distance $OA = 9$ fois la base $100^m + \frac{4}{10}$ de cette base $= 940^m$.

Un simple coup d'œil jeté sur la table fait voir que l'erreur que l'on commet dans la distance en déterminant les angles O à une minute près, est insignifiante au point de vue de la pratique.

Passons maintenant à la description de l'instrument.

Le sextant ordinaire exigerait, pour mesurer les angles à une minute près, de trop grandes dimensions pour rester pratique.

Le sextant-multiplicateur n'a pas ce défaut. Sous de très-petites dimensions qui en font un véritable instrument de poche, il amplifie à volonté l'angle à mesurer, et en donne la valeur à moins d'une minute près.

L'oculaire O, les deux miroirs mn et $m'n'$ (fig. 247) et l'alidade BE, assemblés sur une plaque de cuivre bien dressée, constituent l'ensemble du sextant ordinaire, tandis que l'alidade GH qui se meut en regard du limbe RS, sur le revers de la plaque, en forme l'appendice propre à la multiplication de l'angle, grâce à l'agencement particulier des deux alidades.

L'alidade BE est terminée par une tête cylindrique rEr d'un rayon égal à BE et qui s'appuie contre l'axe EF de l'alidade GH, de façon à rouler sur cet axe, dès que l'alidade GH est mise en mouvement. Pour établir ce mouvement de roulement d'une manière invariable, la tige de l'alidade BE est formée de deux ressorts en acier jointifs $ss, s's'$ (fig. 248) qui maintiennent cette alidade, lorsqu'elle est libre, légèrement plus longue qu'ajustée sur l'instrument. On la met en place, après l'avoir raccourcie à l'aide d'un coin que l'on introduit entre les ressorts. Dès qu'elle est ajustée sur la charpente du sextant, on ôte ce coin; les ressorts se rapprochent, l'alidade s'allonge et sa tête rEr est pressée d'une manière constante et uniforme contre l'axe EF.

Le moindre mouvement donné à l'alidade GH se communique à l'autre et les espaces parcourus sur les surfaces cylindriques de l'axe EF et de la tête rEr sont égaux. Les espaces angulaires parcourus par les deux alidades sont dans le rapport inverse des rayons GE et BE, soit de 1 à 13,333..., les rayons GE et BE mesurant respectivement 6 et 80 millimètres. Notons encore que pour ce rapport, de GE à BE, dix grades sur le limbe RS mesurent un sixième de circonférence. Or, ce limbe ayant un rayon de 80^{mm}, le sixième de la circonférence équivaut à 83^{mm},7758. C'est là une longueur d'arc suffisante pour que, divisée en 100 parties égales, représentant des dixièmes de grade, o.i puisse facilement en estimer les dixièmes ou minutes à l'aide du vernier que porte l'alidade GH.

Avant de se servir de l'instrument, on doit s'assurer si l'alidade indique zéro lorsque l'angle observé est droit. Cette prescription n'est cependant pas rigoureuse, en ce sens que pour trouver AO (fig. 246) on peut opérer indifféremment dans le triangle ABO, qu'il soit rectangle en A ou seulement rectangle à deux grades près, sans commettre d'erreur sensible, comme il est facile de s'en convaincre par le calcul de l'angle O dans deux triangles de l'espèce. Il suffit donc que l'instrument soit réglé dans les limites de cet écart, pour que l'on puisse s'en servir.

Lorsque les objets dont on veut mesurer les distances sont trop éloignés pour les distinguer à la simple vue, on arme l'instrument d'une lunette, qui tient lieu et place d'oculaire.

Dans le sextant-multiplicateur actuellement en usage, le dispositif est différent de celui qui vient d'être décrit.

Les deux miroirs M et N (fig. 249) se trouvent dans un tube devant une lunette terrestre LL et à hauteur d'une fenêtre FF'. Le miroir M est mis en mouvement au moyen d'une vis qui le fait tourner de 5 demi-grades par chaque révolution. La tête V de cette vis porte un vernier qui arase un limbe divisé en 50 parties égales et fixé contre la face antérieure DD du tube. Ce vernier donne les fractions de tours de vis. Une alidade H attachée au miroir M indique sur un limbe placé contre le bord de la fenêtre FF' le nombre de tours de vis; quand elle marque zéro, l'angle des

miroirs est de 45°. La figure 250 représente la face antérieure DD de l'instrument.

249. TÉLOMÈTRE A PRISMES. — Cet appareil a été inventé
par le commandant du génie Goulier, de l'armée française.
Il se compose (fig. 251) de deux instruments A et B réunis
par une chaînette; la longueur de cette chaînette est égale
à la base qu'on veut donner au triangle rectangle qui a la
distance inconnue pour hauteur.

L'instrument A comporte une plaque métallique V servant de voyant; la face opposée à l'observateur O est peinte
en blanc et porte, en son milieu, une ligne de foi verticale
formée par une raie large d'un centimètre. Au centre se
trouve une fenêtre F' correspondante à la ligne de foi et à
travers laquelle on vise par le tube viseur O. Contre la partie
postérieure du voyant, un cube métallique contient un prisme
de verre qui sert à réfléchir deux fois les rayons lumineux
émanés, par la fenêtre F, de la droite de l'observateur, et à
les renvoyer par le tube viseur à l'œilleton O. Une poignée
P, que l'on tient à deux mains, une bobine T avec manivelle
contenant un fil métallique *f*, que l'on peut arrêter à l'aide
du verrou G, complètent l'instrument. Ce verrou, fixé à la
bobine, peut être engagé à volonté dans une navette placée
au milieu du fil et réduire ainsi de moitié la distance des
instruments A et B. Cette distance est de 40 mètres lorsque
tout le fil est déroulé. Les bases de 20 et de 40 mètres sont
celles dont on se sert avec le télomètre.

En A de la figure 252 se trouve représentée la section du
prisme réflecteur dont nous venons de parler. C'est un
pentagone dont l'angle en *t* est droit et dont les faces étamées
pq et *rs* donnent par leur prolongement un angle de 45°.
Tout rayon lumineux qui, entré par la fenêtre F, frappe la
face *tr*, se réfléchit donc deux fois et sort du prisme dans
une direction perpendiculaire à sa direction d'entrée. On
donne en conséquence à ce prisme le nom de *prisme-
équerre.*

L'instrument B (fig. 251) comprend également une poignée P, un voyant V avec fenêtre et un *prisme-équerre.* La
fenêtre F du cube qui porte ce prisme est située à la gauche
de l'observateur qui regarde par l'œilleton O' du tube viseur.

Entre le prisme et le voyant, et sur la route des rayons lumineux qui viennent des objets qu'on regarde directement par le viseur, se trouve un *prisme réfracteur*. Ce prisme réfracteur est représenté en B de la figure 252. Il se compose de deux lentilles : l'une, *le*, plano-concave ; l'autre, LE, plano-convexe et formant une longue bande d'un centimètre taillée dans une grande lentille. Ces deux lentilles ont leurs surfaces planes parallèles ; la première est fixe ; la seconde peut être déplacée latéralement au moyen du bouton *m* dans une coulisse horizontale IIII (fig. 254). Tant qu'elles conservent les positions relatives *le* et L'E' (fig. 252), pour lesquelles les faces courbes sont parallèles, elles ne dévient pas les rayons lumineux qui les traversent, et l'œil voit les objets par l'oculaire O' à travers les deux lentilles comme s'il les voyait à travers un verre à faces planes. Mais pour une autre position LE de la lentille mobile, les éléments *i* et *k* des surfaces courbes des lentilles traversées par les rayons lumineux ne sont plus parallèles ; ils forment un angle MPN et, par suite, le rayon qui traverse LE en *i* traverse réellement un prisme dont l'angle PML augmente avec le déplacement que l'on fait subir à la lentille convexe. La lentille LE joue donc dans le système le rôle d'un prisme réfracteur dont l'angle est variable. Or, cet angle étant toujours très-petit, ses variations sont sensiblement proportionnelles aux déviations que subissent les rayons, et celles-ci sont proportionnelles aux déplacements de la lentille LE. De là il résulte, par réciproque, que la grandeur de ces déplacements donnera la valeur de l'angle de déviation.

Le bord de la coulisse IIII porte une échelle dont la construction sera indiquée par la théorie ; les positions de la lentille convexe sont marquées par un index qu'entraîne le châssis de cette lentille.

Pour déterminer une distance AC (fig. 252), un opérateur, appelé A et portant l'instrument de ce nom, se place de manière à recevoir par la fenêtre F l'image de l'objet C qu'il a à sa droite. Un second opérateur, appelé B parce qu'il porte l'instrument de ce nom, s'éloigne de A dans la direction à peu près perpendiculaire à AC, il s'arrête à la distance réglée par la longueur de la chaînette et tourne son voyant vers A qui le place exactement sur la perpendiculaire à la direction AC. Il tourne ensuite son instrument de manière à voir C par double réflexion, et après avoir déplacé la lentille convexe jusqu'à ce qu'il aperçoive, à travers le prisme réfracteur, la ligne de foi du voyant A couverte par l'image de C, il lit la distance AC sur l'échelle II au point où s'arrête l'index de cette lentille.

L'échelle est en conséquence graduée de la manière suivante :

Dans l'opération qu'on vient de faire, la déviation $\alpha = C$, et l'on a

$$tang\,\alpha = tang\,C = \frac{AB}{AC}.$$

Mais, en appelant f la distance focale de la lentille convexe et d la quantité dont elle a été déplacée, il vient

$$tang\,\alpha = \frac{d}{f} = \frac{AB}{AC} \quad \text{et} \quad d = f \times \frac{AB}{AC}.$$

La longueur f étant constante, on peut par cette formule calculer les valeurs de d qui correspondent à diverses distances AC pour une base connue AB; et si l'on porte ces valeurs sur le bord de la coulisse IIII, à partir du point où se trouve l'index lorsque la déviation est nulle, on aura tracé l'échelle de l'instrument.

250. TÉLÉMÈTRE DE POCHE (fig. 253 et 254). — Cet instrument est dû au capitaine Gautier de l'artillerie française.

Il se compose d'un prisme P de très-petit angle, de deux miroirs mn, $m'n'$ et d'une lunette L engagés dans un tube de 12 à 15 centimètres de longueur. Une ouverture est pratiquée dans le tube en face des miroirs.

L'un des miroirs peut tourner autour d'un axe perpendiculaire à son support; on lui donne ce mouvement, lequel est de 4° au plus, en agissant sur un bouton molleté placé extérieurement, et une petite fenêtre permet de voir de combien on l'a éloigné de sa *position moyenne*. Il occupe cette position lorsque le zéro d'une plaque graduée tournant avec lui se trouve en face d'un repère tracé sur le bord de la fenêtre.

D'un lieu de stationnement A, l'œil O peut voir dans la même direction un objet M par réfraction à travers le prisme et un objet C par double réflexion dans les miroirs. Si le miroir mobile est à sa position moyenne, l'angle MAC est droit; dans le cas contraire, la différence entre MAC et un angle droit est de 8 degrés au maximum, puisque l'angle des miroirs ne peut pas être modifié de plus de 4 degrés.

Le prisme P enchâssé dans un anneau a un mouvement de rotation autour de l'axe du tube; dans sa *position initiale*, position qu'il occupe lorsque l'anneau est tourné jusqu'au refus, son arête est perpendiculaire à l'intersection des miroirs. Le rayon MP qui le traverse alors se réfracte suivant PO, et paraît émaner d'une image M′ située à droite de M. Si l'on fait ensuite tourner l'anneau, l'image se déplace sur une circonférence de cercle dont M est le centre, circonférence qui, dans la figure 254, est figurée rabattue sur le plan horizontal. L'image vient occuper successivement les points M″, M‴.... de plus en plus vers la gauche. Du mouvement tournant du prisme résulte donc un déplacement latéral de l'image par rapport à une direction fixe. Dans le télémètre Gautier, l'angle du prisme est choisi tel qu'une demi-révolution de l'anneau ne déplace l'image que de 3°; de sorte que les mouvements du prisme sont en moyenne 60 fois plus grands que ceux de l'image, et que, par suite, les plus petits angles dont on fait dévier le rayon lumineux sont accusés par une rotation relativement grande de l'anneau. Celui-ci est gradué suivant les sinus inverses de ces angles. Une flèche servant d'index est tracée sur le tube en regard de cette graduation; elle coïncide avec la division ∞, lorsque le prisme occupe sa position initiale.

Voyons maintenant la manière de se servir de ce télémètre.

Soit AC (fig. 255) une distance à mesurer. L'observateur placé en A, après avoir mis la division ∞ contre l'index et le miroir mobile à sa position moyenne, tient l'instrument de manière à voir le but C par réflexion. Parmi les objets qui sont alors dans le champ de la lunette, il en remarque un, M, bien visible, bien déterminé et, autant que possible, très-éloigné de lui. — Cet objet est appelé le *signal naturel.* — Ayant amené les images de M et de C à hauteur de la tranche supérieure du miroir *mn*, il tourne, s'il est nécessaire, le bouton molleté jusqu'à ce que la coïncidence de ces images soit parfaite. L'angle MAC est alors droit ou à peu près droit, suivant que le miroir mobile est ou n'est pas à sa position moyenne.

L'observateur se transporte ensuite en A' sur le prolongement de MA, sans déranger l'anneau ni les miroirs, et il s'y place de manière à voir C par double réflexion ; comme il n'aperçoit plus alors l'image de C dans la direction de M, puisque cette image ne peut coïncider en ce moment qu'avec celle d'un objet H tel que HA'C = MAC, il tourne l'anneau jusqu'à ce qu'il ait ramené la coïncidence des images de M et de C. Or, dans ce mouvement tournant il fait décrire au rayon réfracté l'angle γ, lequel est égal à α et a pour sinus inverse la graduation d qu'accuse l'index sur l'anneau ; donc, puisque l'angle CA'A est peu différent de 90° et que la résolution des triangles presque rectangles conduit sensiblement aux mêmes résultats numériques que s'ils étaient absolument rectangles, on a :

$$AC = \frac{AA'}{\sin \alpha} = AA' \times \frac{1}{\sin \alpha} = AA' \times \frac{1}{\sin \gamma} = AA' \times d.$$

· *Remarque* I. — On opère en général plus rapidement lorsque l'on procède de la manière suivante :

Pour mesurer une distance x, l'observateur, après avoir mis la division ∞ en regard de l'index et le miroir mobile à sa position moyenne, vise, dans une direction à peu près perpendiculaire à cette distance, un signal naturel M (fig. 255); en se déplaçant quelque peu et, au besoin, en agissant sur le bouton molleté, il amène l'image de C en coïncidence avec celle de M. Il marque le point A où il se trouve alors et se transporte en A' sur l'alignement de MA; là il rétablit la coïncidence des images, en procédant comme il a été prescrit ci-dessus pour la station faite en A'. Cela étant effectué, il lit la division que marque l'index sur l'anneau, et il a très-approximativement :

$$x = AA' \times d.$$

Remarque II. Au lieu d'employer une base de longueur fixée avant la seconde station, on peut, après avoir fait l'opération en A (fig. 255), placer l'index à une division quelconque de l'anneau, 100 par exemple, et chercher ensuite sur le prolongement de MA un point A' où la coïncidence du but et du signal naturel est rétablie. La distance observée est alors égale à 100 fois la base AA'.

251 ([1]). GUIDON MOBILE. — Ce procédé a été indiqué en 1862 par le lieutenant de Tilly, de l'artillerie belge.

Deux contrôleurs (fig. 256), sont fixés par des courroies, l'un près des tourillons, l'autre près de la volée de la pièce. Leurs dimensions sont telles qu'une règle AB, ajustée sur ces contrôleurs, soit exactement parallèle à l'axe de la bouche à feu. Un guidon à arête vive, perpendiculaire au plan de tir, se meut à frottement sur la règle, depuis la position *ep*. La ligne *ef*, parallèle à l'axe, rencontre la hausse HIF en un point de repère G, déterminé une fois pour toutes.

Soit *l*, la distance connue G*e*; la longueur *pq* est divisée en millimètres, le zéro étant en *p*, extrémité antérieure de la course du guidon mobile. La hauteur du guidon doit être telle que la ligne H*e*, correspondante à la plus grande valeur de GH, passe au-dessus de la volée.

Représentons GH par δ, l'angle *e*H*f* par α, la longueur variable *ef* des deux positions du guidon par x. On a :

$$tang\,\alpha = \frac{\delta}{l\left(1 + \frac{l}{x}\right)}$$

en négligeant δ^2 au dénominateur.

Pour une même valeur de δ, à chaque x correspondra un angle α. Or, la ligne H*e* étant dirigée sur le pied du but et le guidon étant glissé jusqu'à ce que H*f* passe par le haut du but, la distance D vaudra M *cotg*α (M est la hauteur de l'objet en vue).

La distance étant trouvée, on pointera la pièce d'après les règles de tir propres à son calibre.

L'angle α variant nécessairement avec la distance et la

([1]) Ce numéro est extrait de l'ouvrage : *Probabilités du tir et appréciation des distances à la guerre*, par le capitaine d'état-major Adan, professeur à l'École militaire de Bruxelles.

hauteur du but, on peut fixer d'avance le plus grand angle
que l'on aura à mesurer, en faisant :

$$tang\ \alpha_0 = \frac{M_0}{D_0}$$

et mettant pour M_0 la plus grande hauteur, et pour D_0 la
plus faible distance. On a alors, K étant la plus grande
valeur que peut prendre x,

$$\delta = l(\text{K} + l)\frac{tang\,\alpha}{\text{K}}.$$

Une table à simple entrée donnera la valeur de $tang\ \alpha$
pour l'x auquel on se sera arrêté, et la hauteur du but fera
connaître la distance. Mais si l'on admet un but de hauteur
constante, à chaque x correspondra une seule distance, qui
peut alors être marquée sur la règle elle-même.

Deuxième procédé de Tilly (1862). — Il a pour objet de
donner la distance quelles que soient les dimensions du
but à battre.

Sur chacune des deux pièces employées à cette opération,
est une règle de la longueur de la bouche à feu, avec un
guidon cylindrique mobile, muni d'une petite tige perpendiculaire au plan de la règle. La hausse dont la base est
plus longue que celle de la hausse ordinaire, porte deux
pointes placées sur une direction rigoureusement perpendiculaire au plan vertical de tir.

Les pièces sont amenées à peu près à égale distance du
but et sont espacées de 18 à 22 mètres (fig. 257). Pour la
pièce de gauche, la hausse est glissée à gauche de dix centimètres; à la pièce de droite, cette déviation est faite vers
la droite. Les deux guidons étant poussés jusqu'aux volées,
on pointe les deux pièces sur le but. Les lignes de mire
prendront les directions HG et H'G', tandis que les traces
des plans de tir seront, sur les pièces, GA et G'A'. Les
triangles AGH et A'G'H' sont entièrement connus, car
AH = A'H' = 0^m,10, AG = A'G' = distance de la hausse au
guidon, et les angles A et A' sont de 90°.

On ramène les guidons mobiles dans les directions des
pointes des pieds des hausses, et l'on obtient les longueurs
A'p et Ap'. AA' est mesuré au cordeau métrique.

Par le quadrilatère inscriptible AA'pp', on trouve aisément :

$$A'p = p'A' \, tang \, x = tang \, x \sqrt{\overline{p'A}^2 + \overline{AA'}^2 + 2p'A.AA' \, sin \, x}$$

et de même pour l'angle y. Les sinus des angles x et y sont donnés par des équations du troisième degré. La droite AA' est prolongée jusqu'en m et n, les portions Am, A'n se calculent par les triangles AHm, A'H'n dans lesquels A'H = A'H' = 0^m,10 ; les angles en A et en A' sont y et x ; ceux en H et H' sont déjà connus. Enfin l'angle B appartient au pentagone BGAA'G' dont les quatre autres angles sont connus. On a alors :

$$D = \frac{mn}{2 \, sin \frac{B}{2}}$$

car D calculé en supposant le triangle Bmn isocèle, sera toujours compris entre Bn et Bm.

Les hausses sont ensuite remises en place et les pièces sont pointées sous l'angle déduit de la distance.

252. Télémètre Nolan. — Cet instrument comporte deux appareils graphométriques transportés chacun dans le coffret d'essieu de l'une des pièces extrêmes de la batterie, un ruban de fil enroulé sur une bobine et un cylindre-calculateur.

Pour obtenir la distance x d'un point B à la batterie AM (fig. 121), on dispose les appareils sur les pièces extrêmes A et M, on détermine les angles BAM $= \alpha$ et BMA $= \alpha'$ et on mesure l'intervalle AM. La distance cherchée étant sensiblement égale au diamètre du cercle circonscrit au triangle BAM et la valeur de ce diamètre étant $\frac{AM}{sin \, ABM}$, on a approximativement :

$$x = \frac{AM}{sin \, ABM} = \frac{AM}{sin \, (\alpha + \alpha')}.$$

Cette formule s'obtient promptement au moyen du cylindre-calculateur, instrument analogue aux règles à calculer.

253. Chorismomètre de campagne. — C'est une lunette dont le réticule est garni de plusieurs couples de fils ou d'une plaque micrométrique (N° 37). Par une expérience d'étalonnage on détermine les coefficients C,C',C''... répondant chacun à deux des fils du réticule (N° 27).

Soit à trouver la distance d'un point A à un but B dont on connaît la hauteur II. On se place en A, on vise B et on cherche les fils entre lesquels on intercepte II ; si ces fils ont pour coefficient C" la distance AB est II × C".

Soit maintenant à déterminer avec le chorismomètre la distance d'un point A à une position B occupée par des troupes. De A on vise sur la position B un homme de taille moyenne. Les différentes hauteurs marquées sur cet homme par son équipement étant connues (fig. 258), peuvent être considérées comme les divisions d'une mire. On choisit les fils du réticule entre lesquels on 'ercepte une ou plusieurs de ces divisions, et l'on obtien*l* distance AB en multipliant la hauteur de mire par le coefficient qui correspond aux fils dont on s'est servi.

De ce qui précède on peut conclure qu'une lunette ayant un réticule disposé comme il vient d'être dit, constitue un excellent diastimètre de campagne. Cette lunette portée en bandoulière n'est pas un embarras, son prix n'est pas élevé et elle est peu sujette à se déranger. Il existe plusieurs lunettes de campagne de cette espèce, entre autres la lunette militaire de *Romershausen*, celle de *Rospini*, celle de *Retz*, etc.

M. *Porro*, officier piémontais, a raccourci la lunette pour la rendre moins embarrassante. A cet effet, au tiers de la distance focale, qui est de 0^m,35 environ, il place sur la route des rayons réfractés par l'objectif un prisme de flint-glass B (fig. 260) ayant pour section un triangle rectangle isocèle. La face hypoténuse est perpendiculaire à l'axe optique et tournée vers l'objectif.

Les rayons ayant pénétré dans le prisme sont réfléchis sur les faces du dièdre droit et sortent, parallèlement à leur direction d'entrée, pour former une image en avant. Un deuxième prisme C de même section que le premier et placé à hauteur de l'objectif, les arrête et renvoie l'image vers un réticule contigu au prisme B et composé comme l'indique la figure 259. Les coefficients pour les fils 1—3, 2—3, 4—5 sont respectivement 100, 200, 500.

Pour que l'image reste droite après sa sortie du deuxième prisme, les arêtes de celui-ci doivent être perpendiculaires à celles du premier, les faces hypoténuses étant parallèles et opposées (fig. 261).

Sur l'enveloppe de la lunette est collée une vignette représentant un fantassin et un cavalier, et indiquant les dimensions en hauteur de différentes parties du corps caractérisées par l'équipement (fig. 258).

L'instrument porte le nom de *télémètre Porro* ou *longue-vue cornet*.

254. LA LUNETTE NAPOLÉON III présente, comme le télémètre Porro, une combinaison de prismes destinée à plier par la réflexion l'axe optique en plusieurs parties (fig. 262).

Elle a la forme d'un parallélipipède à angles arrondis, long, dans le sens du rayon visuel, de 36 millimètres, monté sur un manche ou poignée; un petit pignon molleté sur lequel on appuie le pouce permet de mettre au foyer sans tirage.

A l'intérieur, il n'y a ni objectif ni oculaire proprement dit, mais seulement un système de trois prismes en flint-glass et en crown-glass, à surfaces alternativement planes et convexes, disposés comme l'indique la figure 263, et qui suffisent à produire à la fois l'achromatisme, le grossissement et le redressement de l'image.

255. STADIA DE L'OFFICIER. — On prend une règle d'une vingtaine de centimètres de longueur; on se place à 100^m d'un homme de taille moyenne, on tend le bras en avant en tenant la règle verticalement, on vise simultanément la tête et les pieds de l'homme et on marque la hauteur de la règle interceptée par les rayons visuels. On répète ensuite l'expérience à 200^m, à 300^m, etc., en ayant soin de tenir toujours la règle à la même distance de l'œil, et on se construit ainsi une échelle propre à l'évaluation des distances, une véritable stadia-chorismomètre.

On peut arriver au même résultat en marquant les hauteurs fournies par les expériences dont il vient d'être question, sur un triangle découpé dans une feuille de carton ou dans une planchette (fig. 264).

256. STADIA VAN HECKE. — La stadia du lieutenant d'infanterie Van Hecke, de l'armée belge (fig. 265), se compose d'un verre concave (les verres de lunettes n°s 20 et 30 conviennent très-bien) coupé par son milieu, et dont l'une des parties peut glisser le long de l'autre.

Lorsque les deux parties du verre sont placées comme avant leur séparation, l'image d'un objet quelconque se perçoit comme si le verre n'était pas coupé, mais aussitôt qu'on fait glisser l'une des parties b le long de l'autre a, l'image de l'objet dans les deux verres paraîtra ne plus se trouver au même point de l'horizon. Si, par exemple, le verre b de droite se meut de haut en bas, l'image de la ligne de foi d'une mire sera plus élevée à gauche qu'à droite, de la section AB des verres. En continuant à abaisser la partie b, il arrivera un moment où l'on verra la ligne de foi plus élevée dans la partie a de toute la hauteur de la mire, c'est-à-dire que la ligne de foi dans le verre de droite correspondra au pied de la mire vue dans le verre de gauche.

La quantité dont on doit faire glisser les deux verres a et b l'un sur l'autre, pour que les images de la ligne de foi d'une mire, placée à la distance D, interceptent juste la hauteur de cette mire, augmente ou diminue suivant que D augmente ou diminue, car, selon qu'un objet est plus ou moins rapproché, son image se forme plus grande ou plus petite. Donc, une échelle EF, placée le long du verre mobile et indiquant la quantité dont il faut déplacer les deux verres pour intercepter un objet, de grandeur connue H, entre les images d'un même point de cet objet, peut servir à évaluer la distance à laquelle on se trouve d'un objet ayant cette hauteur H.

Des expériences directes fournissent les graduations de cette échelle.

257. ÉVALUATION A VUE DES DISTANCES. — Pour apprendre à estimer les distances à vue, il faut faire beaucoup d'exercices en ayant soin d'opérer par des temps et en des lieux différents et à toute heure de la journée ; on apprend ainsi à tenir compte de l'illusion produite par la nature, la position et l'éclairement des objets visés et par l'état de l'atmosphère. Après chaque observation, on cherchera à connaître dans quel sens on doit modifier ses estimations suivant que le but considéré est plus haut ou plus bas que le point de station ; qu'il est d'une couleur sombre ou d'une couleur vive ; qu'il est séparé de l'observateur par une plaine, un terrain ondulé, un lac ou une rivière ; qu'il se projette sur le ciel, sur un mur ou sur une masse de terre...

258. VITESSE DU SON. — On a tiré des expériences faites sur la vitesse du son, un procédé pour évaluer approximativement les distances. Il a été reconnu que le son, dans un temps calme, parcourt environ 334 mètres par seconde, que le vent n'influe sensiblement sur la vitesse du son qu'autant qu'il a la même direction que celui-ci ; enfin on a évalué à 10 mètres l'altération de la vitesse occasionnée par un vent ordinaire, et à 30^m celle provenant d'un vent orageux. Or, la détonation des armes à feu étant accompagnée d'une lumière instantanée, si on compte le nombre T de secondes écoulées entre l'apparition de la lumière et l'audition du son, on pourra évaluer la distance D qui sépare la station de l'arme à feu, au moyen de la formule

$$D = T\,(334 \pm V)$$

dans laquelle V représente l'influence du vent.

Au moyen du télémètre du major Le Boulengé, de l'artillerie belge, on obtient D sans calcul et sans avoir à déterminer le temps T. Cet instrument se compose d'un tube de verre rempli de liquide et fermé hermétiquement. Le liquide sert à ralentir la chute d'un indicateur métallique. La distance s'évalue par l'espace parcouru par cet indicateur dans le tube. Le long de celui-ci se trouve une échelle graduée en distances. Pour évaluer la distance à laquelle on est placé d'une arme à feu : Tenir le tube horizontalement, l'indicateur à zéro ; le redresser verticalement dès qu'on voit la fumée du tir ; le replacer horizontalement lorsqu'on entend la détonation, et lire la distance au point où se trouve l'indicateur.

Les graduations de l'échelle ont été déterminées par des expériences sur des distances connues.

GONIOMÈTRES.

259. On peut lever les angles :

1° Au moyen des goniomètres portatifs décrits dans la topographie régulière ;

2° Au moyen d'un cordeau d'une vingtaine de mètres muni de petits piquets en son milieu et à ses extrémités.

On plante le piquet du milieu au sommet de l'angle, les deux autres sur les côtés ; on mesure la distance qui sépare ces derniers, et l'on construit l'angle sur le papier de la manière indiquée au N° 22 ;

3° On peut se faire une idée assez juste d'un angle, en le comparant à l'angle droit, au demi ou au quart de l'angle droit. On se donne le demi et le quart de droit en pliant convenablement une feuille de papier ;

4° Pour rattacher des points à une base, on se sert très-avantageusement de l'équerre à miroirs. Si l'on n'a pas d'équerre, on fait l'opération au moyen d'une fausse équerre ; ou bien l'on se sert d'un triangle de cordes dont les côtés aient respectivement 3, 4 et 5 unités de longueur : ce triangle est évidemment rectangle ;

5° Au moyen du rapporteur transformé en graphomètre : le diamètre 0—180 et une réglette pivotant autour du centre servent d'alidade fixe et d'alidade mobile. Des épingles placées aux extrémités de ces alidades servent à diriger les rayons visuels ;

6° Avec la planchette ordinaire modifiée en raison des conditions dans lesquelles on se trouve : une tablette fixée au bout d'un bâton ferré ; pour alidade, un double décimètre portant perpendiculairement deux pointes fines.

Le topographe qui a un peu d'expérience fait avec ce simple instrument des levés avec une promptitude remarquable et une exactitude des plus satisfaisantes. C'est qu'en effet la mise en station ne devant pas être rigoureuse se fait très-vite, et le dessin se construit en même temps qu'on fait l'observation ;

7° Avec la PLANCHETTE DU COMMANDANT FÉVRE (fig. 272). Cette planchette est formée d'une tablette rectangulaire de 0ᵐ,30 de longueur sur 0ᵐ,24 de largeur, avec bords en cuivre portant une rainure qui sert de rue à un boulon B pouvant entraîner autour de la planchette le déclinatoire D et l'alidade AB.

Ce boulon, sur lequel sont réunis les organes essentiels de l'instrument, se compose : 1° d'une tête, 2° d'une entaille dans laquelle s'engagent les deux lèvres de la rainure, 3° d'une noix carrée pouvant servir à l'assemblage du déclinatoire, et 4° d'une partie taraudée destinée à recevoir une des extrémités de l'alidade et un écrou.

On sent par ces dispositions que du moment que la tête du boulon est engagée dans le tube, le déclinatoire doit suivre, en glissant dans la rainure, l'alidade dans toutes les positions qu'on donne à celle-ci sur la tablette.

L'alidade est armée de deux pinnules P, P' pouvant se tenir relevées ou noyées dans l'épaisseur du bois.

Au-dessous et au centre de la planchette est une douille à charnière avec collet pour retenir l'instrument avec une dragonne quand on est à cheval ; la douille est, en outre, percée d'un trou conique pour recevoir la pointe d'un bâton lorsqu'étant à pied on veut opérer avec l'exactitude du levé régulier. Sur ce même côté de la planchette se trouvent tous les dispositifs pour recevoir le déclinatoire, l'alidade, la règle-perpendicule et tout ce qui est nécessaire au dessin.

On porte cette planchette par la douille que l'on tient de la main gauche en même temps que les rênes. Arrivé au point de station, on laisse glisser les rênes et on élève la main gauche. Pour donner le coup d'alidade, on doit, après avoir amené le déclinatoire sur le côté de la planchette, saisir l'écrou avec le pouce et l'index de la main droite, tandis que les autres doigts posés sur l'alidade la dirigeront de manière à faire passer l'objet à viser dans le plan des pinnules, tout en maintenant la ligne de foi contre l'épingle E fixée au point graphique de station. Pendant qu'on manœuvre ainsi de la main droite, la gauche conservera la déclinaison de telle sorte qu'au moment où l'objet entre dans le plan des pinnules, on aperçoit du même coup d'œil l'aiguille aimantée couvrant son point de repère. Cette coïncidence ayant lieu, le coup d'alidade est donné ; il n'y a plus qu'à serrer l'écrou pour pouvoir tracer ensuite tout à son aise la direction trouvée.

Tant que le déclinatoire glisse sur le même côté de la planchette tenue immobile, l'aiguille aimantée couvrira son point de repère ; mais en passant sur les côtés adjacents, l'aiguille prendra un autre point de repère éloigné du premier d'une quantité angulaire égale à un droit. Chaque côté de la planchette a donc un point de repère différent placé à l'une des extrémités des diamètres N. S. et O. E;

8° Au moyen d'une règle tenue horizontalement en avant de l'œil et parallèlement au corps.

Si l'on tient la règle à 57 centimètres de l'œil, comme un degré de la circonférence est un cinquante-septième du rayon, il est clair que l'angle visuel de deux points est sensiblement égal à autant de degrés qu'il y a de centimètres interceptés sur la règle entre les rayons dirigés sur ces points;

9° Pour les levés à la boussole, on peut se servir des boussoles portatives (N°⁵ 104 et 105), ou mieux, de l'*échelle-rapporteur à boussole éclimètre* du capitaine Trinquier de l'armée française. Cet instrument se compose d'une planchette à dessiner sur laquelle sont fixées la boussole et l'échelle-rapporteur (fig. 273).

La boussole porte deux pinnules qui remplacent la lunette de la boussole ordinaire. Pour déterminer l'azimut d'une direction, on tient la planchette horizontalement, et on la tourne jusqu'à ce que le plan de collimation se trouve dans cette direction. La visée étant faite, on pousse le bouton d'un arrêtoir; l'aiguille reste alors immobile et sa pointe bleue donne l'azimut cherché.

L'éclimètre est renfermé dans le couvercle de la boussole; nous en parlerons dans le numéro suivant.

L'échelle-rapporteur est un disque de carton pouvant tourner autour de son centre. Le bord de ce disque est divisé en 360° dans le même sens que le limbe de la boussole; il porte deux graduations, l'une en noir, l'autre en rouge. Le diamètre initial de la seconde de ces graduations est perpendiculaire à celui de la première.

Un index fixé à la planchette indique le Nord.

Sur toute la surface du disque sont tracées des lignes noires parallèles au diamètre 0,180 de la graduation noire, et des lignes rouges parallèles au diamètre 0,180 de la graduation rouge. Les lignes noires sont espacées de 1 millimètre $= 20$ mètres à l'échelle de $\frac{1}{20000}$; les rouges de $\frac{8}{10}$ de millimètre $= 20$ pas à l'échelle de $\frac{1}{20000}$. (On suppose le pas de 125 pour 100 mètres.)

Une feuille de papier mince destinée à recevoir la minute est collée aux quatre coins sur la planchette.

L'échelle-rapporteur sert à reporter sur cette feuille les azimuts et les distances; elle tient donc lieu d'échelle, de rapporteur et de compas. Voici comment on s'en sert.

Supposons que l'azimut de la direction AB soit de 42°, que la distance AB $=$ 300 *pas* et que l'on opère à l'échelle de $\frac{1}{20000}$. Pour construire le point B, on fait tourner le disque jusqu'à ce que la graduation *noire* 42 se trouve sous l'index; on trace avec le crayon la ligne *noire* de l'échelle-rapporteur qu'on aperçoit alors sous le point A à travers la feuille transparente, ou bien, lorsque A tombe entre deux lignes noires, on trace une parallèle à ces lignes; enfin, on marque sur la ligne ainsi menée le point B en comptant, à partir de A et dans le sens du zéro de la graduation employée, autant de lignes *rouges* qu'il y a de fois 20 pas dans la distance AB. Si A ne se trouve pas sur une ligne rouge, on tient compte de la différence par une estimation à vue.

Si la distance AB était de 300 *mètres*, on placerait la graduation *rouge* 42 contre l'index, et l'on prendrait sur la direction *rouge* passant alors par A autant de lignes *noires* qu'il y a de fois 20 mètres dans la longueur AB.

HYPSOMÈTRES.

260. On peut déterminer les différences de niveau :

1° Au moyen de la PLANCHETTE NIVELANTE. L'alidade de cette planchette porte dans une de ses pinnules un œilleton, et dans l'autre une fenêtre sur les bords de laquelle sont deux entailles qui se trouvent avec l'œilleton dans un plan parallèle au bord inférieur de la règle ;

2° Au moyen de la planchette munie d'une ALIDADE NIVE-LATRICE. Cette alidade (fig. 266) se compose d'une règle RL sur laquelle se dressent à angle droit deux pinnules P et P'. Une de ces pinnules est percée d'œilletons C,C',C"..., l'autre d'une fenêtre garnie d'un fil. Le long des bords de la fenêtre sont tracées deux graduations, l'une ascendante, l'autre descendante, dont les divisions valent chacune $\frac{PP'}{100} = d$.

L'œilleton C et le zéro de la graduation ascendante sont sur une parallèle au bord inférieur de la règle; il en est de même de l'œilleton C″ et du zéro supérieur.

La planchette étant en station (fig. 267), si l'on vise un point M par l'œilleton C, on lit, sur la graduation montante, la division n par laquelle passe le rayon visuel et on a, en observant que l'intervalle $o\,n$ vaut n fois d :

$$\frac{\text{MH}}{n.d} = \frac{\text{CH}}{pp}; \quad \text{d'où} \quad \frac{\text{MH}}{n.d} = \frac{\text{CH}}{100.d} \quad \text{et} \quad \text{MH} = \text{CH} \times \frac{n}{100},$$

hauteur du point M au-dessus de l'œilleton C.

Si le point M était plus bas que la planchette, on se servirait de l'œilleton C″ et de la graduation descendante.

L'instrument que nous venons de décrire permet, comme la planchette nivelante, de faire simultanément la planimétrie et le nivellement;

3° Au moyen du niveau réflecteur (N° 184);

4° Au moyen de l'équerre à miroirs ou d'un sextant (N°ˢ 130 et 131);

5° Au moyen des clisimètres à main (N° 206);

6° Par l'ombre portée. — On mesure au même instant l'ombre portée par l'objet dont on veut avoir la hauteur, et celle d'un jalon de grandeur connue, et on fait cette proportion : la longueur de l'ombre du jalon est à la hauteur de ce jalon comme la longueur de l'ombre de l'objet est à la hauteur de cet objet;

7° Au moyen d'un petit miroir M placé à terre devant l'objet vertical dont on cherche la hauteur H (fig. 268). L'observateur O se déplace jusqu'à ce qu'il aperçoive le sommet de l'objet par réflexion et il tire la valeur de H de la proportion H : OP = MA : MP;

8° Au moyen d'un rapporteur transformé en éclimètre (fig. 269);

9° Par des opérations au jalon. Soit à déterminer la hauteur du point S au-dessus du terrain AB supposé horizontal (fig. 270). On plante un jalon AC et on marque l'intersection D de l'alignement SC avec le sol. On porte le même jalon en arrière en EF et on marque le point B où l'alignement SF rencontre le sol. Des proportions fournies par les triangles semblables ainsi formés, on tire facilement la valeur de H.

S'il s'agissait de déterminer par les mêmes moyens la hauteur H d'un édifice accessible (fig. 271), on déterminerait le point D où l'alignement mené par S et la tête d'un jalon AC coupe le terrain, et on établirait la proportion :

$$H : AC = PD : AD ;$$

10° Au moyen de la planchette du commandant Fèvre (N° 259). On fixe la règle-perpendicule (l'alidade elle-même quelquefois) en un point de la planchette autour duquel elle peut se mouvoir librement (fig. 274) ; on tient la planchette verticalement et on vise le long du bord supérieur le point A dont on veut avoir la hauteur au-dessus du point de station. Soient S l'œil de l'observateur et SB une horizontale : AB est la hauteur qu'on cherche à obtenir.

Le bord supérieur étant dirigé sur A, on trace une ligne O*a* le long de la règle-perpendicule ; puis on retourne la planchette de manière à faire venir le point F en E et réciproquement, on vise de nouveau, comme précédemment, le point A et on trace une nouvelle ligne O*a'* le long de la règle-perpendicule. La bissectrice O*b* de l'angle *a*O*a'* est perpendiculaire à SA et conséquemment à EF.

Appelons $\frac{1}{M}$ l'échelle de la carte et portons de O vers *b* un certain nombre de fois la longueur $Ob = \frac{SB}{M}$, 6 fois par exemple ; et par le dernier point ainsi obtenu menons la parallèle *mm'* à la ligne *aa'*, nous aurons

$$\frac{AB}{SB} = \frac{\frac{1}{2}mm'}{6b}, \text{ d'où } AB = 6 \times M \times \frac{\frac{1}{2}mm'}{6b} = \frac{mm'}{12} \times M ;$$

11° Au moyen d'un niveau d'eau portatif. Cet instrument (fig. 275) se compose de deux tubes en verre T, T' parallèles, d'un centimètre de diamètre, réunis à leurs parties supérieures et inférieures par des tubes plus étroits, de manière à former un rectangle de 20 centimètres de longueur. Le liquide remplit la moitié de la capacité des tubes.

Cet appareil en verre est à demi-noyé dans un étui EE' de bois, et un autre étui semblablement creusé lui sert de couvercle;

12° On peut improviser un niveau à perpendicule au moyen d'une règle AB (fig. 276) de 0^m,20 environ de longueur, à chacune des extrémités de laquelle on attache deux fils se rejoignant de manière à former deux triangles isocèles ayant AB pour base commune. Le sommet C d'un de ces triangles servira de point de suspension, tandis qu'une balle sera fixée, à l'aide d'un fil, au sommet D de l'autre. Dans la position d'équilibre, les deux sommets C et D appartiennent à la même verticale, et l'horizontale est donnée par la règle AB;

13° Au moyen de l'éclimètre de Burnier. Cet éclimètre est formé d'un petit pendule placé derrière la boîte de la boussole décrite au N° 105. Lorsque celle-ci est placée de champ, le pendule oscille librement et son extrémité parcourt les divisions d'un limbe.

Pour mesurer l'angle de pente d'une direction, on soulève le couvercle qui recouvre l'éclimètre. — Le fond de l'évidement de ce couvercle est un miroir; il se dresse verticalement à hauteur de la pinnule objectif. — On vise ensuite parallèlement à la direction en tenant les pinnules horizontalement, et on lit dans le miroir la graduation que marque alors la pointe du pendule;

14° Au moyen de l'éclimètre de Trinquier. Cet éclimètre est renfermé dans le couvercle de la boussole de l'instrument décrit au N° 259, 9°. Il se compose (fig. 273) d'un pendule en demi-cercle portant un index et pivotant autour d'un pivot placé au centre d'un limbe tracé sur le fond de l'évidement du couvercle. Un petit verrou maintient la boussole ouverte et le couvercle vertical.

Les visées se font au moyen d'une fente et d'un crin placés horizontalement dans l'alidade de la boussole. La ligne de visée est horizontale lorsque l'index marque zéro. Quand cette ligne a été dirigée parallèlement à une pente, on fixe le pendule en poussant un arrêtoir, et à l'index on lit l'angle d'inclinaison.

L'éclimètre est, en outre, disposé de telle manière qu'on y puisse lire l'écartement des points de passage des courbes sur la pente observée, pour une équidistance graphique d'un demi-millimètre (N° 216), ainsi que l'écartement, la longueur et la grosseur des hachures correspondantes d'après le système adopté par l'École française pour le figuré du relief.

REMARQUE SUR LES NIVEAUX A MAIN. — Pour niveler avec un niveau portatif, lorsqu'on n'a pas de porte-mire à sa disposition, on tient l'instrument à hauteur de l'œil O (fig. 277), on vise suivant l'horizontale de l'instrument, dans la direction qu'on doit niveler, et l'on voit le point B où cette horizontale coupe le terrain : OA est la différence de niveau entre A et B.

On se placera ensuite en B où l'on procédera comme on l'a fait en A, et l'on continuera de la même manière jusqu'à ce qu'on arrive au point qu'on veut comparer au point A.

CHAPITRE XXXIX.

Esquisse des opérations d'un levé à vue.

261. 1. CANEVAS. — Après une reconnaissance rapide du terrain, on choisit le point de départ et la direction générale du travail. Puis on prend, parmi les différentes méthodes, celle qui convient aux localités et aux conditions dans lesquelles on opère, en observant toutefois que le cheminement permet, mieux que les autres méthodes, de voir et de figurer les détails et les mouvements du sol.

On choisira l'échelle aussi petite que possible, afin de mieux dissimuler les défauts d'exécution.

Si l'on peut se procurer une carte du pays où les communications et les cours d'eau soient tracés avec assez d'exactitude et de détail, le canevas se trouve tout fait : le réseau formé par l'entrecroisement des routes, des chemins, des rivières et des ruisseaux, offre, sous ce rapport, ce qui est à désirer. Quand même cette carte ne présenterait que la position des villages, les communications principales et les cours d'eau les plus importants, ce seraient toujours là des données extrêmement utiles, au moyen desquelles on achèverait facilement le canevas en y rattachant les points intermédiaires les plus apparents.

Mais, s'il est impossible de se procurer une carte du pays, on procède à la construction du canevas d'après une des méthodes suivantes :

262. *Canevas par cheminement.* — On lève un polygone dont les côtés soient dirigés, autant que possible, suivant les chemins et les cours d'eau qui circonscrivent la plus grande partie du terrain à représenter; et l'on amorce en même temps les groupes de bâtiments, les clos, les jardins, les sentiers, etc., qui se trouvent à droite et à gauche des directions qu'on suit. Si le terrain présente des points dominants, on les détermine par intersections, ce qui permet de vérifier le travail à mesure qu'on avance.

Généralement, le polygone ne fermera pas. Supposons le cas le plus défavorable, celui où l'on ne disposerait d'aucun instrument et où l'on n'aurait jamais été exercé à apprécier les distances et les angles à vue. On devrait encore procéder comme si on faisait un polygone en topographie régulière, c'est-à-dire parcourir le périmètre du polygone en évaluant les côtés et les angles le mieux qu'on peut. Naturellement, la fermeture sera très-défectueuse. Les angles auront été estimés trop grands ou trop petits; on en fait la somme. Cette somme doit être égale à autant de fois deux droits qu'il y a de côtés moins deux, si le polygone n'a pas d'angles rentrants. On verra donc immédiatement de combien on s'est trompé sur l'ensemble des angles. En répartissant l'erreur totale sur les différents sommets, on rectifiera ceux-ci en partie, et le polygone se fermera sous le rapport des angles (¹).

(¹) Si le polygone avait *n* angles rentrants, on retrancherait leur somme de *n* fois 4 droits et l'on opérerait avec les restes comme s'il n'y avait pas d'angles rentrants.

Si le polygone ainsi rectifié ne ferme pas en longueur, on verra facilement si c'est parce que les distances ont été estimées trop grandes ou trop petites et, dans l'une ou l'autre de ces hypothèses, on répartira sur tous les côtés la longueur dont leur somme paraît être en erreur.

Pour compléter le canevas, après avoir fermé le polygone de base, il ne s'agira plus que de lever les communications intérieures, ce qui se fera très-vite, puisque la direction générale de la plupart de ces communications est déjà amorcée.

263. *Canevas par cheminement et par rayonnement.* — On choisit une ligne droite ou brisée, par exemple une route ABC... (fig. 278) de laquelle on puisse observer les points *a, b, c, d...* situés à droite et à gauche.

On lève la route par cheminement et de ses différents sommets A,B,C... on détermine par rayonnement les points *a, b, c....* On obtient ainsi un commencement de canevas que l'on pourra continuer ensuite dans toutes les directions. Il y a souvent avantage à prendre une grande route pour base du canevas, parce qu'on y trouve des bornes qui indiquent les distances et des arbres également espacés.

Ce procédé convient particulièrement au cas où l'on doit faire la reconnaissance d'une route. L'observateur, muni d'un petit sextant, pourra ainsi, sans dévier de son chemin, lever très-commodément une route et le terrain qui l'avoisine.

264. *Canevas levé à l'équerre.* — On détermine les points du canevas par cheminement ou par intersections. La seconde méthode est préférable à la première dans les levés à vue, parce qu'elle est plus expéditive (fig. 279).

Si le terrain était découvert, on pourrait le partager en quatre régions au moyen de deux alignements se coupant à angles droits ; on cheminerait ensuite sur ces alignements pour déterminer par intersections les points apparents situés à droite et à gauche. Si quelque obstacle s'opposait au prolongement d'une de ces directions de base, on la remplacerait facilement par une autre qui lui serait parallèle ou perpendiculaire.

On pourrait aussi composer le canevas d'une base indéfinie et de droites parallèles partant toutes de points choisis sur cette base ; le terrain se trouverait ainsi partagé en bandes ou zones d'une largeur quelconque, mais constante pour chacune d'elles. Cette construction pourrai u besoin se faire avec une fausse équerre.

265. *Canevas en forme d'étoile.* — On se transporte sur une hauteur d'où l'on découvre une grande partie de la contrée qu'il s'agit de lever. Après avoir choisi pour station un point de cette hauteur, on détermine par rayonnement les objets les plus remarquables, et on obtient ainsi un canevas étoilé, sur les rayons duquel on chemine ensuite pour y rattacher d'autres points.

Si l'on connaissait la distance de deux points élevés ou qu'on pût la déterminer exactement, on lèverait le canevas par intersections, en stationnant successivement en ces deux points.

266. *Canevas par alignements et prolongements.* —La figure 280 représente le canevas d'une fortification levé d'après la métl e des alignements et des prolongements, et il est facile   n déduire la manière d'appliquer cette méthode dans tout autre cas.

C'est surtout lorsqu'il s'agit de compléter à vue la carte d'une contrée que la méthode des alignements et prolongements est avantageuse.

267. II. LEVÉ DES DÉTAILS. — On part d'un sommet quelconque et on remplit successivement tous les polygones partiels qui constituent le canevas.

Le levé des détails se fera presque entièrement par abscisses et ordonnées déterminées à vue, ou par la méthode des alignements ainsi qu'il a été expliqué au n° 133.

Les objets les plus importants, ceux qui peuvent gêner ou faciliter les mouvements, l'attaque ou la défense, seront figurés avec le plus grand soin.

On rapporte les détails avec beaucoup de facilité lorsqu'on fait usage d'un papier carrelé. Si chaque carreau a un centimètre de côté et qu'on opère à l'échelle ordinaire des reconnaissances $\left(\frac{1}{20000}\right)$, le côté d'un carreau représentera 200^m.

Pour *orienter* la carte, on rattache à une ligne du canevas la méridienne tracée sur le terrain d'après un des procédés indiqués dans la première partie de cet ouvrage (n° 77).

268. III. DESCRIPTION DU RELIEF. — Dans un levé militaire, la description du relief est aussi importante que le plan.

La marche à suivre est encore la même que dans la topographie régulière : on déduit les points de passage des courbes des cotes d'un certain nombre de points, qu'on a nivelés avec un niveau ou un éclimètre portatif.

C'est ici surtout que l'expérience facilitera la construction des sections horizontales; l'officier qui a fait beaucoup de levés et qui a comparé souvent de bonnes cartes aux terrains qu'elles représentent, tracera au moyen d'un petit nombre de points, en s'aidant, bien entendu, de l'inspection du terrain, des courbes qui décriront le relief avec une exactitude suffisante pour l'objet qu'on a en vue.

Pour faciliter cette description, on aura soin, dans un travail de quelque étendue, de relever les lignes dont nous ferons ressortir, dans le chapitre suivant, l'importance sous le rapport du relief, savoir : les lignes de faîte et les thalwegs.

269. IV. DESSIN DE LA PLANIMÉTRIE ET DU NIVELLEMENT. — On doit, dans le dessin des reconnaissances, se conformer aux principes qui ont été donnés pour les levés réguliers; mais cette rigueur est subordonnée au temps qu'on peut y consacrer.

Si l'on n'a pas le temps d'employer les teintes et les signes conventionnels, on écrit à côté des objets leur nature et leur destination.

Quant au relief, on l'exprime par des hachures assujetties à cette loi, d'être d'autant plus serrées et plus courtes qu'elles expriment une pente plus rapide.

Les écritures seront conformes au tableau modèle ou faites en écriture courante, si le temps ne permet pas de faire autrement; mais leur grandeur sera toujours proportionnée à l'importance des objets.

Dans les cartes de marches, de manœuvres, d'ordres de bataille, dans les plans de bataille et de siége, on représente les troupes par des rectangles hachés ou coloriés différemment, et plus ou moins allongés selon les unités à représenter. A très-petite échelle, on remplace les rectangles par de gros traits tracés avec des encres de diverses couleurs. Les couleurs sont, en général, bien tranchantes sur tout ce qui les environne ; elles rappellent les couleurs nationales, les uniformes ou les drapeaux. On différencie les positions prises successivement par chaque armée le jour de bataille, par la division des rectangles et par l'intensité croissante des teintes. Les points et les flèches indiquant les directions des marches sont marqués avec les couleurs prescrites pour les troupes. On figure les épisodes remarquables du combat sur des retombes ou papillotes.

Les drapeaux et les étendards qu'on dessine sur les bataillons et les escadrons indiquent le front des lignes. Il en est de même des petits traits qu'on marque sur les rectangles des batteries pour représenter les canons et les affûts.

Les ouvrages de campagne, tels que redoutes, têtes de pont, etc., s'expriment, suivant leur position et leur forme, par deux lignes dont l'intérieure est forte et l'extérieure fine.

Une ville de guerre se dessine selon sa position et son tracé ; mais lorsque l'échelle est trop petite pour la rapporter exactement, on la représentera par un corps de place, un chemin couvert et des glacis tracés arbitrairement, et exprimés par de simples lignes fortes : ce qui sera facile à toute personne qui a des notions de fortification permanente.

Nous n'en dirons pas davantage sur le dessin des levés à vue. Il est du reste inutile de donner à cet égard des règles fixes : on se conforme, autant que possible, au tableau des signes conventionnels ; et, pour les objets qui ne figurent pas dans ce tableau ou dont on ne se rappelle plus le signe, on écrit, à l'intérieur ou à côté du polygone qui représente leur forme générale, les indications nécessaires pour faire connaître leur nature et leur destination (¹).

CHAPITRE XL.

Mémoires descriptifs. — Mémoires militaires.

270. Les mémoires topographiques sont distingués ordinairement en mémoires descriptifs et en mémoires militaires. Leur rédaction est facilitée par les cartes, tableaux statistiques, etc., que chaque pays possède ; mais, avant de se servir de ces documents, il convient de les contrôler en vérifiant une ou plusieurs de leurs parties prises au hasard.

271. OBJET DES MÉMOIRES DESCRIPTIFS. — Les mémoires descriptifs embrassent quelquefois la description complète d'un pays, celle des montagnes, des vallées, des fleuves, etc. ; ils peuvent avoir plusieurs objets.

Souvent ils suppléent aux cartes par des descriptions : ce cas arrive toutes les fois que le temps manque, qu'une reconnaissance courte et rapide n'a permis de rien esquisser, ou qu'il suffit d'écrire ce qu'il serait trop long de dessiner.

Ils servent encore à offrir, sous un point de vue différent ou sous une forme plus commode, quelques-uns des renseignements que les cartes présentent. Un coup d'œil général sur le pays peut, s'il est bien fait, éclairer la carte la plus soignée, faire ressortir les particularités les plus remarquables du terrain, sommer et grouper, pour ainsi dire, les obstacles ou les facilités qu'y présentent le sol, les eaux et les routes.

Enfin, ils ont aussi pour but de tenir compte des choses que le dessin ne pourrait représenter, soit à cause de la

---

(¹) Dans son *Traité de dessin topographique* (5ᵉ édition), le capitaine Maréchalle, professeur à l'École militaire de Bruxelles, a réuni un grand nombre de signes conventionnels adoptés, dans différents pays, pour les cartes militaires, géologiques, etc.

petitesse des échelles, soit parce que les objets qu'il faut décrire ne sont pas de nature à faire partie de la carte.

Ces mémoires doivent exposer tout ce qui est relatif aux communications, et principalement ce qui peut donner la préférence à une route sur plusieurs autres conduisant au même but, comme la facilité de vivre, celle d'assurer plus aisément la marche, celle de pouvoir stationner sur des positions plus favorables sans s'écarter de l'objet qu'on a en vue. Ils contiennent aussi des renseignements sur l'espèce de communications latérales et secondaires qui débouchent sur la route principale, afin que, prévenu de leurs qualités, on puisse se conduire en conséquence pour la marche. On indique l'état et l'espèce des routes, chemins et sentiers; les communications qui sont bonnes pour l'infanterie, la cavalerie, l'artillerie et les équipages ; les époques de l'année où elles sont praticables. On doit aussi spécifier la nature des eaux, leur profondeur, leur vitesse, les moyens de les parcourir et de les traverser ; les ponts, les gués, les écluses, etc., et le parti qu'on peut tirer de chaque chose. On tient note également des moyens de transport qui sont en usage et de tout ce qui peut faire connaître le sol, la population, le commerce, l'industrie et les ressources du pays.

272. RÉDACTION DES MÉMOIRES DESCRIPTIFS. — Celui qui fait la reconnaissance d'un pays et commence par la description du premier objet qui lui tombe sous les yeux, sans décrire d'abord le terrain dans son ensemble, sans procéder par ordre, ne produit jamais qu'un travail incomplet et inutile (¹). « Au premier aspect, dit Denaix, ces vastes plaines, ces fonds, ces élévations, ces anfractuosités qui les divisent, ces torrents, ces rivières, ces fleuves, offrent un chaos inextricable ; mais quand on étudie avec soin la surface de la terre, on entrevoit des dépendances d'après lesquelles s'établissent des divisions naturelles, où toutes les parties occupent une place que l'ordre réel des choses ne permet pas de leur contester; on découvre des lois propres à régler le jugement sur les idées que nous devons

(¹) *Manuel des reconnaissances militaires,* Gand, 1845.

nous faire d'une contrée d'après son gisement et ses principales configurations ; on apprend enfin à pressentir la disposition des reliefs d'un pays par l'examen des cours d'eau indiqués sur les cartes, car tout terrain, d'une grande comme d'une petite étendue, doit en général ses formes actuelles aux modifications apportées par les forces corrosives de l'eau, secondées par les forces destructives de l'atmosphère. » Il existe donc des lignes sur lesquelles il faut avant tout fixer ses regards et qui doivent servir de repères à la description du terrain, lignes auxquelles viendront se rapporter tous les autres objets. Ces lignes sont les *thalwegs* et les lignes de *faîte*.

On appelle thalweg, le fil d'un cours d'eau ; et ligne de faîte, l'ensemble des points les plus élevés des massifs de terrain qui séparent les cours d'eau.

Les *thalwegs* et les *lignes de faîte* sont les arêtes caractéristiques de la surface du globe, les lignes de repère de toute reconnaissance, celles qu'il importe de reconnaître avec le plus de soin.

Il est indispensable que l'officier se familiarise avec ces lignes et se fasse une idée nette et complète de leur importance et de l'étroite corrélation qui les unit. On va entrer, en conséquence, dans des explications que l'officier peu habitué à l'étude de la géographie physique devra suivre sur une carte d'Europe. On ne peut assez le répéter, c'est là le fondement des reconnaissances militaires et de l'étude du terrain.

Lorsque l'on examine sur la carte une île comme la Corse, la Sardaigne, la Sicile, on s'aperçoit tout d'abord qu'on peut la parcourir dans sa plus grande longueur, suivant une ligne plus ou moins sinueuse, sans passer ni rivières, ni ruisseaux, ni torrents. Cette ligne contient les points les plus élevés du terrain de l'île, et divise celle-ci en deux versants sur lesquels coulent, dans des sens opposés, toutes les eaux venues des sources ou tombées du ciel. Cette ligne est la ligne de *faîte* principale de l'île. On ne pourrait mieux comparer une île dont la ligne de faîte principale se développerait en ligne droite et dont les versants seraient égaux, qu'à un toit qui s'élèverait au-dessus de la mer. La crête du toit serait sa ligne de faîte, les plans de pente du toit figureraient les deux versants du terrain.

Tout continent présente un phénomène de cette nature. Il est composé de deux *plans de pente* partant de la mer et s'élevant successivement vers l'intérieur. La ligne qui sert d'intersection à la rencontre de ces plans ou *versants* est le *faîte* ou l'*arête* formée des points les plus élevés du continent; c'est, en d'autres termes, la *ligne de partage des eaux.*

Il s'en faut que cette ligne de *faîte* ou de *partage des eaux* se déploie partout en ligne droite. Elle adopte souvent les inflexions les plus capricieuses, et notre Europe, entre autres, nous en offre un exemple remarquable. Cette ligne court du sud-ouest au nord-est, depuis l'extrémité de la péninsule Hispanique jusqu'aux monts Ourals qui séparent l'Asie de l'Europe. Elle prend naissance au détroit de Gibraltar. Après avoir fait un crochet vers la droite, elle se dirige au nord, jusqu'aux montagnes de la Biscaye, aux sources de l'Elbe. Là elle se détourne brusquement vers l'ouest et court sur le sommet des Pyrénées. Entre Foix et Perpignan, la ligne de partage se redresse vers le nord, laisse successivement à gauche les affluents de la Garonne, de la Loire, de la Saône, et tourne par un double crochet les sources de la Saône et du Rhin, de sorte que sa direction prend en cet endroit la forme d'un ∞. En quittant la Suisse, la ligne de partage des eaux traverse les montagnes de la Forêt-Noire, suit la rive gauche du Danube, contournant au midi la Bohême pour se rattacher aux monts Carpathes. Elle arrive enfin aux plaines de la Pologne, passe entre les sources du Bug et de la Vistule et celles des affluents du Borysthène, puis elle marche encore vers le nord à travers la Russie.

Toutes les eaux du versant nord et ouest de cette ligne de partage ou de faîte principale de l'Europe, coulent dans l'Océan et la Baltique ; toutes les eaux du versant sud et est coulent dans la Méditerranée et la mer Noire.

Il n'est pas inutile d'observer combien la direction de la ligne de faîte influe sur celle des continents. Ainsi, au nord de l'Espagne, cette ligne, arrivée aux sources de l'Elbe, prend brusquement à gauche; et les côtes d'Espagne font le même ressaut, donnant naissance au golfe de Gascogne. A partir des sources de la Saône et du Rhin, la ligne va vers le nord-est contourner la Bohême au midi; et la côte de la mer du Nord et de la Baltique suit à peu près les mêmes inflexions. Quand la ligne se redresse vers le nord en Russie, la côte se redresse également.

Cette ligne de faîte est loin d'être uniforme et formée, pour ainsi dire, d'un seul jet. Quand on la parcourt, on est frappé de la variété d'aspects qu'elle présente, et les inégalités du sol sont plus grandes encore que les inflexions adoptées par sa direction. La hauteur de la crête est partout inégale. Tantôt elle s'élance vers les cieux et se couvre de glaciers éternels, comme en Suisse; tantôt elle ne présente à l'œil que des montagnes arrondies, comme dans le Jura et les Vosges; plus loin des collines basses que des canaux peuvent franchir, par exemple le fameux canal du Midi; tantôt enfin elle court sur des plaines immenses, offrant des différences de niveau difficiles à saisir, comme dans les plaines de la Pologne et les steppes de la Russie.

Si l'on examine maintenant avec soin la carte de l'Europe, on s'aperçoit qu'il existe, allant de la ligne de faîte principale à la mer, d'autres lignes de faîte que ne traversent ni ruisseaux ni torrents, et présentant aussi des inflexions dans leur direction et des perturbations dans leur aspect. Chacune de ces lignes de faîte ou de partage de *deuxième ordre* détermine nécessairement des plans de pente ou versants le long desquels coulent les eaux des sources et du ciel; mais il n'en est pas de ces *plans de pente* ou *versants secondaires*, comme du versant de premier ordre. Celui-ci aboutit toujours par son pied à la mer, tandis que les versants des lignes de faîte secondaires, partant de l'arête principale pour aboutir à cette mer, étant parallèles ou obliques entre eux, doivent toujours se rencontrer deux à deux perpendiculairement ou obliquement à cette mer. Il est évident encore que la ligne de rencontre de deux plans de pente secondaires sera formée de la suite des points les plus bas de tout le terrain situé entre deux lignes de faîte secondaires et les parties de côte et de ligne de faîte principale comprises entre ces deux lignes de faîtes secondaires. Par suite, c'est le long de cette ligne de rencontre que s'écouleront toutes les eaux de cette portion du terrain.

Or, on appelle *bassin* cette portion du continent qui va de la crête principale à la mer et se trouve enfermée entre deux lignes de faîte secondaires. La ligne par où s'écoulent les eaux, c'est-à-dire le thalweg de premier ordre, porte le nom de *fleuve*. Le *fleuve* donne son nom au *bassin* dont il évacue les eaux. Deux exemples compléteront cette démonstration. Le *bassin* qui a la *Seine* pour thalweg est compris entre : 1° les côtes de la Manche ; 2° la partie de la crête principale de l'Europe qui va de Langres à Châteauneuf (Côte-d'Or) ; 3° deux lignes de faîte secondaires. L'une de ces deux lignes de faîte secondaires part de Langres, se dirige sur Rocroy, puis, contournant les sources de l'Oise, passe entre Ham et Chauny et se dirige à l'ouest vers la Manche. L'autre part de la Côte-d'Or, contourne les sources de l'Yonne, et, passant entre les affluents de la Loire et de la Seine, va également se perdre dans la Manche.

Le *bassin de la Meuse* est limité non par la mer, mais par les atterrissements qui, déposés successivement par les eaux de la Meuse et du Rhin, s'étendent de Berg-op-Zoom à Scheveningen ; la portion de crête de premier ordre où le fleuve prend naissance est comprise entre Langres et Valfroicour. L'un de ces faîtes de deuxième ordre part de Langres et est commun aux deux fleuves la Meuse et la Seine jusqu'aux sources de l'Escaut ; de là il passe par le Cateau, le Quesnoy, Bavay, longe la rive gauche de la Sambre, suit les hauteurs de Gosselies, Fleurus, Hannut, celles de Saint-Pierre près Maëstricht, puis court sur les hautes bruyères de la Campine, entre les sources du Demer, des Nèthes et celles de la Dommel : l'autre faîte du deuxième ordre, en quittant Valfroicour, marche vers le nord, passe entre Thionville et Longwy, Arlon et Luxembourg, contourne les affluents de la Roer entre Schmidtkeim et Dalhem, là se redresse subitement vers le nord, et passant entre Duren et Kerpen, va mourir près du Wahal à Nimègue.

On voit de prime abord que le terrain du continent d'Europe n'est plus, aux yeux de l'observateur, un dédale inextricable. Nous le savons d'abord partagé en deux parties tout à fait distinctes par une crête ou ligne de faîte qui traverse le continent dans sa plus grande longueur; ensuite chacune de ces parties est elle-même partagée par des lignes de faîte de second ordre (qui vont de la crête principale à la mer), en une suite de bassins différents entre eux et desservis par de grands fleuves.

Cette ligne de faîte principale et ces lignes de faîte secondaires sont donc les grandes lignes géographiques du continent. On a donné à la première le nom de *dorsale*, c'est comme l'épine du dos du continent; les lignes de faîte secondaires ont été appelées *costales;* elles se rattachent, en effet, à la crête principale comme les *cotes* à l'épine *dorsale*.

Il est bon de remarquer que tous les bassins des fleuves n'ont pas la régularité de ceux d'Espagne. Là le fleuve et les *costales* qui l'enserrent sont presque perpendiculaires à la *dorsale* et à la mer. Mais quelquefois il arrive que le fleuve suit dans son cours la direction de la crête primordiale, et que celle-ci sert par conséquent de limite à la vallée du fleuve. Nous en avons deux exemples dans le Rhin et la Saône. D'autres fois, la costale, avant d'arriver à la mer, se bifurque en différents endroits de sa course, et donne naissance à de nouveaux bassins. Notre pays offre un exemple de ce phénomène. L'Escaut ne prend pas naissance à la ligne de faîte principale de l'Europe, mais à la ligne de faîte secondaire qui sert de limite au bassin de la Seine. Le bassin de l'Escaut est borné à l'est par la ligne de faîte de deuxième ordre qui longe, à l'occident, le bassin de la Meuse, et à l'ouest par une ligne de faîte de troisième ordre qui contourne les sources de la Scarpe et de la Lys, et, passant entre les affluents de cette dernière rivière et ceux de l'Yser, va mourir dans les polders de Maldegem et d'Ardenbourg.

L'observateur doit noter avec soin toutes ces exceptions, et bien indiquer de quel ordre sont : 1° la ligne de partage où le fleuve prend naissance; 2° celles qui limitent l'espace qui déverse ses eaux dans le thalweg.

La division du continent en bassins indépendants les uns des autres offre à l'officier de grandes facilités dans ses explorations. Ces facilités deviendront plus grandes encore s'il décompose à leur tour chacun de ces bassins. Prenons pour exemple le bassin de la Meuse, dans sa partie belge. En suivant avec soin les lignes de faîte secondaires ou les costales qui l'enserrent, nous verrons que l'on peut aller de leurs crêtes jusqu'au fleuve sans avoir besoin de passer ni rivières ni ruisseaux. Ce sont là des lignes de faîte de troisième ordre. Ainsi je puis toujours occuper les hauteurs en partant de la costale de droite aux environs d'Arlon et en marchant par les hauteurs de Florenville et de Muno jusqu'à la Meuse. De même je puis quitter la Meuse à Fumay et rejoindre la même costale, toujours par les hauteurs, par Nafraiture, Wagy, Paliseul, Recogne. Ces nouvelles lignes de faîte déterminent à leur tour des plans de pente de *troisième ordre,* ayant pour rencontre des *thalwegs de deuxième ordre* que l'on appelle *rivières.* L'ensemble de ce système, c'est-à-dire le terrain compris entre une portion de costale, les deux pentes de troisième ordre et une portion du fleuve, se nomme bassin de deuxième ordre. Dans le cas qui nous occupe, le bassin de deuxième ordre est celui de la Sure. La Meuse a pour bassins de deuxième ordre, en Belgique, à droite : 1° la Sure; 2° la Lesse; 3° l'Ourthe; 4° la Geul; 5° le Roer; à gauche : 1° la Sambre; 2° la Mehaigne; 3° le Jaar, sans compter les ruisseaux qui découlent des hauteurs lorsque la costale s'approche trop près du fleuve.

Si maintenant on examine un bassin de rivière, on verra aussitôt qu'il se subdivise lui-même en petits *bassins de troisième ordre,* ayant pour limites : 1° deux lignes de faîte de *quatrième ordre ;* 2° une portion de la ligne de faîte de troisième ordre, et 3° une partie du cours de la rivière. Ces bassins de troisième ordre ont des *thalwegs de troisième ordre* qui portent le nom de petites rivières ou de *ruisseaux,* suivant l'importance du cours d'eau. Il y a plus : si l'on pousse plus loin ses investigations, on trouve des petits bassins de quatrième et de cinquième ordre, alimentant à leur tour les ruisseaux.

L'officier qui voudra, en se rappelant les principes développés plus haut, suivre avec attention la direction des cours d'eau sur une carte détaillée, se sera bientôt familiarisé avec ces subdivisions.

Ainsi donc, tout le terrain est divisé en petits bassins de ruisseaux qui, groupés ensemble, forment des bassins de rivière, lesquels bassins de rivière, groupés à leur tour, constituent les bassins des fleuves. Chacun de ces bassins, quel que soit son ordre (sauf les exceptions déjà notées pour les fleuves, et qui s'appliquent aux cours d'eau de moindre importance), est limité par des lignes plus ou moins sinueuses, et contient au centre le *thalweg* (ou direction du fleuve, rivière ou ruisseau) par où s'écoulent les eaux du bassin. Des quatre lignes qui limitent chaque bassin, l'une est une portion de cours d'eau d'un ordre supérieur à celui qui suit le thalweg dans lequel se déversent les eaux du bassin, les trois autres sont des lignes de faîte, des *dos*, ou des *arêtes* non interrompues, que l'on peut appeler lignes de *partage des eaux*. Le cours d'eau prend naissance à la ligne de faîte opposée au réservoir (mer, fleuve ou rivière); là est la source du cours d'eau; celui-ci coule suivant le plan de pente, recevant de droite et de gauche les eaux qui descendent des deux autres lignes de faîte et qui constituent sa vallée; il se déverse dans le réservoir, à l'extrémité opposée, par son embouchure.

Il y a entre ces lignes de faîte et les thalwegs une conformité inaltérable et telle, comme le dit d'Arçon, que *l'image détaillée des parties fluides conduit à l'exacte configuration des parties solides*. Les lignes de faîte se ramifient exactement comme les cours d'eau qu'elles enserrent, mais dans un sens opposé. Et (on ne peut assez le répéter) les *thalwegs* et les *faîtes* sont les lignes de repère de toute reconnaissance, celles que l'on doit examiner tout d'abord avant de s'occuper des objets secondaires qui couvrent la surface de la terre. C'est le long du faîte de premier ordre que se trouvent les plus hautes montagnes, lesquelles vont se ramifiant le long des chaînes de deuxième ordre pour enserrer les fleuves : c'est le long des faîtes que courent les directions des collines qu'une armée doit traverser, etc.

Si donc l'on ordonne de reconnaître le bassin d'une rivière quelconque, lequel est composé de plusieurs bassins de ruisseaux, il faudra procéder comme suit : 1° on cherchera quelle est la portion de fleuve qui sert de limite au bassin donné ; 2° on notera l'embouchure de la rivière et les points du fleuve au-dessus et au-dessous de cette embouchure, où les lignes de faîte (ordinairement de troisième ordre) qui limitent la vallée de la rivière viennent mourir ; 3° on marchera sur ces lignes de faîte de troisième ordre jusqu'à la rencontre de la ligne de faîte (ordinairement de deuxième ordre) qui sert de quatrième limite au bassin et où la rivière a sa source. On obtient de cette façon une espèce de quadrilatère qui contient tout le bassin de la rivière, c'est-à-dire, sa vallée et tous les vallons des ruisseaux ses affluents. En parcourant les lignes de faîte de troisième ordre, on aura remarqué les sources des ruisseaux et les points d'attache des petites lignes de faîte qui séparent ces bassins du troisième ordre. En parcourant le cours de la rivière, on aura observé l'embouchure de ces divers ruisseaux et les points où les petites lignes de faîte qui les encadrent viennent mourir ; de cette façon, l'on possédera tous les points géographiques et topographiques importants de l'espace à reconnaître.

273. Nous donnons ici la définition des termes qui se présentent le plus souvent dans la description des montagnes et des cours d'eau (fig. 285) :

Pic. Montagne de forme conique et très-élevée.

Aiguille ou dent. Pic très-allongé qui prend la forme prismatique légèrement conoïde ; découpure aiguë des rochers qui terminent une sommité ou qui couronnent l'arête d'une chaîne âpre et ravinée.

Plateau. En petit, un mont ou un pic tronqué ; en grand, une plaine élevée au centre des monts qui lui servent de base.

Chaîne principale. On regarde comme chaîne principale de montagnes, celle des revers, ou des points culminants de laquelle dérivent les grands cours d'eau, considérés relativement à un grand réservoir, tel que l'Océan et les Méditer-

ranées. Les géologues la reconnaissent à sa nature grani-
tique, et l'appellent assez communément *primaire*.

CHAÎNE SECONDAIRE, EMBRANCHEMENT OU CHAÎNON. Une série
irrégulière, mais assez suivie, de hauteurs, qui, se détachant
de la chaîne principale, prend, à plus ou moins de distance
de son point de départ, une direction qui tend au parallélisme, et forme les grandes vallées longitudinales, ou légèrement inclinées sur l'axe de la chaîne : c'est ainsi qu'on
peut considérer les Apennins, le Jura, les Vosges, les Montagnes Noires.

CONTRE-FORT. Le *contre-fort* ne diffère du chaînon qu'en
ce qu'il a moins d'étendue; que sa direction, par rapport
à l'axe de la chaîne, s'approche plus de la perpendiculaire;
qu'il n'accompagne et n'alimente pas toujours un grand
cours d'eau, et qu'il se termine ordinairement en s'abais-
sant dans une vallée longitudinale, ou d'une manière
abrupte sur la côte. Les contre-forts forment les vallées
transversales.

RAMEAUX. Les subdivisions latérales ou terminales des
chaînons et des contre-forts qui ont quelque étendue et qui
forment les vallons latéraux de la vallée principale, se nomment *rameaux*.

RENFLEMENT. Un contre-fort très-court, tel qu'on en trouve
à l'origine bifurquée d'une vallée, peut être considéré comme
un renflement de la chaîne.

APPENDICE. On donne ce nom au renflement d'un chaînon
ou d'un contre-fort.

COLLINE. Les rameaux se subdivisent en collines, entre
lesquelles se trouvent les berceaux des ruisseaux.

COTEAU. On donne assez communément le nom de *coteau*
au versant cultivé d'une colline, ou à une partie de celui
d'une montagne; mais on entend aussi par ce mot un
appendice de la colline.

MAMELONS. Les mamelons sont les derniers reliefs arrondis et isolés de la surface du terrain, par lesquels la pente
générale des hauteurs voisines se raccorde avec le glacis
ou plan légèrement incliné, selon lequel la plaine, ou l'un

des côtés du fond de la vallée, penche vers le récipient de ses eaux.

ARÊTE. Le nom d'*arête* est appliqué à l'intersection obtuse ou aiguë des plans que forment les deux versants d'une chaîne, ligne qui détermine le partage des eaux des deux revers opposés. C'est le faîte de la montagne.

CRÊTE. Le mot *crête* est plus employé pour désigner l'arête ou le faîte du contre-fort.

CIME, SOMMET. Quoique l'on confonde souvent les mots de *cime* et de *sommet*, cependant ce que signifie le premier se trouve plus ordinairement dans les hauteurs du premier ordre ; l'un et l'autre désignent toujours le point le plus élevé d'une hauteur cunéiforme.

COL. Le plan général des contre-forts étant, malgré le relèvement partiel de leur crête, dans celui de pente générale que la chaîne d'où ils émanent produit sur chacun de ses versants, et leur masse soutenant de part et d'autre celle de la chaîne au point où ils s'y attachent, il y a relèvement de la chaîne à ce point. Pareille chose arrive à la rencontre des deux autres contre-forts, qui, de chaque côté, se détachent parallèlement aux premiers ; d'où il suit deux relèvements de la chaîne assez rapprochés, dont l'intervalle se nomme *col* : c'est ordinairement le point où l'arête paraît faire une inflexion, et qui offre un passage d'un versant à l'autre, d'une tête de vallée à celle de la vallée opposée ; c'est le point de partage des eaux. Il n'est pas rare d'y trouver un réservoir commun comme source au lac ; c'est ce qu'on voit au mont Cenis, au mont Genèvre. Ce même passage est appelé PORT dans les Pyrénées, et PERTUIS dans le Jura.

La double rencontre des rameaux sur les chaînons (¹) et

(¹) Au point où les *chaînons* rencontrent les *chaînes* de montagnes (et généralement chaque fois que deux lignes de hauteurs se coupent), il y a au nœud, ou point de jonction, un double soulèvement. De là suit évidemment, et comme on vient de le dire, qu'entre deux nœuds se trouve une dépression dans la chaîne principale. Comme les chaînons servent de limites aux grands bassins des fleuves, cette dépression se contre-forts produit aussi des cols sur leur crête, aux têtes des vallons; mais ce nom appartient plus particulièrement aux passages de la chaîne.

Ressaut. On désigne généralement par le nom de *ressaut* tout relèvement brusque d'une arête ou d'une crête, indépendamment de ceux qui, par leur grandeur ou leur position culminante, prennent le nom de *nœud, mont, plateau* ou *pic.*

Défilé. Le *défilé* diffère du col, en ce qu'il peut se trouver au pied des hauteurs, et que c'est toujours un passage resserré entre deux escarpements par lesquels il est encaissé ou supporté.

Patte ou croupe. On peut appeler *patte* d'un rameau, d'un contre-fort, le point de la crête où ils se subdivisent et se ramifient, pour s'abaisser en collines ou hauteurs inférieures.

Éperon. Le nom d'*éperon* convient aux saillies abruptes que font quelquefois, en se terminant brusquement sur la côte, les rameaux ou les contre-forts, principalement ces derniers; les chaînes et chaînons se terminant ainsi produisent ordinairement ce qu'on appelle *promontoire.*

Combe. On entend par *combe* une plaine élevée, légèrement concave, mais ordinairement aride et sans cours d'eau.

Fondrière. La combe prend le nom de *fondrière*, lors-

---

trouvera au point où le *thalweg* du fleuve, qui suit la pente du bassin, vient rencontrer la chaîne principale. Ces dépressions sont donc les passages naturels à travers les grandes chaînes de montagnes.

Ces défilés ont une grande importance; ils forment le nœud de deux vallées opposées, ce sont les portes que la nature a placées pour communiquer d'un versant à l'autre. Si donc on veut passer du bassin d'un fleuve dans celui d'un autre fleuve opposé, on cherchera le point de passage aux sources mêmes des fleuves. Si l'on veut passer du bassin d'un fleuve dans celui d'un fleuve parallèle, on cherchera les points de passage aux sources des rivières, qui prennent leur source à la ligne de faîte qui sépare les bassins. Le cours des ruisseaux mènera du bassin d'une rivière dans celui d'une rivière parallèle. Les vallées sont donc, dans les pays de montagnes, les routes des armées.

qu'elle a une moindre étendue et que les eaux sauvages y séjournent ou n'y trouvent qu'une difficile issue.

Ravin. Le *ravin* est une déchirure de la montagne sur le plan de pente primitif, où coulent les eaux sauvages, pérennes ou passagères ; c'est un lit graveleux habituellement à sec.

Ravine. On appelle le ravin *ravine*, lorsqu'il est habituellement inondé.

Torrent. La ravine est assez généralement l'origine, ou l'une des tributaires d'un *torrent*, qui est un cours d'eau rapide et sauvage, qui se précipite en grondant sur un lit rocailleux, suivant le plan de pente primitif, et porte à un récipient plus tranquille un tribut, tantôt faible, tantôt énorme, d'eau limpide ou chargée de troubles ; plusieurs rivières sont des torrents sur le premier plan de pente d'où elles surgissent.

Gorge. On donne le nom de *gorge* à une partie de vallée très-étroite ; c'est l'intervalle resserré entre deux contre-forts, qui se trouve plus ordinairement voisin de leur point d'attache à la chaîne, et qui y sert de couloir (plus ou moins fortement accidenté) à un torrent.

Val. Quand la gorge a une certaine étendue, sans prendre trop d'évasement, quoique sa pente diminue, elle prend le nom de *val*.

Vallée. Quand le val se prolonge et s'élargit, il donne naissance à la *vallée*, qui prend quelquefois son nom même à son origine, lorsqu'elle y est large et à berges adoucies.

On distingue par la dénomination de *vallée principale* celle qui sert de berceau à un grand cours d'eau qui, partant de la chaîne et suivant, entre deux contre-forts, le plan de pente générale (à moins qu'il ne soit détourné par une contre-pente, comme le *Rhône* l'est par le chaînon de l'*Ardèche*), se rend au récipient principal vers lequel verse le plan de pente. La vallée est dite *secondaire* quand elle prend son origine sur le flanc d'un chaînon ou d'un contre-fort, et qu'elle est le berceau d'un cours d'eau qui est affluent de celui d'une vallée principale.

La vallée est *longitudinale* lorsqu'elle a, pour l'une de ses berges, les flancs mêmes de la chaîne ou du chaînon d'où elle descend, ou qu'elle en reçoit les affluents (telle est la vallée du *Rhône* jusqu'au lac de *Genève*). Elle est *transversale*, lorsque sa direction approche de la perpendiculaire à l'axe de la chaîne ou du chaînon ; qu'elle a pour berges les flancs correspondants de leurs contre-forts ou rameaux, ou que ses affluents en descendent.

Les fleuves et les grandes rivières coulent dans les vallées principales ; leurs principaux affluents coulent dans les vallées secondaires.

Vallons. Les *vallons* sont des vallées de moindre étendue, qui, naissant sur les flancs des contre-forts, ont pour berges les versants correspondants de deux rameaux, et forment le berceau d'un affluent de second ordre, tributaire d'un fleuve ou d'une rivière principale.

On appelle aussi *vallon* le berceau d'un ruisseau qui se trouve entre deux collines.

Berges. Les *berges* sont les flancs en regard des hauteurs, dans l'intervalle desquelles se trouve le fond de la vallée.

Rives. Les berges prennent le nom de *rives* lorsqu'elles expriment les deux escarpements plus ou moins abrupts qui encaissent un fleuve.

Bords. Pour une rivière, les berges se nomment *bords*.

Glacis. On appelle *glacis* ce plan légèrement incliné que forme, de chaque côté d'un cours d'eau, le terrain d'alluvion du fond de la vallée, depuis le pied des hauteurs où la pente a changé, jusqu'au *thalweg*, qu'il est plus convenable d'appeler *fil d'eau*.

Thalweg. L'intersection mixtiligne, que forment au fond de la vallée ou du vallon les plans de pente latérale des deux berges.

Pente générale. On entend par *pente générale*, celle que déterminent vers un grand bassin, comme l'Océan ou les Méditerranées, les versants d'un plateau, d'un mont, d'un pic, d'un nœud culminant de monts agglomérés, d'où se détachent et descendent les chaînes et cours d'eau qui vont former les grandes arêtes saillantes ou rentrantes d'une portion circonscrite d'un continent, ou de la totalité d'une île : tel est le *Saint-Gothard* pour l'Allemagne, la Turquie d'Europe, l'Italie, la France et les Pays-Bas; c'est lui qui détermine les pentes générales du *Danube* et du *Tessin* vers les Méditerranées, et celles du *Rhin* et du *Rhône* vers l'Océan.

CONTRE-PENTE. Ce dernier fleuve, le Rhône, se trouve détourné et ramené au sud vers la Méditerranée, par la rencontre des montagnes de l'*Ardèche*, dont les versants orientaux coupent la pente prolongée du *Gothard*, et donnent, sur la ligne produite par cette intersection, un nouveau lit et une nouvelle direction au *Rhône*. C'est le plan de pente de ces versants orientaux qu'on appelle *contre-pente;* c'est ce qui arrive lorsqu'un chaînon vient croiser un contre-fort.

Quoique l'un et l'autre soient émanés d'un plateau commun, et dans le plan de pente générale qu'il détermine, comme le chaînon a, sur son versant opposé à la chaîne, un plan de pente particulier et contraire à celui qu'il suit lui-même dans le système général, il fait nécessairement *contre-pente*, et détourne ainsi le cours d'eau échappé de la chaîne.

Comme le plan de *contre-pente* est ordinairement plus abrupt, le fil d'eau déterminé par la ligne d'intersection se trouve habituellement de son côté. De ce côté aussi, les berges sont ordinairement plus escarpées, parce que les cours d'eau tendent toujours à miner les obstacles qui barrent leur déclivité primitive.

274. OBJET DES MÉMOIRES MILITAIRES. — Les mémoires militaires diffèrent des mémoires descriptifs en ce que l'officier ne se borne pas à décrire d'une manière générale la nature du pays, les ressources qu'il offre et les obstacles qu'il oppose à la guerre. A mesure qu'il réunit ces données, il en fait l'application. Il suppose, par exemple, que des armées agissent sur le terrain qu'il reconnaît, que leurs forces, un échec ou des succès les placent dans telle ou telle situation, et dans chaque hypothèse, il analyse et discute ce qu'elles ont de mieux à faire pour réparer les revers ou profiter de la victoire.

Souvent ces suppositions sont moins vagues et se réduisent à chercher les moyens de remplir un but déterminé. Tels sont les cas où l'officier est chargé d'indiquer les routes que les colonnes peuvent suivre, de choisir un camp, de proposer les moyens de défendre une étendue de pays, de faire la reconnaissance tactique d'une position, de reconnaître une ville dans le but de s'en servir comme poste militaire ou comme point d'appui d'un champ de bataille, etc.

275. Afin de préciser davantage ce qui a été dit précédemment sur la rédaction des mémoires, nous présenterons le programme d'un mémoire descriptif et militaire fait en temps de paix ou pendant un armistice. Dans les applications, on se rapprochera le plus possible de ce programme pour les matières qui concernent spécialement la reconnaissance dont on est chargé.

I. DESCRIPTION PHYSIQUE.

1° Physique du terrain. — Limites géographiques du pays; sa division et sa description par bassins; aspect général du terrain : montueux ou en plaine, couvert ou découvert, d'un accès facile ou coupé d'obstacles, de haies, de fossés, de murs de clôture, d'escarpements, de rochers, etc.; couvert de bruyères; sec ou marécageux.

2° Les eaux. — Fleuves et rivières considérés depuis leur source jusqu'au point où ils deviennent navigables, et depuis ce dernier point jusqu'à leur confluent fluvial ou maritime. Direction et force du courant; hauteur, largeur et profondeur moyennes du lit; époque et régime des hautes et basses eaux; digues et écluses; nature du fond et des rives; situation des ponts existants, leurs dimensions et nature de leur construction; bacs, leur contenance; durée de la traversée; endroits les plus propres à l'établissement de ponts et autres moyens de passage; gués, leur direction, leur largeur et profondeur ordinaires, la qualité de leur fond, les moyens de les détruire; points à défendre; nature, élévation et pentes des rives; commandement constant ou alternatif d'une rive sur l'autre; aspect général de la vallée.

Pour les ruisseaux, on se bornera aux indications principales, suivant leur importance.

Canaux : points qu'ils relient; leurs dimensions; ouvrages d'art; transports auxquels ils servent; prix du tonnage.

Lacs : leur longueur, largeur et profondeur; nature du fond et des rives; sont-ils propres à la navigation?

Étangs : leur nombre, leur surface, leur qualité; sont-ils naturels ou artificiels, permanents ou non?

Marais : sont-ils praticables? moyens d'assèchement; croît-il sur leurs bords des joncs, des arbustes...? Nature de leur fond; leur influence sur la santé de l'homme. Tourbières : leur étendue; sont-elles praticables?

Côtes maritimes : dunes ou falaises; estran; digues; marées; bancs et barres; anses, rades, ports, etc.

Polders : hauteur au-dessus ou au-dessous de la basse mer; les digues, hauteur, épaisseur, inclinaison des berges; les canaux d'écoulement, leurs dimensions; le mode d'écoulement, la forme des écluses.

Fontaines et sources : leur état, leur nature, leur température; fontaines jaillissantes, intermittentes, etc.

3° Aérographie. — Climat : chaud, froid, sec, humide. Maximum de chaleur et de froid, température moyenne. Température dans les diverses saisons. Vents dominants. Faits météorologiques intéressants. Causes d'insalubrité; moyens d'y remédier.

4° De la nature du sol à la surface et à différentes profondeurs.

II. STATISTIQUE.

Divisions politiques et administratives.

Population. — Population totale; sa répartition entre les villes et les campagnes, entre l'agriculture et l'industrie, etc.

La population est-elle croissante ou décroissante? Cause de ce mouvement.

Nombre d'habitants par hectare.

Recrutement, contingent annuel, nombre d'hommes déclarés bons pour le service, etc. Organisation de la force publique.

Dissemblance ou homogénéité entre les habitants, sympathies ou aversions. Leur aptitude ou leur goût pour la guerre, les arts, les sciences, le commerce ou l'agriculture.

Langage : langues, dialectes, patois.

Religions : religions et sectes diverses.

Instruction publique : degré d'instruction des diverses classes de la population ; écoles, universités, sociétés savantes, bibliothèques publiques.

Habitations, édifices publics. — Aperçu des ressources pour le logement des troupes. Les maisons sont-elles éparses ou agglomérées? Leur construction ordinaire. Matériaux de construction employés dans le pays; indiquer d'où ils sont tirés. Objets d'art estimés.

Agriculture. — Aperçu général de sa situation.

Valeurs foncières. — Terres à grains et plantations : leur superficie divisée en qualités et prix; méthode de culture. Produits agricoles : leur rendement, leurs qualités, leurs prix.

Bois et forêts : quelle espèce d'arbres y domine, leur emploi. Aperçu de l'étendue des forêts et de leur état.

Prés, pâturages, carrières, mines : prix, qualités et quantités de leurs produits.

Jardins et vergers : culture et produits.

Terrains vagues : étendue, genre de culture dont ils seraient susceptibles.

Animaux domestiques. — Leur nombre, leur qualité, leur emploi, leur nourriture, leur origine, leur prix. Produits de basse-cour.

Industrie. — Usines, moulins, etc.; description, nature, valeur et quantité des produits.

Commerce. — Exportation et importation des matières premières, des subsistances, des objets manufacturés, etc.

Application des ressources locales au service des troupes. Facilités ou obstacles de la part de l'administration ou des habitants pour appliquer avec promptitude les ressources du pays aux besoins des troupes, soit en marche soit en cantonnement. En quoi consistent les revenus communaux ?

III. COMMUNICATIONS.

Exposé sommaire du système général des communications.

Détails pour chaque route : points remarquables qu'elle relie ; largeur, si elle est pavée, empierrée, etc., en terrain naturel, bordée d'arbres, de haies, de maisons ; sa longueur ; son état aux diverses saisons de l'année ; pentes d'enrayage et autres accidents ; défilés ; est-elle praticable pour l'artillerie, les charrois, etc. ? Moyens qu'offrent les localités pour l'améliorer ou la détruire.

Navigation des rivières et canaux ; chemins de fer ; lignes télégraphiques.

IV. CONSIDÉRATIONS HISTORIQUES ET MILITAIRES.

Historique. — Aperçu des principaux événements politiques survenus depuis les temps anciens jusqu'à nos jours, dans la contrée où le terrain reconnu est situé.

Considérations militaires. — Notice sur les principales guerres dont le pays a été le théâtre ; description raisonnée des champs de bataille. Indication des points stratégiques. Places fortes ; leur rôle. Positions fortes par leur nature ; moyen de les utiliser pour l'offensive ou la défensive. Accidents généraux qu'offre la topographie du pays. Système de défense ou moyens proposés par l'officier d'après la nature du terrain, les communications et les opérations militaires que comporterait la contrée reconnue. Aperçu de la composition et de la disposition générale des troupes dans ce même système.

Sur les côtes, indiquer les points où l'on pourrait effectuer des débarquements ; dispositions à prendre pour s'y opposer ; positions à occuper pour arrêter l'ennemi qui aurait débarqué.

270. La reconnaissance n'a quelquefois pour objet que d'indiquer les particularités de la route qu'une colonne doit suivre. Elle prend alors le nom d'*itinéraire*.

L'officier qui en est chargé marche à l'avant-garde; il note soigneusement la qualité de la route, les montées, les descentes, les défilés, les points remarquables à droite et à gauche; les noms des localités qu'elle traverse et les ressources en vivres, fourrages, logements, moyens de défense, etc., qu'elles offrent. Il réunit toutes ces observations dans un tableau, qu'il trace lui-même ou dont le modèle lui est donné, et, chaque soir, il l'envoie au commandant de la colonne.

277. Le colonel fédéral suisse Dufour a proposé de donner à ce tableau la forme suivante :

On prendrait une bande de papier d'environ 15 centimètres de largeur et aussi longue qu'il serait nécessaire; cette bande divisée en trois colonnes (fig. 286) serait roulée sur un petit bâton; à mesure qu'on avancerait, on la déroulerait et on inscrirait les notes et les signes qu'on jugerait nécessaires. En tête du rouleau, c'est-à-dire au bas du croquis, serait l'indication de la route, le titre de l'itinéraire ; à gauche, la colonne des observations générales; à droite, celle des observations particulières; au centre, celle des signes conventionnels. Une ligne droite, tracée au milieu de cette dernière, représenterait la route, sans tenir compte de ses inflexions (¹); les nombres placés à droite de cette ligne indiqueraient le temps employé à parcourir, d'un signe à l'autre, les portions de *plaine*, et ceux placés à gauche indiqueraient le temps employé à parcourir les *montées* ou les *descentes*, suivant qu'ils seraient marqués du signe ─┼─ ou du signe ──. On ne marquerait comme montées ou descentes que celles d'une grande étendue et celles où il faudrait enrayer; toutes les autres se compteraient comme plaines.

278. Voici un autre modèle d'itinéraire qui est adopté dans plusieurs pays. Il se compose d'un tableau divisé en huit colonnes :

(¹) Dans la figure 286 nous indiquons les changements de direction près des points où ils se font, par les lettres initiales des noms des points cardinaux.

1re *colonne*. — Noms des lieux.

2me *colonne*. — Distances entre les points remarquables.

3me *colonne*. — Désignation des points remarquables sur la route.

Ces points sont déterminés par un changement dans la direction ou la construction de la route, par l'origine d'un défilé, d'une pente d'enrayage, par un mauvais pas, un pont, un gué, un point appartenant à un thalweg ou à une ligne de faîte, par une usine ou un autre bâtiment, par l'embranchement, soit à droite, soit à gauche, d'un chemin ou d'un sentier, etc.

4me *colonne*. — Longueur sur la route de chacun des accidents qu'elle présente.

5me *colonne*. — Largeur de la route dans ses différentes parties.

6mo *colonne*. — Vues ou profils des défilés, ponts, gués et autres choses remarquables.

7me *colonne*. — Détails descriptifs sur le terrain que traverse la route : villages, habitations, passages d'eau,...... objets peu éloignés de la route qui offrent quelque intérêt militaire; nature et dimensions des ponts, des gués; époque de l'année où ceux-ci sont praticables; nombre d'hommes, de chevaux, de voitures que peuvent contenir les bacs ; temps employé pour le passage et le retour; moyens qu'offrent les environs pour réparer la route et les ponts.

8me *colonne*. — Observations générales.

270. La reconnaissance spéciale d'un cours d'eau peut aussi se résumer en un tableau formé de plusieurs colonnes.

1re *colonne*. — Position de l'origine du thalweg et de l'embouchure; cotes de hauteur de ces deux points au-dessus de la mer; direction générale du thalweg depuis son origine jusqu'à l'embouchure, ou d'une partie de ce thalweg comprise entre deux points déterminés; indication des villes situées sur les rives ou près du cours d'eau; longueur développée du thalweg.

2me *colonne*. — Indication des affluents immédiats; distance de leur embouchure à l'origine de leur thalweg ; leur direction générale, leur longueur ; notions sommaires sur le volume de leurs eaux, sur le parti qu'on peut en tirer pour la navigation, l'irrigation ou l'établissement d'usines de différentes espèces.

3ᵐᵉ *colonne.* — Indication des points de passage ; ponts, bacs, gués ; usines et positions militaires qui se trouvent sur l'une ou l'autre rive du cours d'eau.

4ᵐᵉ *colonne.* — Nature, forme, état des rives près des points de passage ou des positions militaires. Largeur, volume, profondeur, pente et vitesse moyenne des eaux dans ces parties.

5ᵐᵉ *colonne.* — Perspectives, plans, élévations, coupes des objets remarquables qui se trouvent sur le cours d'eau ou près de ses rives.

6ᵐᵉ *colonne.* — Détails relatifs aux formes et à la nature du terrain dans l'étendue du bassin ; notions sur le cours d'eau qui arrose ce bassin ; influence des saisons sur le volume des eaux, sur la longueur des parties navigables de son cours, et sur le temps pendant lequel il est propre à la navigation ; largeur, profondeur et vitesse des eaux dans les lieux remarquables autres que ceux qui ont de l'importance militaire ; chutes, cataractes, bancs de roche ou de sable, barres d'embouchure, îles permanentes variables ou invariables.

280. Enfin, si l'officier reçoit l'ordre de rendre compte par un levé à vue de la reconnaissance d'une voie de communication, il pourra le faire par un croquis analogue à celui de la figure 287.

TROISIÈME PARTIE

COPIE ET RÉDUCTION DES PLANS

PAR LES

PROCÉDÉS GÉOMÉTRIQUES ET LE PANTOGRAPHE.

COPIE ET RÉDUCTION DES PLANS

PAR LES

PROCÉDÉS GÉOMÉTRIQUES ET LE PANTOGRAPHE.

CHAPITRE XLI.

Procédés géométriques.

281. Supposons d'abord que la copie doive être égale à l'original. Après avoir tracé un cadre parfaitement égal à celui du modèle, on peut :

1° Déterminer par *intersections* la position des points principaux, c'est-à-dire construire des triangles ayant un de ces points pour sommet, et pour base une droite terminée à deux points du cadre ou à deux points déjà rapportés. La copie de ces triangles se fait avec une grande promptitude au moyen du compas à trois branches.

Les points principaux étant ainsi rigoureusement établis, on y rapporte à vue les détails intermédiaires.

On figure une ligne courbe, en menant par ses extrémités une droite qu'on construit sur la copie et par rapport à laquelle on détermine, par abscisses et ordonnées, un certain nombre de points de cette courbe.

2° Déterminer les points principaux *par abscisses et ordonnées*, les côtés du cadre modèle étant pris pour axes des coordonnées.

3° Lorsqu'il y a un grand nombre de lignes droites, déterminer ces lignes par la méthode des *prolongements*. A cet effet on les prolonge jusqu'au cadre, et on rapporte sur la copie les points d'intersection ainsi obtenus.

282. Au lieu d'employer les procédés précédents, qui ne laissent pas que d'être fort longs, on calque le dessin à la vitre, directement, si cela est possible ; ou bien, on fait d'abord sur papier huilé, ou mieux sur papier végétal, un premier calque qu'on copie ensuite à la vitre.

Mais lorsque les lignes dessinées à l'encre de Chine sur le papier transparent ne paraissent pas suffisamment au travers de la copie, on réduit de la mine de plomb en poussière très-fine qu'on étale sur le côté du papier transparent opposé à celui sur lequel on a dessiné, et l'on fixe cette poussière en frottant légèrement avec un morceau de papier ou un petit tampon de linge. On étend sur le papier à dessiner la feuille ainsi préparée, la partie plombée au-dessous, et on suit, avec une pointe à calquer, tous les traits de la première copie.

Un autre procédé, très-usité parmi les ingénieurs et les architectes, consiste à calquer au piquoir, en ne perçant, bien entendu, l'original et la copie qu'aux extrémités des lignes droites et aux centres des cercles.

283. Supposons maintenant que les lignes de la copie doivent être à celles de l'original comme $m : n$. On tracera un cadre dont les côtés soient à leurs homologues du modèle dans le rapport de $m : n$, et on partagera ce cadre et celui du modèle en un même nombre de carreaux égaux. Il ne restera plus alors qu'à figurer dans chacun des carreaux de la copie les objets qui sont dans les carreaux correspondants de l'original ; et on pourra, à cet effet, adopter la méthode par abscisses et ordonnées, ou celle des intersections, ou celle des prolongements, en ayant soin de réduire dans le rapport de $m : n$ toutes les dimensions prises sur l'original.

Si l'original était trop précieux pour y tracer le treillis dont il vient d'être question, il faudrait le couvrir d'une feuille de papier verni ou d'une glace sur laquelle on aurait formé ce treillis.

Lorsque la surface réduite doit être à la surface du modèle dans le rapport de p à q, chaque droite a de la copie est donnée en fonction de son homologue A de l'original par la relation

$$p : q = a^2 : A^2,$$

d'où

$$a = \sqrt{\frac{p}{q} A^2}.$$

284. Il existe, pour simplifier et faciliter la copie et la réduction des cartes, différents instruments parmi lesquels nous citerons le *compas de précision, celui à quatre pointes, celui de proportion* et *celui à trois branches.*

1° Le compas de précision diffère du compas ordinaire par un arc de cercle et une vis permettant d'augmenter ou de diminuer l'ouverture des branches de très-petites quantités.

2° Le compas à quatre pointes est construit de façon que les branches se croisent à tel point que l'on veut, pour que la distance de deux des pointes situées d'un même côté de ce point soit à la distance de deux autres dans un rapport indiqué.

3° Le compas de proportion se compose de deux règles d'égale longueur réunies par une charnière comme les branches d'un compas. Sur ces règles sont tracées deux droites qui partent du centre de la charnière et qui sont divisées en un certain nombre, 100 par exemple, de parties égales numérotées à partir de ce centre. Soit à prendre, au moyen de ce compas, la cinquième partie d'une droite. On ouvre l'instrument jusqu'à ce que les extrémités marquées 100 embrassent cette droite, et il est évident que la distance des points marqués 20 est alors égale à la quantité demandée.

4° Le compas à trois branches, dont le nom seul fait connaître la composition, sert, comme nous l'avons déjà dit, à copier des triangles avec une grande promptitude.

CHAPITRE XLII.

Pantographe.

285. Les diverses méthodes que nous venons d'examiner pour copier et réduire les plans, quoique simples en elles-mêmes, sont cependant à peu près impraticables pour les dessins qui présentent une grande variété de contours et de nombreux détails.

On a inventé un instrument qui supplée à ces méthodes et auquel on a donné le nom de *pantographe*.

286. Le pantographe (fig. 282) se compose d'un parallélogramme articulé ABCD. Le côté AB porte, en un point P, une pointe ou calquoir et le côté adjacent AD un crayon ou traçoir T qui peut s'adapter en différents points de ce côté. Tout l'instrument peut tourner autour d'un pivot M, situé à l'intersection de DC avec la droite TP, et vissé sur un plomb assez lourd pour qu'il ne puisse se déplacer.

On suit avec le calquoir les lignes du dessin à copier, et le traçoir décrit de lui-même une figure semblable à ce dessin.

Cette propriété du pantographe sera établie si l'on prouve que lorsque le calquoir décrit une droite quelconque PP' (fig. 283), le traçoir décrit une droite TT' parallèle à PP' et telle que le rapport $\frac{PP'}{TT'}$ est constant pour une même position du traçoir T sur le côté AD. Soient ABCD le parallélogramme des axes des règles lorsque le calquoir est en P et le traçoir en T, et A'B'C'D' la position de l'instrument lorsque ces pointes sont respectivement en P' et en T'.

Dans la première position de l'instrument on a, à cause de la similitude des triangles ATP et DTM,

$$AP : DM = AT : DT.$$

Mais, dans la seconde position A'B'C'D', on a aussi

$$A'P' : D'M = A'T' : D'T',$$

puisque A'P' = AP, D'M = DM, A'T' = AT et D'T' = DT.

Or, les droites A'P' et D'M étant parallèles, on conclut de

cette dernière proportion que les points P',M et T' sont en ligne droite.

Cela posé, on a évidemment

$$PM : MT = AD : DT \text{ et } P'M : MT' = A'D' : DT'.$$

D'où l'on tire

$$PM : P'M = MT : MT'.$$

Les deux triangles PMP',TMT' sont par conséquent semblables, comme ayant un angle égal M compris entre côtés proportionnels. Et de la similitude de ces deux triangles on conclut, 1° que les droites PP' et TT' sont parallèles, et 2° que le rapport $\frac{PP'}{TT'} = \frac{PM}{MT} = \frac{AD}{DT}$ est constant pour une même position du traçoir T sur le côté AD.

La propriété du pantographe est donc démontrée.

287. Le rapport de la copie à l'original est, d'après ce qui vient d'être établi, $\frac{DT}{AD}$; nous le représenterons par $\frac{m}{n}$. On peut le modifier, sans changer la longueur de AP, de deux manières différentes :

1° En faisant varier DT et en déplaçant par conséquent T et M sur leurs barres respectives pour que l'alignement du traçoir, du pivot et du calquoir soit conservé.

2° En faisant varier AD par le déplacement du sommet D et conséquemment du sommet B, car l'instrument doit conserver la forme parallélogrammique.

De là dérivent deux sortes de pantographes.

288. Le pantographe du premier genre, ou pantographe proprement dit, se compose (fig. 282) de quatre règles AP, BC, CD, AE assemblées en A, en B, en C et en D par des boulons rivés de manière que BC=AD et AB=DC. Les extrémités A,F,E sont supportées par de petites roulettes pour diminuer le frottement sur le papier pendant le mouvement de l'instrument. En P, la règle AB est percée d'un trou cylindrique propre à recevoir le calquoir. De D en E on peut placer le traçoir T, soit au moyen de trous percés sur cette longueur, soit avec une pince qui s'adapte par une vis de pression sur la règle ; on peut disposer de la même manière sur la règle DC le pivot M autour duquel tourne tout le système, ce pivot étant, comme on l'a déjà dit, fixé sur un poids assez lourd pour qu'il ne puisse se déplacer.

Le calquoir P étant supposé invariable sur sa règle, on a marqué sur CD et DE les points où l'on doit placer le pivot et le traçoir afin d'obtenir des réductions au demi, au tiers, au quart.... Pour déterminer la position de ces points, le constructeur porte de D vers E et de D vers C les longueurs que donnent pour DT et DM les équations

$$\frac{DT}{AD} = \frac{m}{n} \quad \text{et} \quad \frac{DM}{AP} = \frac{m}{m+n}$$

lorsqu'on y fait successivement $\frac{m}{n}$ égal $\frac{1}{2}$, $\frac{1}{3}$, $\frac{1}{4}$.....

La première de ces équations a été établie au n° 287. La seconde se déduit de celle-ci, car de $\frac{DT}{AD} = \frac{m}{n}$ on tire

$$\frac{m}{m+n} = \frac{DT}{AT} = \frac{DM}{AP}.$$

Le traçoir est ordinairement surmonté d'une coupelle qu'on a soin de lester pour que le crayon frotte convenablement sur le papier ; et, afin d'éviter qu'il marque des lignes inutiles lorsqu'on transporte le calquoir d'une partie à l'autre de l'original, on fixe au-dessus de A une petite poulie horizontale et sur la pince du traçoir une poulie verticale, de telle manière qu'un fil attaché au crayon, et correspondant à P au moyen de ces poulies, permette de soulever le crayon lorsqu'il ne doit pas laisser de trace sur le papier.

Avant d'employer le pantographe à la réduction d'un dessin dans un rapport voulu, il faut :

1° Préparer l'instrument dans le rapport donné, $\frac{1}{3}$ par exemple ; pour cela, on place le traçoir et le pivot aux points marqués $\frac{1}{3}$ sur les règles AE et DC.

Lorsque les règles ne sont pas graduées, on prépare le pantographe comme suit. Après avoir placé en ligne droite le traçoir, le pivot et le calquoir, on fait parcourir à celui-ci la plus grande droite possible L ; sur la droite, que le traçoir a marquée pendant ce mouvement, on prend une longueur L', telle que $\frac{L'}{L}$ égale le rapport donné ; puis on fait varier 'alignement TMP jusqu'à ce que le traçoir décrive exactement L' pendant que le calquoir parcourt L.

Lorsqu'on veut que les lignes de la copie soient dirigées dans le même sens que leurs homologues de l'original, on place le traçoir sur le côté DC et le pivot sur le côté AE.

2° Stationner sur une table le pantographe et le dessin de manière à faire parcourir au calquoir le plus grand espace possible sur ce dessin, que l'on fixe alors ainsi que le pivot M. Il ne reste plus maintenant qu'à suivre avec le calquoir les différentes lignes de l'original, pour reproduire celui-ci dans le rapport voulu.

Si l'on veut qu'un côté de la copie s'appuie sur une direction choisie, il faut disposer la feuille de cette copie de façon que le traçoir reste sur cette direction pendant que le calquoir parcourt la direction correspondante de l'original.

Lorsque le dessin original se compose de plusieurs feuilles, ou lorsqu'il est trop grand pour être circonscrit en entier par le calquoir dans une seule station du pantographe, on le divise en parties accessibles au calquoir et l'on assemble successivement ces parties en stationnant, pour chacune d'elles, l'instrument de manière à appuyer les bases de départ du traçoir sur des lignes de raccord.

289. Le pantographe du deuxième genre, qu'on appelle *micrographe*, diffère du premier en ce que les sommets B et D du parallélogramme articulé, au lieu d'être assemblés, comme les sommets A et C, par des boulons rivés, le sont par des chevilles volantes. Ici le rapport de la copie à l'original se modifie, non pas par le déplacement des points T et M sur leurs règles, mais par le déplacement des sommets B et D, et, à cet effet, les règles sont percées de trous numérotés dans lesquels on place les chevilles qui assemblent les sommets variables.

Cet instrument est très-facile à équiper, mais il donne des résultats moins exacts que le pantographe. Aussi n'est-il employé, comme son nom l'indique, qu'à la réduction des dessins.

290. *Remarque sur le pantographe.* — Dans la théorie du pantographe, on suppose que les diverses articulations de l'instrument se meuvent simultanément, et que les pointes du traçoir et du calquoir conservent exactement leur position sur les règles pendant toute la durée de l'opération. Or, comme dans la pratique il est impossible d'obtenir cette régularité mathématique dans le jeu de l'appareil, il s'ensuit que les résultats n'ont pas la précision que la théorie leur assigne.

Le pantographe n'est plus guère employé aujourd'hui ; la réduction des plans se fait généralement par la photographie.

QUATRIÈME PARTIE

REPRODUCTION DES CARTES

PAR LA PHOTOGRAPHIE

INTRODUCTION.

291. Une des applications les plus utiles de la photographie est son emploi à la réduction des plans. A l'aide de la photographie, tout plan peut être reproduit à une échelle quelconque d'une manière exacte, en très-peu de temps et sans grands frais. Le Dépôt de la guerre de Belgique a été un des premiers à apprécier la supériorité que pouvait présenter l'appareil photographique comme moyen de reproduction, et, pour l'exécution de la carte gravée au $\frac{1}{40000}$ du pays, il n'a pas employé d'autre procédé de réduction. Aujourd'hui, on a généralement reconnu qu'un atelier photographique était une annexe indispensable d'un Dépôt de la guerre bien constitué.

Les méthodes photographiques qui conviennent à ce genre de reproduction sont semblables à celles dont l'artiste fait usage pour l'exécution d'un paysage ou d'un portrait; seulement, on ne doit jamais perdre de vue que si la beauté de la reproduction d'un paysage, par exemple, consiste dans la parfaite dégradation des ombres, celle de la reproduction d'une carte réside, au contraire, dans l'absence complète de demi-teintes. Ainsi les blancs et les noirs du cliché doivent présenter le plus de contraste possible, et la perfection ici c'est que les traits du dessin sur le négatif aient la transparence du verre, tandis que le fond du dessin présente une opacité presque absolue. On parvient à ce résultat, ainsi que nous le ferons voir, en ne négligeant aucun des moyens qui procurent en photographie les mauvaises épreuves dites *heurtées*.

La valeur de cette application de la photographie n'est plus discutable aujourd'hui que les progrès réalisés dans la construction des objectifs ont fait disparaître le seul défaut qui s'opposait à la rigoureuse justesse des réductions.

Mais à l'origine, les images réduites étaient obtenues dans la chambre noire à l'aide d'un objectif formé d'une seule lentille dit *objectif simple*. Le sujet à reproduire réclamant une grande netteté dans toutes ses parties, on était forcé d'employer un diaphragme d'une très-petite ouverture. Or, il est impossible, dans ces conditions, de reproduire les images des objets extérieurs, sans qu'elles subissent une déformation. L'objectif simple engendre sur les épreuves une courbure des lignes marginales, dont la concavité est tournée vers le centre ou vers l'extérieur, selon que la lentille est diaphragmée en avant ou en arrière. Cette espèce de déformation, appelée *distorsion*, n'est pas le fait du diaphragme, comme cela semble résulter de l'influence qu'il exerce sur la façon dont se manifeste ce genre d'aberration ; elle provient de l'épaisseur de la lentille. Aussi lui donne-t-on quelquefois le nom d'aberration d'épaisseur.

On parvenait à réduire cette inévitable déformation à des limites extrêmement faibles, sans enlever aux épreuves leurs autres qualités, en employant à la réduction des cartes et des plans des objectifs simples à longs foyers, où nécessairement la déviation à l'émergence des rayons lumineux, provenant des différences d'épaisseur de la lentille en ces divers points, devait être moins sensible.

Par exemple, les minutes de la carte topographique du pays à l'échelle de $\frac{1}{20000}$, qui ont un cadre de 50 centimètres de hauteur sur 40 centimètres de largeur, étaient réduites par la photographie au $\frac{1}{40000}$ pour la gravure, à l'aide d'un objectif simple de 110 mill. de diamètre et de 90 centimètres de foyer.

Les lignes du cadre des épreuves étaient si peu arquées que sur une longueur marginale de 20 centimètres, la flèche de courbure n'était que de $\frac{1}{8}$ de millimètre. C'était là, on en conviendra, une déformation qui pouvait presque toujours être tolérée.

Les objectifs employés aujourd'hui au Dépôt de la guerre sont entièrement affranchis de ce défaut.

De ce que les effets de déviation qui engendrent la distorsion se produisent en sens contraire, selon que le diaphragme est placé en avant ou en arrière d'une lentille convergente, il est clair que la déviation donnée par une première lentille suivie d'un diaphragme, peut être corrigée, plus ou moins rigoureusement, par une seconde lentille placée au delà du diaphragme. C'est évidemment cette remarque qui a été le point de départ de la construction des objectifs exempts de distorsion.

On peut, en effet, sur des objectifs formés de deux lentilles convergentes, avec diaphragme entre les deux, expérimenter l'influence considérable que la position du diaphragme a sur la rectitude dans la reproduction des lignes marginales. On découvre toujours une position particulière du diaphragme où la distorsion est évitée d'une manière absolue ; le moindre déplacement du diaphragme de cette position courbe les lignes marginales en dedans ou en dehors : la première distorsion se produisant quand le diaphragme est reculé dans la direction de la lentille postérieure, la seconde, quand il est avancé vers la lentille antérieure de la combinaison.

Le premier objectif à lentilles combinées exempt de distorsion fut construit par M. Harrisson, de New-York, et porte le nom de *globe-lens* ou *objectif globe*.

Il résolut le problème en le ramenant au cas le plus simple : celui de deux lentilles convergentes identiques avec un diaphragme central occupant le milieu de leur intervalle.

Les deux ménisques dont se compose cet objectif ont leurs concavités en regard, et ces deux lentilles sont placées à une distance telle l'une de l'autre que, si leurs faces extérieures étaient prolongées, elles formeraient une sphère complète.

Pour bien saisir la grande originalité de cet objectif, il faut observer que les pinceaux lumineux, émis par les objets extérieurs situés sur l'axe ou hors de l'axe de l'objectif, frappent normalement la surface extérieure du ménisque qui les regarde, émergent du premier ménisque, vont frapper ensuite sous l'incidence normale la face concave du second ménisque et émergent du système entier en formant avec l'axe le même angle qu'à l'immergence. De là, destruction complète de la distorsion ; de là, aussi, la dimension considérable de l'angle que l'objectif embrasse, angle dont l'étendue dépasse 75°.

Un grand nombre d'objectifs nouveaux, dont le type primitif est le globe-lens, ont depuis été introduits, sous divers noms, dans la pratique de la photographie. Malheureusement, dans tous les objectifs formés ainsi de deux lentilles convergentes disposées symétriquement par rapport au diaphragme, l'aberration de sphéricité est extrêmement considérable, ce qui nécessite l'usage de diaphragmes à ouvertures très-petites et rend l'objectif très-lent. Ce défaut est corrigé dans le *triplet* par une troisième lentille qui, détruisant l'aberration de sphéricité, joue dans le système le même rôle que la deuxième lentille dans l'objectif à portrait ; aussi est-ce, à tous les points de vue, l'objectif le plus complet de tous ceux actuellement connus.

Une fois en possession d'appareils pouvant donner la reproduction mathématiquement exacte d'une carte, il restait à choisir le procédé pour en tirer le meilleur parti possible. A cause des difficultés et de l'imperfection des moyens dont dispose la photographie proprement dite pour multiplier les épreuves, elle ne peut constituer un système régulier de reproduction des cartes. Aussi, tout en rendant au Dépôt de la guerre de grands services, la photographie n'y fut longtemps qu'un auxiliaire.

Pour obvier à ces défauts incontestés, de nombreux essais furent entrepris, afin d'obtenir au moyen des négatifs sur verre donnés par la chambre noire, des images dont on puisse tirer des épreuves avec l'encre et par les procédés ordinaires de l'impression, soit de la taille douce, soit de la lithographie. Le problème à résoudre pour arriver à ce résultat consiste : 1° à substituer aux pratiques longues et coûteuses employées pour le tirage des positifs, les procédés mécaniques dont une longue pratique a rendu l'exécution prompte, sûre et économique ; 2° à remplacer ces particules de métaux dont la longue conservation à la surface de nos plaques et de nos papiers est encore si problématique, par le charbon, qui, employé par les anciens pour écrire sur leur papyrus, a montré qu'il pouvait résister à l'épreuve du temps et de l'air plus encore que la lame ligneuse sur laquelle il avait été déposé.

Les essais dirigés dans cette voie furent appliqués à la reproduction des cartes pour la première fois en Angleterre par le colonel James, auquel on doit un procédé fort remarquable qui porte le nom de *zincographie*. Son compatriote, le major Russell, fit faire à cette branche de la science un pas immense par l'invention de son *procédé sec au tannin*, aujourd'hui généralement adopté. Des tentatives analogues furent faites dans d'autres pays.

Les procédés du colonel James, à quelques modifications près appliqués pendant quelque temps au Dépôt de la guerre de Belgique, présentaient ce grave défaut d'altérer l'exactitude de la carte reproduite. Tant que les instruments d'optique employés en photographie ne conservaient pas cette exactitude, on ne pouvait se montrer difficile ; mais aussitôt qu'on parvint à construire des objectifs reproduisant à une échelle déterminée d'avance, avec une fidélité parfaite, une carte donnée, on chercha aussi des procédés d'exécution affranchis de toute cause d'erreur.

Le Dépôt de la guerre de Belgique, est parvenu le premier, après bien des essais infructueux, à réaliser un procédé vraiment pratique.

La carte entière du pays, à l'échelle de $\frac{1}{20000^e}$ en cours d'exécution d'après ce système, et dont les feuilles parues ont excité l'admiration des connaisseurs à l'exposition universelle de Paris et tout récemment à l'exposition de Vienne, en établit la preuve incontestable.

DE LA

REPRODUCTION DES CARTES

DESSINS, GRAVURES, ETC.,

PAR LA PHOTOGRAPHIE.

GÉNÉRALITÉS.

292. L'exécution de la carte d'un pays comporte deux espèces de travaux.

1° Les opérations géodésiques et topographiques sur le terrain pour le levé des cartes-minutes.

2° Les travaux qui ont pour objet la reproduction de ces cartes-minutes à un nombre indéfini d'exemplaires.

Ce sont ces derniers travaux, tels qu'ils sont exécutés au dépôt de la guerre de Belgique pour la reproduction de la carte au $\frac{1}{20000^e}$ du pays, que nous allons faire connaître en suivant l'ordre dans lequel ils se succèdent.

CHAPITRE XLIII.

Agrandissement par la photographie des cartes-minutes.

293. Les cartes-minutes, résultats du travail sur le terrain de MM. les officiers chargés de les dresser, sont impropres à être reproduites directement par la photographie, parce qu'elles sont faites dans des conditions qui ne permettent pas d'en obtenir de bonnes épreuves.

Les raisons en sont, que :

1° Le dessin n'en est jamais suffisamment soigné ;

2° Le papier, par suite du long travail en plein air que l'exécution d'une carte-minute exige, ne peut conserver sa blancheur : il se salit et jaunit ;

3° Les différentes couleurs, dont l'emploi est indispensable à la clarté de la carte-minute, ne se prêtent pas toutes également à leur reproduction par la photographie.

La reproduction par la photo-lithographie des cartes-minutes exige donc une opération préalable qui consiste à les refaire, mais cela dans les conditions requises pour atteindre le but qu'on se propose ici, savoir : *obtenir du nouveau dessin de la carte-minute un bon cliché photographique.*

Si l'on s'était borné au Dépôt de la guerre à recopier les cartes-minutes, en leur conservant l'échelle du $\frac{1}{20000}$, il aurait été difficile de donner aux traits des dessins assez de finesse et en même temps assez de fermeté pour qu'ils pussent procurer de bons négatifs photographiques, quelque habileté qu'on suppose d'ailleurs aux dessinateurs.

Pour obtenir des résultats qui puissent rivaliser avec les meilleures gravures, tout en n'employant que des dessinateurs ordinaires, on est parti de ce principe, que *toute réduction d'un dessin par la photographie en atténue les imperfections ;* et, en conséquence, on a fait dessiner au $\frac{1}{10000}$ les

cartes-minutes qui doivent être reproduites au $\frac{1}{20000}$ pa.
la photo-lithographie.

On procède à la confection de ces dessins au $\frac{1}{10000}$, en
décalquant une amplification au double des cartes-minutes,
amplification qu'on obtient par la photographie avec une
netteté suffisante pour l'objet qu'on a en vue.

294. Ces cartes-minutes ont 50 centimètres de hauteur
sur 40 centimètres de largeur; on les agrandit à l'atelier
photographique avec beaucoup de facilité au moyen d'une
chambre noire ordinaire, de dimensions appropriées à la
grandeur des épreuves que l'on veut obtenir, et d'un objectif
convenablement choisi.

En effet, la formule.

$$I = \frac{f}{D-f} O$$

qui donne la grandeur I de l'image en fonction de celle de
l'objet O, de la distance D de cet objet à l'objectif et de la
longueur focale principale f de ce dernier, nous montre
qu'en faisant varier la distance D, cette distance ne peut être
plus petite que f; mais, que jusqu'à $D = 2f$, conséquemment
lorsque l'objet est entre le foyer principal et le double de ce
foyer, l'image atteint tous les grossissements depuis l'infini-
ment grand jusqu'à la grandeur naturelle.

La chambre noire ordinaire, considérée dans une situation renversée, constitue donc par elle-même un appareil
d'agrandissement; elle est d'ailleurs le seul appareil d'a-
grandissement en usage lorsque l'amplification est peu considérable, elle suffit par conséquent à l'amplification au
double; mais il faut qu'elle soit armée d'un objectif qui
réunisse les conditions suivantes :

1° D'être à court foyer, autrement la chambre aurait un
tirage d'une longueur exagérée;

2° D'embrasser un grand angle, afin de donner les plus
grandes épreuves possibles, en vue d'abréger le travail de
l'agrandissement;

3° De procurer des images *sans déformation aucune.*

Les seuls objectifs qui réunissent ces diverses conditions,

et principalement la dernière, sont ceux auxquels le *globe-lens* de M. Harrisson, de New-York, a servi de type primitif; ils sont formés de deux lentilles convergentes disposées symétriquement par rapport au diaphragme.

L'objectif dit *doublet* de l'opticien anglais Ross, de 3 pouces anglais de diamètre et de 30 centimètres, tout au plus, de foyer, dont on se sert, pour agrandir les cartes-minutes, au dépôt de la guerre de Belgique, satisfait à toutes les conditions énoncées ci-dessus.

Cet objectif (voir la planche) se compose de deux lentilles convergentes dites *ménisques*, achromatisées, dont les concavités sont en regard. Ces deux lentilles sont fixées dans des anneaux qui s'engagent dans un tube, se terminant vers le plan à reproduire par un tube plus large sur lequel s'adapte l'obturateur. Il se visse par son autre extrémité sur un anneau plat fixé à la chambre noire. Vers le milieu de l'intervalle des lentilles se trouvent les diaphragmes qui peuvent se changer de l'extérieur d'une manière très-ingénieuse. Ils sont percés dans une rondelle en cuivre qui dépasse extérieurement la monture. Cette rondelle tourne autour d'un centre placé plus haut que l'axe de l'objectif et les trous qui constituent les diaphragmes se trouvent tous à égale distance de ce centre. Son mouvement a lieu à frottement doux entre deux plaques circulaires percées à leur partie centrale de façon que les diaphragmes y viennent passer successivement. Un ressort agit sur la rondelle et s'engage par son extrémité dans des cavités très-peu profondes, de sorte que, tournant la rondelle, de l'extérieur de l'objectif, on entend chaque fois un choc quand l'ouverture du diaphragme coïncide avec l'axe de l'objectif.

La rondelle a cinq ouvertures donnant cinq diaphragmes de dimensions différentes et telles que s'il faut une minute de pose avec le premier, il faudra respectivement 2, 3, 4 et 5 minutes de pose avec les suivants.

Le diamètre du diaphragme dont l'ouverture est maximum égale $\frac{1}{15}$ de la distance focale principale; celui dont le diamètre est minimum égale $\frac{1}{45}$ de cette distance.

Un tel objectif donne, en conservant aux lignes marginales du dessin leur rectitude, des images à une échelle
double du quart d'une carte-minute, c'est-à-dire des images
d'une étendue de 50 centimètres de hauteur sur 40 centimètres de largeur, et qui sont satisfaisantes, même lorsqu'on
opère avec l'instrument armé de son plus grand diaphragme.
De sorte qu'il suffit de faire quatre clichés pour agrandir,
avec cet objectif, une carte-minute.

La *chambre noire* (voir la planche) est, avons-nous dit,
une chambre noire ordinaire; mais, à cause du long tirage
qu'elle doit avoir, elle est à double soufflet, dont l'un est de
forme conique, ce qui est nécessaire, parce que, étant obligé
de placer la chambre très-près de la carte à agrandir, si elle
n'avait pas sa partie antérieure en forme de cône, la plupart
du temps cette partie porterait ombre sur la carte à reproduire.

Cette chambre est montée sur un *pied-table* où elle s'engage dans deux coulisses qui règnent le long des bords de la
table, de façon qu'elle y a un mouvement de va et vient dans
le sens de sa longueur.

A la partie antérieure de cette table est établie une planche
disposée perpendiculairement à l'axe optique de l'objectif
lorsque la chambre est placée sur le pied. Cette planche
s'adapte au pied-table à l'aide de deux montants dont elle est
munie et qui pénètrent dans les coulisses appliquées aux
pieds antérieurs de la table. C'est contre elle que s'applique
la carte-minute que l'on veut agrandir; pour l'y assujettir,
une planchette fixée à charnière au bas de la planche s'ouvre,
à la façon d'un portefeuille, pour recevoir cette carte-
minute, puis se fixe, avec elle, contre la planche au moyen
de pinces à ressorts. Cette planchette est percée d'une ouverture rectangulaire, placée exactement dans le prolongement de l'axe optique de l'objectif, et un peu plus grande
que le quart de la carte-minute à agrandir.

La carte-minute étant placée derrière cette planchette de
manière que le quart à reproduire corresponde à l'ouverture,
on règle, une fois pour toutes, la distance de l'objectif à la
planche et on combine cette distance avec le tirage de la

chambre de façon que le quart de la carte-minute ait, sur le verre dépoli, les dimensions qu'il doit avoir.

Cet appareil très-simple est, quoique solidement construit, assez léger; ce qui permet de le transporter partout où le jour paraît le plus convenable à l'obtention des clichés.

Il aurait peut-être mieux valu fixer à demeure la chambre noire sur le pied-table et rendre mobile la planche placée à la partie antérieure de ce pied et sur laquelle s'applique la carte-minute. Elle se serait engagée dans des rainures pratiquées le long des côtés de la table et se serait rapprochée ou éloignée à volonté de l'objectif.

295. Les quatre clichés nécessaires pour doubler une carte-minute, sont obtenus au moyen du procédé ordinaire sur collodion humide décrit dans tous les ouvrages de photographie. Il faut seulement observer d'introduire assez de bromure dans le collodion, parce que, ordinairement, les cartes-minutes contiennent de nombreux détails perdus dans les teintes jaunes et vertes.

Trois à cinq minutes d'exposition en plein soleil, l'objectif étant muni de son plus grand diaphragme, suffisent pour donner un bon cliché; mais à l'ombre, il faut bien environ quatre fois ce temps. De sorte qu'en moyenne on peut agrandir facilement une carte-minute en une heure de temps.

Le *développement* du cliché se fait en émergeant la glace dans une cuvette plate contenant une solution révélatrice composée comme suit :

      Eau. . . . . 1 litre.
      Sulfate de fer. . . . . 50 grammes.
      Acide acétique. . . . . . . 30 à 40 centimètres cubes.

Aussitôt que l'image apparaît dans tous ses détails, ce qui a lieu en très-peu de temps, on retire la glace de la cuvette pour la laver à grande eau. On renforce ensuite le cliché, si cela est nécessaire, par un développement à l'acide pyrogallique.

La glace, placée sur un support à vis callantes, est établie de niveau et recouverte d'une couche uniforme de la solution suivante :

Acide pyrogallique. . . . . . 1 gramme.
Acide citrique. . . . . . . 1 »
Eau distillée. . . . . 300 centimètres cubes.
Alcool. . . . . 30 » (¹)

Cette solution est versée dans un vase et répandue de nouveau sur la glace, après qu'on y a mêlé quelques gouttes d'une solution aqueuse de nitrate d'argent à 2 pour cent.

On promène quelques instants ce mélange sur l'image pour le recueillir de nouveau dans le vase et l'on répète cette opération jusqu'à ce qu'on juge le cliché assez vigoureux. Le cliché fixé alors dans une solution concentrée d'hyposulfite de soude, puis lavé et séché, se trouve terminé.

296. Tirage des épreuves positives. — Il se fait à l'aide d'une méthode particulière dont la pratique a été introduite au Dépôt de la guerre par M. le major Libois.

Ce procédé, au point de vue de la reproduction des cartes et des plans, est excessivement précieux ; non-seulement à cause des résultats remarquables qu'il donne, mais surtout parce qu'il permet d'obtenir ces résultats par tous les temps et avec beaucoup d'économie.

L'idée fondamentale du procédé consiste à associer le citrate d'argent au chlorure de ce métal pour former la couche sensible. Le chlorure d'argent seul est trop sensible à la lumière et l'épreuve se voile dans le bain de développement. Le citrate d'argent seul est très-peu sensible, mais uni au chlorure il forme un composé très-sensible supportant parfaitement l'action du bain développateur.

C'est avec le papier mince de Saxe qu'on obtient les meilleurs résultats.

Voici ce procédé :

Salage du papier. — On fait flotter pendant une minute les feuilles de papier sur un bain salé composé de :

(¹) On peut, pour l'usage, préparer d'avance des solutions concentrées et titrées d'acide citrique dans de l'eau et d'acide pyrogallique dans de l'alcool, qui se conservent très-bien. A mesure des besoins, dans une bouteille remplie d'eau distillée, dont on connaît la contenance, on verse la quantité nécessaire, de l'une et de l'autre solution, annotée une fois pour toutes sur les étiquettes des flacons.

Eau de pluie. . . . . 1000 centimètres cubes.
Chlorure d'ammonium. . . . 20 grammes.
Acide citrique. . . . . 20 »
Bicarbonate de soude. . . . . 30 »

qu'on prépare en commençant par faire dissoudre les 20 grammes d'acide citrique dans une petite quantité d'eau, 100 grammes par exemple, et on neutralise la solution par les 30 grammes de bicarbonate de soude. La solution, à peu près neutre de citrate de soude que l'on obtient ainsi, est versée dans les 900 centimètres cubes d'eau qui restent et dans lesquels on a fait dissoudre le chlorure d'ammonium.

Ce bain devant présenter une légère réaction acide, on aura toujours soin de s'assurer avec du papier de tournesol si le sel de soude n'a pas complètement neutralisé l'acide citrique ; et on le ramène au besoin à l'aide de quelques gouttes d'une solution d'acide citrique, à réagir, sur le papier de tournesol de manière à le faire virer au rouge franc.

Sensibilisation. — Le papier salé, puis séché, est ensuite sensibilisé sur un bain de *nitrate d'argent à 5 pour* 100, également rendu acide par l'addition de quelques gouttes de la solution d'acide citrique. Une minute de contact avec ce bain est suffisante.

Exposition. — Le papier séché de nouveau est exposé derrière le négatif dans un châssis à reproduction, de 1 à 1 1/2 minute à l'ombre et de 20 à 30 secondes environ au soleil. Le temps de pose varie forcément, suivant la lumière, la transparence du cliché, etc. L'image doit à peine être marquée et cependant être nettement accusée dans tout son ensemble.

Développement. — On développe l'image en émergeant toutes les épreuves dans une cuvette de verre ou de porcelaine, contenant un bain développateur composé comme suit :

1° Eau de pluie. . . . . 950 centimètres cubes.
    Acide gallique. . . . . 1/4 gramme.
2° Eau de pluie. . . . . 50 centimètres cubes.
    Acétate de plomb. . . . . 1/8 gramme.
3° 3 à 4 gouttes d'acide acétique cristallisable.

On prépare d'abord la solution n° 1, puis la solution n° 2 qu'on verse dans la première et l'on agite bien les deux solutions pour en opérer le mélange. Le léger précipité qui trouble d'abord ce mélange provient du peu de solubilité de l'acétate de plomb dans l'eau pure ; il disparaît aussitôt qu'on y verse les 3 à 4 gouttes d'acide acétique (¹).

On suit le développement à la lumière jaune et on arrête juste au point où l'épreuve paraît terminée, car le fixage ne lui fait rien perdre de son intensité.

Il est indispensable de se servir d'une cuvette rigoureusement propre pour que le bain de développement reste limpide jusqu'à la fin de l'opération. Il convient pour cela, avant de l'employer, de la frotter avec un peu de teinture d'iode, et de la rincer au moment d'en faire usage.

Fixage.—Après qu'elles sont développées, les épreuves sont fixées dans une solution d'hyposulfite de soude à 30 pour 100 et on les lave ensuite comme à l'ordinaire.

Virage.—Les épreuves ainsi obtenues ont un très-beau ton ; aussi s'en sert-on sans jamais les virer. Cependant, si ce procédé de tirage des positifs était appliqué dans le but d'obtenir un résultat final soigné, il y aurait lieu de faire subir aux épreuves l'opération du virage.

La formule du bain de virage à employer serait la suivante :

> Chlorure d'or. . . . . 1 gramme.
> Hyposulfite de soude. . . . . . 4 »
> Eau. . . . . 1 litre.

On dissout le chlorure et l'hyposulfite séparément dans 500 centim. cubes d'eau. Le mélange s'opère ensuite en versant goutte à goutte la première solution dans la seconde pendant que l'on remue celle-ci. Ce bain de virage doit se conserver dans l'obscurité. Son emploi précède le fixage des épreuves et on le chauffe légèrement au moment d'en faire usage. Pour qu'il puisse servir plusieurs fois, on

---

(¹) Ici encore, pour plus de commodité, on peut avoir préparées d'avance, parce qu'elles se conservent indéfiniment, des solutions titrées d'acide gallique dans de l'alcool et d'acétate de plomb dans de l'eau (acidulée par de l'acide acétique).

rince préalablement les épreuves dans une eau légèrement
salée.

Observation. — Le papier de Saxe demi-fort éprouvant
un retrait de 1 millimètre sur une longueur de 50 centimètres, il importe d'en tenir compte lors de la mise au point
de la carte-minute dans la chambre noire, en augmentant
d'un millimètre les dimensions de son image sur le verre
dépoli.

Les quatre épreuves que l'on obtient ainsi et qui forment
par leur ensemble une carte-minute agrandie, sont d'une
exactitude rigoureuse : les lignes du cadre de ces épreuves
sont parfaitement droites et ont les dimensions voulues, de
sorte que leur raccordement peut se faire avec facilité et
avec exactitude.

CHAPITRE XLIV.

Dessin des cartes-minutes agrandies.

297. L'envers des épreuves qui doivent servir à décalquer
la carte-minute est frotté avec de la mine de plomb. Leur
décalquage se fait sur une feuille de papier très-blanche,
parfaitement tendue et collée par ses bords sur une planche
à dessiner bien plane et d'une épaisseur telle que les variations atmosphériques ne puissent la faire jouer.

Sur cette feuille de papier, on trace un rectangle de
1 mètre sur 80 centimètres pour y appliquer exactement les
quatre quarts assemblés qui forment une carte-minute
agrandie.

Tous les traits ayant été décalqués à l'aide d'une pointe
sèche, on peut commencer à dessiner.

Le dessinateur, pendant qu'il travaille, ne doit pas perdre
de vue qu'il importe de conserver au papier sa blancheur
et que *de la perfection du dessin dépend aussi celle du travail final.*

Ainsi, les traits du dessin doivent être dessinés avec fermeté et avec une encre de Chine bien noire, donnant un

trait mat et sans reflets. Il ne serait pas mauvais d'y incorporer du jaune, si le papier pouvait conserver sa blancheur; cependant il vaut mieux s'en abstenir, si le papier doit jaunir. On doit surtout éviter d'y mêler de la couleur bleue, comme on a trop souvent coutume de le faire. En général, le dessin pourra être fortement accusé, puisque les traits, les lettres, les hachures, etc., peuvent avoir le double de l'épaisseur qu'ils sont destinés à avoir sur l'épreuve finale. Enfin le dessinateur doit observer, puisque son travail doit être réduit, de maintenir entre les traits des détails l'espacement voulu.

En délayant l'encre de Chine dans une solution très-faible de bichromate de potasse on fait une encre excellente pour l'objet que l'on a ici en vue, parce qu'à la couleur noire de l'encre de Chine vient s'ajouter la couleur jaune du bichromate qui, en présence du papier, brunit fortement à la lumière. On est de la sorte certain que les traits les plus fins du dessin seront toujours suffisamment marqués.

Tout dessin lithographique ou autographié pouvant donner des négatifs parfaits, on aurait pu d'abord produire de cette manière les dessins à une grande échelle pour les réduire ensuite. Par ce moyen on se serait procuré, à peu de frais, une double carte, l'une au $\frac{1}{10000^e}$ et l'autre au $\frac{1}{20000^e}$.

Un dessin exécuté avec de la bonne encre noire ordinaire peut également donner d'excellents résultats.

CHAPITRE XLV.

Réduction des dessins agrandis des cartes-minutes.

Le dessin agrandi de la carte-minute terminé, il faut en obtenir un négatif réduit à l'échelle du $\frac{1}{20000^e}$.

Dans cette partie de la reproduction des cartes, nous donnerons successivement la description de l'appareil et l'exposition des procédés employés.

298. De la chambre noire ou appareil de réduction. — *Objectif.* La pièce principale à considérer dans l'appareil de réduction est l'objectif. L'objectif simple ou complexe dont on fera usage devra donner une image offrant le plus d'éclat et de netteté possible. Ces deux conditions sont difficiles à concilier, car on sait que, généralement, l'éclat est proportionnel à la grandeur de l'ouverture du diaphragme ; tandis qu'au contraire la netteté de l'image sur une grande étendue de la surface du verre dépoli est en raison de la petitesse de cette ouverture. On ne parvient à réunir les deux conditions, dans des limites acceptables, qu'en employant des objectifs à long foyer. D'un autre côté, pour que dans la copie la netteté de l'image soit assurée jusque vers ses bords, ce qui est indispensable, elle doit être limitée bien en-deçà du pouvoir qu'a l'objectif de donner une image. Pour produire donc, comme au Dépôt de la guerre, des épreuves de 55 centimètres de hauteur sur 45 centimètres de largeur d'après des dessins faits à une échelle double, il faut faire choix d'un objectif donnant des images, comme celles dont on se contente habituellement, de plus d'un mètre carré d'étendue.

On peut obtenir de bons résultats avec une simple combinaison achromatique. C'est ainsi qu'au Dépôt de la guerre de Belgique, on s'est longtemps servi d'un objectif simple qui provenait des ateliers de MM. Lerebours et Sécretan, à Paris. Il avait 135 millimètres de diamètre et 1^{m}10 de longueur focale et il était employé avec un diaphragme ayant 1 centimètre de diamètre d'ouverture. Cet objectif ne donnait le négatif dont on avait besoin qu'en 25 minutes de pose au soleil et dans quatre fois ce temps à l'ombre.

Il est plus avantageux de se servir d'un des objectifs à lentilles combinées exempts du défaut appelé distorsion des lignes marginales, défaut très-grand, lorsqu'il s'agit, comme c'est ici le cas, de la reproduction exacte de plans.

Le doublet dit *rectilinéaire* dont on se sert aujourd'hui au Dépôt de la guerre a également 1^{m}10 de foyer, et cependant avec cet objectif la durée de la pose a pu être réduite de plus de moitié.

Il donne des épreuves nettes sur une surface d'une étendue de 60 centimètres de hauteur sur 50 centimètres de largeur; de sorte que, depuis qu'on s'en sert, l'épreuve réduite, qui doit avoir 50 sur 40 centimètres de côtés, a pu recevoir l'image d'un cadre indiquant les longitudes et les latitudes de la carte. De plus, les lignes de ce cadre sont parfaitement droites, résultat qu'on n'obtenait pas avec l'objectif simple antérieurement en usage.

Le *triplet* (voir la planche) de l'invention de l'opticien anglais Dallmeyer conviendrait mieux encore, parce que c'est, à tous les points de vue, l'objectif le plus complet de tous ceux actuellement connus.

En voici la description sommaire : Il est formé de trois ménisques achromatisés; le premier et le dernier étant convergents, celui du milieu étant divergent. Si l'on donne à la distance focale du premier la valeur 1, celle du dernier est égale à 1, 5 et les diamètres de ces deux lentilles se trouvent dans le même rapport. La distance qui les sépare, exprimée en fonction de la distance focale du premier ménisque, est $\frac{1}{7}$ de cette distance focale. La combinaison négative placée entre les deux ménisques extrêmes partage l'intervalle qui les sépare proportionnellement aux puissances focales de ces lentilles, et c'est au même endroit que se placent les diaphragmes. La puissance focale de la lentille divergente est environ la moitié de la somme des puissances focales des lentilles convergentes, et son diamètre est à peu près le tiers de celui de la première lentille ou lentille antérieure de l'objectif. La puissance focale de tout l'appareil est à celle de cette dernière lentille comme 7 est à 8. Ces trois lentilles sont montées dans un tube en cuivre noirci intérieurement. Ce tube entre à frottement dans un autre tube qui se visse sur un anneau plat que l'on fixe à la chambre noire.

Un obturateur en carton sert à ouvrir et à fermer l'instrument, et les diaphragmes se changent en les introduisant par une fente pratiquée à la partie supérieure de la monture.

Cet objectif, à longueur focale égale, donne, en beaucoup moins de temps que l'objectif simple, des épreuves nettes sur une surface d'une étendue plus grande. C'est donc bien l'objectif qui convient pour la réduction des plans.

Avant de se servir de l'objectif, il est très-important de s'assurer que les lentilles sont montées de manière à ne pas être influencées par la réflexion ou les reflets de la monture en cuivre ou des tubes auxquels elles sont ajustées.

CHAMBRE NOIRE (voir la planche). — La chambre noire est formée de trois cadres en fonte de fer montés sur deux traverses également en fonte de fer. Deux de ces cadres ont les dimensions des châssis à exposition ; le troisième n'a que les dimensions nécessaires pour y adapter l'objectif. Ce dernier cadre et celui du milieu sont fixés à demeure sur les traverses à la distance nécessaire l'un de l'autre ; une enveloppe en cuir qui les unit constitue la partie antérieure en forme de cône de la chambre noire. Les deux cadres, d'égale grandeur, dont l'un est mobile et peut se mouvoir sur les deux traverses de fonte à l'aide d'une vis sans fin, sont reliés entre eux par un soufflet, qui constitue la partie postérieure et à tirage de la chambre noire. On remarquera que l'emploi du bois a été évité dans la construction de cette chambre, le bois n'aurait pas présenté assez de garantie de fixité.

Pour obtenir une image exacte à l'échelle de moitié de la carte-minute agrandie, il fallait se créer les moyens de régler la position relative du dessin à reproduire et de la chambre noire, de façon que ce dessin vienne former sur le verre dépoli une image ayant les dimensions qu'on désire lui donner.

Les conditions théoriques auxquelles il faut satisfaire pour cela sont les suivantes :

1° Le centre de la plaque sensible et le centre du plan à reproduire doivent se trouver dans l'axe optique de l'objectif;

2° La surface sensible et le plan à reproduire doivent être parallèles ;

3° Enfin, le rapport entre la distance du verre dépoli au centre optique de l'objectif et de celui-ci à la carte doit être le même que celui que l'on veut obtenir entre la copie et l'original, c'est-à-dire comme 1 : 2 dans le cas particulier qui nous occupe.

Pour parvenir avec aisance et certitude à ce résultat, l'appareil comporte deux parties distinctes :

1° *Le pied qui supporte la chambre,*
2° *Le support du plan à reproduire.*

Support des cartes (voir la planche). — Le support ou soutien du plan à reproduire est destiné à en assurer en toute circonstance la verticalité, tout en lui procurant des mouvements parallèles latéraux et verticaux, ainsi qu'un léger mouvement de bascule autour du centre. Deux montants verticaux en fonte, faisant l'office des rails, portent un chariot qui peut se mouvoir verticalement sur ces rails au moyen d'une manivelle. Ce chariot en porte un autre pouvant se mouvoir latéralement, à l'aide d'une seconde manivelle, sur des rails appliqués au premier chariot. Enfin, ce second chariot contient un appareil auquel une manivelle imprime un mouvement de bascule autour de son centre et qui porte quatre crochets destinés à supporter la planche sur laquelle est tendu le dessin.

Pied de la chambre noire (voir la planche).—La chambre noire est montée sur un pied en fonte qui lui donne une grande stabilité. Ce pied peut être approché ou éloigné en glissant sur des rails établis de niveau et perpendiculairement à la surface du plan à reproduire. Un mouvement angulaire horizontal que lui imprime une manivelle et un autre vertical que lui communique une seconde manivelle, servent à établir avec précision l'axe optique de l'objectif perpendiculairement à la surface du plan à reproduire, ainsi que le parallélisme de cette dernière avec la glace dépolie.

Maniement de l'appareil. — A l'aide des mouvements combinés que ces deux appareils comportent, on parvient à réduire correctement une carte quelconque à une échelle donnée. Voici comment :

Le choix de l'objectif étant déterminé par la grandeur de l'image qu'il a le pouvoir de donner et sa longueur focale principale étant presque toujours connue, deux formules servent à régler tout d'abord approximativement la position relative de la chambre noire et de la carte, ce sont :

$$D = f + \frac{O}{I} f;$$

$$d = f + \frac{O}{I} f.$$

Équations dans lesquelles O et I représentent en grandeur l'objet et l'image, et qui, traduites en langage ordinaire, expriment que la distance D de la carte à l'objectif est égale à *la distance focale de l'objectif augmentée du produit de cette même distance focale par le* NOMBRE *qui exprime le rapport de l'objet à l'image*, et que, la distance *d* de l'image à l'objectif égale *la distance focale plus le produit de cette même distance par la* FRACTION *qui exprime le rapport de l'image à l'objet*.

L'appareil étant ainsi à peu près disposé, l'opérateur, tout en réglant le tirage de la chambre de manière à apercevoir une image nette sur le verre dépoli, à l'aide de la vis sans fin destinée à ajuster exactement le verre dépoli à la distance focale de l'objectif, fera avancer ou reculer l'objectif dans son double tube, jusqu'à ce que l'image d'un rectangle tracé sur la carte paraisse coïncider à peu près avec un rectangle ayant les dimensions de celui-ci, à l'échelle à laquelle la carte doit être réduite, et tracé d'avance sur le verre dépoli. Les mouvements parallèles latéraux et verticaux du support de la carte achèveront de mettre les sommets de ces rectangles en parfaite coïncidence. Si les quatre côtés des rectangles ne se superposaient pas exactement, on examinerait si les centres de ces figures coïncident; et dans la négative, on établirait leur coïncidence à l'aide des mouvements du support. Il sera même très-facile de conclure de l'inégal écartement des côtés correspondants des deux rectangles, les positions relatives des surfaces de la carte et du verre. En effet, supposons une figure (voir la planche) représentant une section horizontale ou verticale passant par l'axe optique de l'objectif placé en I; le centre S du rectangle tracé sur la carte étant en coïncidence avec le centre C du rectangle tracé sur le verre dépoli, il est évident que lorsque Nn sera plus grand que Mm, nC sera plus grand que Cm, c'est-à-dire que l'on verra alors le point N plus éloigné que le point M du centre C sur le verre dépoli. En imprimant à la chambre un léger mouvement dans le sens indiqué, on pourra rétablir le parallélisme; mais ce mouvement amènera les centres de l'image et du verre dépoli, l'un au-dessus de l'autre; on les fera de nouveau coïncider, et ainsi par des ajustages répétés on assurera le parallélisme des surfaces. On achèvera alors de faire coïncider les deux rectangles et de mettre exactement l'image au foyer de l'objectif à l'aide du léger mouvement que procure la monture de l'objectif.

L'appareil étant ainsi réglé, il ne reste plus qu'à substituer au verre dépoli la plaque sensibilisée pour qu'il donne une réduction exacte de la carte exposée.

Nous avons supposé plus haut, au moment de régler l'appareil, que la distance focale de l'objectif était connue. Rien n'est plus facile que de la déterminer. En effet, si dans les formules données ci-dessus, on fait I = O, on aura :

$$D = 2f \quad \text{et} \quad d = 2f,$$

$$\text{d'où } f = \frac{D + d}{4}.$$

Il en résulte que pour connaître très-exactement la distance focale d'un objectif quelconque, il suffit de reproduire, sur un verre dépoli plan, l'image bien nette et de même grandeur d'un objet, puis de prendre la quatrième partie de la distance qui sépare alors le verre dépoli de l'objet reproduit.

299. L'image négative réduite à obtenir de la carte-minute agrandie, devant, pour son transport ultérieur sur pierre, être *renversée*, au lieu de faire impressionner dans la chambre noire la surface sensible, son côté collodionné tourné vers l'objectif, à la manière ordinaire, on l'expose de façon que l'image à reproduire ait à traverser la glace.

L'image se forme ainsi à la surface du collodion qui touche la glace, et l'expérience apprend qu'elle vient ainsi tout aussi bien qu'autrement, pourvu qu'on se serve de glaces bien

blanches et que l'on ait soin d'en bien essuyer le revers.
Il est à présumer même que l'image a ainsi plus de finesse,
attendu qu'elle se forme alors à la surface d'une couche sensible qui s'est *moulée* sur la glace et qui a, par conséquent,
le poli extraordinaire qu'on parvient à donner aujourd'hui
au verre. Il va sans dire que pour la mise au point il y
aurait à tenir compte de l'épaisseur de la glace collodionnée,
parce qu'il est d'usage de tourner le côté mat du verre dépoli
vers l'objectif. Mais en faisant construire les châssis porte-
glace de manière que les glaces y entrent par le côté opposé à celui par où on les fait ordinairement entrer, et en
plaçant dans la chambre noire le côté mat du verre dépoli en
dehors, on pourra régler le châssis et le verre dépoli de manière à n'avoir plus de correction à faire. C'est ce qui a été
fait au Dépôt de la guerre de Belgique. On réalise encore ainsi
plusieurs autres avantages : lorsque, au lieu de voir l'image
du verre dépoli se refléter à travers la partie transparente de
la glace, comme cela a lieu quand le côté mat est tourné vers
l'objectif, nous la regardons sur ce côté mat, ayant aupara-
vant traversé la partie polie de la glace, l'image s'offre à l'œil
sans intermédiaire et nécessairement la précision de la mise
au point doit y gagner un peu. En tournant vers soi le côté
mat du verre dépoli, on s'affranchit encore du désagrément
des reflets. On distingue alors, en effet, l'image entière jusqu'aux bords de la glace, sans qu'on ait besoin de s'enve-
lopper la tête.

Il est important de bien choisir ses glaces ; car si celles-ci
avaient la coloration jaune qu'elles offrent parfois, elles s'op-
poseraient à la transmission des rayons actiniques et il en
résulterait un retard considérable dans l'action lumineuse.

De toute manière, il y aura une augmentation dans la
durée de la pose, puisqu'un rayon qui émerge de l'objectif,
avant d'atteindre la couche sensible ayant à traverser l'épaisseur de la glace, subit une perte provenant, et de la réflexion
à la surface de cette glace et de l'absorption par ce milieu.

Ce qui est plus fâcheux, c'est que par l'inégale réfraction
qu'éprouvent les rayons lors de leur passage à travers la
glace, l'image se trouve légèrement déformée. Il est vrai que
cette déformation diminue à mesure que la longueur focale

de l'objectif augmente et qu'avec les objectifs à long foyer elle est insignifiante ; on peut d'ailleurs, lors de la mise au foyer, y avoir égard en forçant un peu les dimensions de la réduction. Ce qui importe le plus, c'est que la glace soit bien plane, car si elle ne l'était pas, les lignes pourraient ne plus être droites. On s'assure que cette condition est remplie en regardant dans la glace l'image réfléchie de l'arête d'un bâtiment : l'œil placé dans le prolongement de cette image doit toujours apercevoir l'arête en ligne droite, quelle que soit la position que l'on donne à la glace.

Il nous reste enfin à faire connaître les conditions aux-quelles a dû satisfaire l'emplacement de l'appareil au Dépôt de la guerre de Belgique pour assurer le travail régulier de la reproduction des cartes et procurer à la copie le degré de perfection dont le procédé est susceptible.

300. EMPLACEMENT DE L'APPAREIL. — Le choix de cet emplacement a été déterminé par les trois considérations suivantes :

1° Que le sol avait une stabilité assez grande pour y mettre l'appareil à l'abri des vibrations occasionnées par le mouve-ment de la rue ;

2° Que le terrain présentait, dans la direction du midi, un espace entièrement découvert, de façon que pendant la plus grande partie de la journée, les cartes pouvaient y être exposées à l'action directe des rayons solaires ;

3° Que l'emplacement était tel, que l'appareil ne pouvait recevoir aucun jour faux réfléchi par les murs voisins.

301. PROCÉDÉ PHOTOGRAPHIQUE DE RÉDUCTION DES CARTES. — Le travail prescrit jusqu'ici n'a eu pour but que d'atteindre ce résultat : obtenir un négatif réduit du dessin agrandi de la carte-minute présentant un grand cachet de perfection. Il importe donc de mettre en pratique les meilleures mé-thodes pour y arriver, et, par suite, cette seconde interven-tion de la photographie dans l'exécution du travail de la reproduction a une influence considérable sur la réussite des opérations ultérieures.

Pour convenir à l'application spéciale qu'on en veut faire ici, il faut que les blancs et les noirs du négatif offrent le plus de contraste possible; par conséquent, tout en conservant aux traits du dessin sur le cliché la transparence parfaite du verre, il faudra que les parties qui correspondent aux blancs du dessin original soient d'une grande opacité. On parvient à ce résultat en ne négligeant aucun des moyens qui procurent en photographie les mauvaises épreuves dites *heurtées*. Le moyen qui permet de l'obtenir avec le plus de facilité est le procédé sec au tannin, et c'est celui dont on se sert au Dépôt de la guerre de Belgique.

302. PROCÉDÉ AU TANNIN. — Ce procédé est basé sur l'emploi d'une solution aqueuse de tannin, qui a la propriété de conserver pendant un temps considérable la sensibilité aux glaces collodionnées sur lesquelles on l'applique.

Il est parfait pour reproduire des dessins à fonds blancs, à cause des clichés vigoureux qu'il procure facilement.

La seule précaution à prendre, c'est de donner à la pose une durée assez longue, pour ne pas devoir trop fatiguer le cliché lors de son développement, ce qui aurait pour conséquence de disposer la couche de collodion à se détacher de la glace. Toutefois, ce n'est pas là une cause très-grande d'insuccès.

Voici ce procédé dans tous ses détails, dans l'ordre où les diverses opérations se succèdent et avec les modifications qu'on y a apportées en vue de reproduire des plans, des gravures et autres sujets semblables.

Choix des glaces. — Il est indispensable que les glaces soient pures, blanches, et que leurs deux surfaces soient parfaitement planes et parallèles, parce que, comme on le verra plus loin, en vue de leur transport sur pierre, les images négatives doivent s'obtenir à travers le verre. Le verre en sera donc bien homogène, parfaitement incolore et transparent. Elles doivent surtout avoir été polies avec le plus grand soin. Les bulles, raies, et même la présence de poussières dans le verre, ne font qu'intercepter une portion de la lumière proportionnelle à leur étendue, tandis que le manque de poli produirait un effet analogue à un défaut de sensibilité, soit total, soit partiel, de la couche iodurée.

Du nettoyage des glaces. — Si les glaces sont neuves ou grasses, il faut les soumettre d'abord à l'action du bain suivant :

Eau. . . . . 1000 centimètres cubes.
Acide sulfurique.. . . . . 60 grammes.
Bichromate de potasse. 60   »

Les glaces, après être restées quelques jours dans ce bain, sont lavées à grande eau. Elles sont alors complétement débarrassées de toutes les impuretés qui adhéraient à leur surface.

Au moment de s'en servir, on les soumet à un léger ponçage à l'alcool mêlé d'une poudre à polir, telle que le tripoli, la terre pourrie ou simplement le blanc d'Espagne.

Si les glaces avaient déjà été employées et immergées dans du bichlorure de mercure pour renforcer le négatif, elles devraient préalablement séjourner pendant 12 heures dans de l'eau iodurée, après que le collodion en aurait été enlevé ; alors seulement on procéderait au nettoyage ordinairement employé.

Collodion. — Pour l'usage dont il s'agit, un collodion qui serait rejeté pour le portrait, à cause de la densité des ombres et de la crudité des clairs qu'il ferait obtenir, convient le mieux, car on doit rechercher tout ce qui peut provoquer la dureté et l'opacité des tons. Ce point a une si grande importance, qu'il doit être l'objet d'une recherche constante et on doit s'en préoccuper aussi bien lors de la sensibilisation que lors du développement.

Le collodion le plus convenable est celui qui est simplement ioduré et suffisamment vieux ; cependant lorsque le dessin au $\frac{1}{10000}$ a déjà jauni, soit par le temps, soit par toute autre cause, un collodion légèrement bromuré procure d'excellents résultats. Il faut enfin que le collodion adhère bien à la glace et s'y étende convenablement.

La formule employée de préférence au Dépôt de la guerre de Belgique est la suivante :

Éther sulfurique à 62 degrés. .	300 centimètres cubes.
Alcool rectifié à 40 degrés. . . .	200 »
Coton-poudre.	5 grammes.
Iodure d'ammonium.	3,50 »
Iodure de cadmium.	1,50 »
Bromure de cadmium.	1,00 »
Traces d'iode.	

Le collodion est appliqué sur la glace parfaitement nettoyée, car la couche préalable de gélatine ou de caoutchouc,
si souvent préconisée dans le procédé au tannin, est plutôt
nuisible qu'utile dans cette circonstance ; le rodage des bords
des glaces ne nous paraît pas non plus nécessaire. La couche
à la surface de la glace sera d'une épaisseur suffisante, et l'on
observera de ne pas laisser de coins à découvert. Pour collodionner avec facilité, on soutient la glace avec un support
pneumatique (ventouse).

Sensibilisation. — Le bain d'argent sensibilisateur est
composé comme suit :

Eau distillée.	1 litre.
Azotate d'argent fondu.	80 à 100 grammes.
Acide acétique cristallisable. .	20 centimètres cubes.

On peut se borner à verser l'acide acétique dans l'eau de
lavage.

Lavages. — Après que la couche de collodion a bien
blanchi dans le bain sensibilisateur, on retire la glace de ce
bain pour la plonger dans une couche d'eau de pluie filtrée
contenue dans une cuvette plate où elle est soumise à un
lavage énergique jusqu'à ce qu'elle soit complétement *dé-
graissée*.

Pendant ce temps, on en sensibilise une seconde, et on
passe ensuite la première dans un autre bain d'eau contenu
dans une cuvette verticale où elle séjourne environ trois
quarts d'heure.

On en prépare ainsi un certain nombre séance tenante
pour n'y appliquer le tannin que plus tard.

Application du tannin. — La solution de tannin est
formée de :

Eau. . . . . 100 centimètres cubes.
Tannin. . . . . 4 à 6 grammes.
Alcool. . . . . 5 à 10 centimètres cubes.

Pour sa préparation, on jette le tannin dans l'eau ; quand la dissolution est complète, ce qui arrive, en général, très-promptement, on filtre à plusieurs reprises, trois ou quatre fois au moins, et on introduit ensuite l'alcool. Il est essentiel d'observer de n'ajouter l'alcool que quand la solution de tannin est filtrée, car l'alcool pourrait dissoudre certaines substances résineuses, insolubles dans l'eau, que le tannin renferme toujours.

On verse dans un verre à bec une certaine quantité de la solution de tannin. Après que la glace a été rincée et qu'on l'a fait égoutter, on y verse à plusieurs reprises le contenu du verre, jusqu'à ce que le liquide ait bien mordu, c'est-à-dire jusqu'à ce qu'il recouvre, sans les délaisser, toutes les parties de la glace ; puis, quand ce lavage est terminé et bien complet, on laisse égoutter l'excès de tannin.

On peut alors laisser sécher la glace en l'appuyant par un de ses angles, d'une part contre le mur, et de l'autre, sur du papier buvard, la couche collodionnée regardant le mur, pour éviter les poussières. On hâte sa dessiccation en la plaçant près du feu. Sèche, elle est placée dans une boîte à rainures, fermant hermétiquement, où elle peut se conserver indéfiniment.

Exposition à la lumière. — Elle a lieu du côté de la glace opposé à celui que recouvre le collodion. Le procédé au tannin exige environ quatre fois autant de pose que le collodion humide. L'exposition aura lieu, si faire se peut, en plein soleil et en tout cas à une bonne lumière ; elle se prolongera assez pour que les blancs se reproduisent avec la plus grande intensité, de façon toutefois que les parties de la plaque sensible sur lesquelles les lignes noires renvoient des rayons restent entièrement préservées.

Développement. — Avant de procéder au développement, on enlève de la surface du collodion, à l'aide d'un peu de ouate, le léger dépôt qu'y pourrait avoir laissé le tannin, et

on colle ensuite les bords au moyen d'un petit pinceau im-
bibé d'un vernis léger, formé de gutta-percha dissous dans
de la benzine, lequel sèche à peu près instantanément. Si
l'on a plus de temps, on emploie simplement du vernis qui
sert à recouvrir le négatif terminé.

On pourrait encore enduire les bords des glaces d'une
dissolution de gélatine qu'on y appliquerait la veille de leur
préparation.

Après dessiccation du vernis, la glace est plongée pendant
quelques minutes dans une cuvette plate remplie d'eau
filtrée, ou simplement humectée avec cette eau qu'on verse
à sa surface.

On peut alors procéder au développement.

La solution révélatrice est composée comme suit :

N° 1. Eau distillée. . . . . 250 centimètres cubes.
     Acide pyrogallique. . . . . . . 1 gramme.
    (dissous dans cinq centimètres cubes d'alcool.)
     Acide citrique. 1   »
  (dissous dans cinq centimètres cubes d'eau distillée.)
    N° 2. Nitrate d'argent fondu. . . . . 3 grammes.
     Eau distillée. 100   »

La glace placée de niveau sur un support à trois branches
est recouverte aussi uniformément que possible de la solution N° 1.

Cette solution est ensuite versée dans un vase, et on y
mélange un peu de la solution N° 2.

On couvre de nouveau la glace de ce mélange, puis on le
reverse dans le vase, et ainsi de suite jusqu'à ce que l'image
soit suffisamment développée.

L'addition de la solution argentique se fera avec beaucoup
de précautions, pour que les noirs se renforcent sans que
l'épreuve se voile.

Le développement pourra se continuer tant que les blancs
conservent leur transparence ; mais dès qu'une tendance à
la perdre se manifestera, il faudra se hâter d'arrêter le développement. C'est là la partie délicate du procédé, du moins
pour l'appréciation des circonstances. Le développement
peut présenter trois caractères distincts :

1° L'épreuve vient convenablement ; les blancs se conservent bien, tous les traits sont bien accusés, il suffit de poursuivre alors le développement jusqu'à ce que l'image apparaisse dans tous ses détails.

2° L'image vient rapidement, elle a une tendance à se voiler : la *pose* a été *trop longue.*

On ajoute alors quelques gouttes d'acide acétique, sans nitrate, à la solution développatrice, ce qui retarde le développement. Vers la fin, si c'est nécessaire, on ajoute un peu d'argent, pour amener l'épreuve au ton voulu.

3° L'image est lente à venir ; les grandes lumières sont seules accusées, les détails ne viennent pas : la *pose* a été *insuffisante.* On ajoute alors au liquide développateur 2 à 3 gouttes d'une dissolution alcoolique concentrée d'acide pyrogallique, ainsi qu'une ou deux gouttes d'une solution faible d'argent et on reprend le développement. On augmente la dose, si l'addition n'a pas été suffisante, jusqu'à ce que les détails soient venus. On renforce ensuite en ajoutant de l'acide acétique et de l'argent, si c'est nécessaire.

Il peut arriver, dans le courant de l'opération, que le liquide devienne boueux ; il faut alors le rejeter vivement, rincer la glace et remplacer le liquide perdu par une quantité nouvelle de développateur normal.

Lorsqu'on opère dans de bonnes conditions cependant, le mélange d'acide pyrogallique et de nitrate d'argent s'altère lentement, et il n'est pas nécessaire de le renouveler pour achever l'apparition complète de l'image.

On arrête le développement en lavant soigneusement la glace avec de l'eau filtrée.

Fixage. — Après le lavage de la glace, on la recouvre d'une solution faible d'iode dans de l'eau. Cette solution a pour but de transformer en iodure d'argent le dépôt d'argent qui se forme toujours sur la glace à la suite d'un long développement, dépôt qui pourrait constituer une espèce de voile sur le négatif et ferait obstacle à tout développement ultérieur. En prolongeant le séjour de la solution d'iode sur la glace, on ramènerait l'image à la transparence nécessaire, si on avait outre-passé le développement.

Dans cet état, l'image est fixée au *cyanure de potassium (solution aqueuse à 5 pour cent)*, puis convenablement lavée.

Renforçage. — L'opération par laquelle un surcroît d'intensité est donné au négatif est indispensable, car il a été reconnu qu'avec l'acide pyrogallique seul, additionné de nitrate d'argent, on ne peut, en général, quelque soin qu'on y mette, donner aux négatifs le degré de force qu'il faut qu'ils aient ici pour assurer le succès des résultats.

Le cliché fixé est donc examiné avec soin. Si les blancs ont conservé toute leur transparence, on procède à un nouveau développement d'après la méthode ordinaire à l'acide pyrogallique et au nitrate d'argent décrite ci-dessus, pour procurer aux noirs un certain degré d'intensité. On peut alors, après un rinçage suffisant, procéder au renforçage proprement dit.

Sur la glace placée de niveau sur un support à trois branches, on étend une solution saturée de bichlorure de mercure et on abandonne l'image à l'action de cet agent jusqu'à ce que toute la couche ait blanchi par *transparence*, le dessin restant intact. Nous soulignons le mot transparence, parce que l'épreuve ne blanchit d'abord qu'à la surface et que si l'action du bichlorure de mercure ne s'étendait pas jusqu'au fond de la couche d'argent réduit, le cliché ne présenterait pas par la suite une intensité suffisante. Le degré d'opacité du fond peut du reste alors s'apprécier en regardant un objet à travers la couche. Le degré de transparence des blancs est alors également mis en évidence.

Lorsqu'on juge que le sublimé a suffisamment agi, on lave bien le cliché, en le tenant presque verticalement, pour que l'excès de bichlorure, qui est assez lourd, soit enlevé par l'eau de lavage.

On noircit ensuite la couche blanche en y versant une solution aqueuse d'hydrogène sulfuré ou du sulfure d'ammonium qu'on y laisse séjourner un certain temps.

Ces solutions n'agissant que par le soufre qu'elles contiennent, doivent contenir cette substance en excès; voici du reste la réaction qui a lieu :

Le bichlorure de mercure en contact avec la couche métallique d'argent réduit passe à l'état de protochlorure ou calomel,

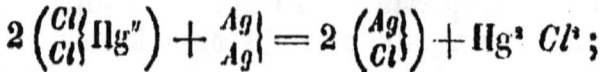

$$2 \begin{pmatrix} Cl \\ Cl \end{pmatrix} Hg'' \Big) + \begin{matrix} Ag \\ Ag \end{matrix} \Big\} = 2 \begin{pmatrix} Ag \\ Cl \end{pmatrix} + Hg^2 Cl^2 \, ;$$

c'est-à-dire que la couche d'argent se chlorure et que d'un autre côté le protochlorure de mercure qui se forme, insoluble dans l'eau, se précipite sur la couche d'argent, qui pour ce double motif blanchit. Maintenant les sulfures, l'hydrogène sulfuré, etc., transforment les deux chlorures de mercure et d'argent (et peut-être un chlorure double à composition définie) en sulfures noirs.

D'après cette théorie, et la pratique la confirme, ce mode de renforçage ne laisse pas que de présenter certains inconvénients, à cause de la tendance qu'il a à altérer la pureté des traits et d'en gâter souvent tout à fait la finesse, s'il est poussé trop loin. Le précipité en effet qui se forme sur les noirs et les renforce, en s'y accumulant, s'étend aussi dans une direction latérale. Il est par conséquent désirable qu'on pousse le renforçage seulement assez loin pour donner au négatif le *minimum* d'intensité qui lui est nécessaire.

Après la sulfuration du cliché, on rince de nouveau la glace et on la pose par un angle contre le mur pour la laisser sécher. Lorsqu'elle est sèche, on y verse un vernis à l'essence qui s'y applique à froid (10 grammes de gomme damar dissous dans 100 centimètres cubes de benzine purifiée).

S'il était resté un dépôt à la surface du collodion, on l'enlèverait avec un peu de ouate avant de vernir.

Les clichés fortement renforcés ont souvent une tendance à s'enlever de la glace par la dessiccation, principalement lorsqu'elle a lieu à l'aide de la chaleur, ou qu'on a affaire à un collodion contractile, ou que la glace n'a pas été assez bien nettoyée. On prévient cet effet en maintenant avec l'haleine dans un état de dessiccation incomplet le côté de la glace qui commence à sécher pendant que l'autre côté sèche, et aussitôt que toute la glace est sèche, on applique sans plus tarder le vernis. Le négatif est alors terminé et se conserve indéfiniment.

303. Dans bien des cas, il peut être utile de pouvoir enlever le négatif de la glace, soit pour le conserver plus facilement, soit pour pouvoir disposer de la glace. Voici le procédé :

Sur le cliché non encore verni et préalablement recouvert d'une dissolution de caoutchouc, on verse une couche uniforme de collodion pharmaceutique épais dans lequel on a d'abord incorporé un peu d'huile de ricin rendue siccative par de la litharge.

La composition du collodion de transport est celle-ci :

```
Alcool à 36° . . . . . . . . . . . . . 50 parties.
Ether . . . . . . . . . . . . . . . . . 50    »
Coton-poudre . . . . . . . . . . .  4    »
Huile de ricin . . . . . . . . . . .  3    »
```

La couche, appliquée sur le négatif de la manière dont on verse le collodion sur la glace ou bien versée sur le négatif placé de niveau, prend d'abord un aspect laiteux ; mais elle redevient transparente en séchant.

Le collodion épais s'étant séché spontanément, le négatif se détache de la glace avec la plus grande facilité en le faisant tremper quelques instants dans l'eau.

Le vernis préalablement appliqué sur le négatif est formé d'une dissolution de 1 *partie de caoutchouc dans* 50 *parties de benzine ou de sulfure de carbone.*

Si l'on ne prenait pas la précaution d'appliquer ce vernis sur le négatif, l'alcool et l'éther du collodion de transport dissolveraient les parties claires et les demi-teintes du négatif ; ils rongeraient ce dernier et le rendraient inutilisable. Le même effet se produirait encore si l'alcool était trop concentré.

Les clichés vernis, traités de même, donneraient des couches trop fragiles ; il faut donc leur enlever le vernis en baignant la surface du négatif d'un dissolvant approprié. Si le vernis appliqué sur le négatif est à l'alcool, le dissolvant employé est l'alcool ordinaire à 90° centigrades qu'on fait mouvoir quelques instants à la surface du cliché et qu'on laisse écouler ensuite. Il importe de ne pas employer de l'alcool trop fort.

Après un séchage qui s'opère en quelques minutes, on procède comme si le cliché n'avait pas été verni. Si c'est un vernis à l'essence dont on s'est servi pour préserver le négatif, on l'enlève avec de l'essence de térébenthine ; puis on opère comme s'il n'avait pas été verni.

Au moment de sa séparation de la glace, le négatif éprouve toujours un léger retrait dont il est à peu près impossible d'évaluer d'avance la valeur.

Ce fait est malheureusement un inconvénient très-grand, et le procédé ne peut convenir lorsqu'on a besoin de conserver intactes les dimensions du négatif.

CHAPITRE XLVI.

Transport sur pierre du dessin réduit de la carte-minute.

304. Le phénomène chimique sur lequel repose la photo-lithographie est le suivant : les chromates alcalins, surtout les bichromates (bichromates de potasse, d'ammoniaque, etc.), mélangés à une matière organique telle que la gélatine, l'albumine et leurs congénères, forment un composé soluble dans l'eau, mais qui devient insoluble lorsqu'on l'expose à l'action de la lumière solaire directe ou diffuse. De plus, les parties insolées acquièrent la propriété des matières grasses, c'est-à-dire qu'elles repoussent l'eau et retiennent l'encre d'imprimerie.

Il en résulte qu'une surface unie (papier, pierre, etc.), recouverte dans l'obscurité d'une couche uniforme d'une telle solution, formera, après dessiccation de la couche, une surface impressionnable et apte par conséquent à recevoir l'image positive à travers un négatif photographique.

L'image positive sera produite par les parties de la couche sensible légèrement brunies et insolubilisées proportion-

nellement à la quantité de lumière qui aura traversé le négatif. Un lavage ultérieur à l'eau tiède mettra, du reste, le
dessin en relief en enlevant du papier ou de la pierre les
parties préservées de l'action de la lumière.

La véritable réaction chimique qui engendre l'insolubilité, sous l'action de la lumière, d'un sel de chrome ajouté
à une substance organique mucilagineuse, étant de nature
à éclairer la pratique de la photo-lithographie, il est nécessaire d'en avoir une connaissance parfaite. Voici dans
ce cas ce qui se passe : Sous l'influence réductrice de la
lumière, les chromates sont décomposés ; l'anhydride
Cr O³ de ces sels, très-instable, perd de l'oxygène et
passe à l'état de sesqui-oxyde de chrome (oxyde vert) insoluble ;

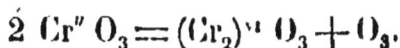

$$2\ Cr'' O_3 = (Cr_2)'' O_3 + O_3.$$

L'oxyde de chrome, résultat de la désoxydation du sel,
se combine avec la substance albuminoïde et forme une
combinaison insoluble. C'est cette combinaison insoluble,
laquelle prend naissance pendant l'insolation, qui constitue
l'image. On avait pensé d'abord que l'insolubilité provenait
de ce que la matière organique était brûlée par l'oxygène
mis en liberté, mais une étude plus approfondie du phénomène a montré que l'oxygène dégagé ne jouait aucun rôle
dans la réaction.

La découverte de la propriété qu'acquiert le produit insoluble de repousser l'eau et de retenir les matières grasses
est due à M. Poitevin, et c'est là le véritable point de départ
de la photo-lithographie.

Le principe a donné lieu depuis à une foule de procédés
plus ou moins ingénieux, mais le Dépôt de la guerre de
Belgique s'en est tenu au procédé primitif de M. Poitevin,
qui est très-pratique et qui, de plus, présente, comme nous
allons le faire voir, le grand avantage de fournir sur la pierre
des dessins exactement égaux à ceux du cliché.

Nous ne connaissons qu'un procédé qui puisse être avantageusement substitué au nôtre, c'est le procédé Toovey.
Nous le ferons connaître lorsque nous aurons exposé celui
du Dépôt de la guerre.

305. Procédé du Dépôt de la guerre ou de transport direct des clichés sur pierre. — *Solution sensible.* Elle est faite dans les proportions qui suivent :

Bichromate de potasse. . . . . . 5 grammes.
Gélatine. . . . . 6 »
Eau distillée. . . . . 100 centimètres cubes.

La gélatine doit être de première qualité, et on purifie le bichromate par plusieurs cristallisations successives.

On fait séparément une solution aqueuse de bichromate de potasse à 10 pour cent et une solution aqueuse de gélatine à 12 pour cent; le mélange de ces deux solutions s'étant opéré dans l'obscurité, on le filtre à travers un morceau de mousseline et on le conserve à l'abri de la lumière. Au moment de s'en servir on le redissout au bain-marie.

Application de la couche gélatineuse sur la pierre. — Sur une pierre lithographique bien plane, récemment poncée et préalablement asséchée, on applique le mélange ci-dessus, au moyen d'une éponge fine, en couche mince et unie. Si on le juge nécessaire, on s'aide d'un large blaireau pour bien égaliser la gélatine. Au bout de dix minutes, temps nécessaire à la dessiccation complète de la couche, on peut y appliquer le négatif, le côté collodionné au-dessous.

Du contact parfait du négatif et de la pierre dépend la beauté du résultat. On doit donc avant tout obtenir ce contact, et comme nous savons, par expérience, qu'on n'y arrive que très-difficilement, nous donnerons à cet égard quelques explications.

Tous les photographes savent combien, dans le tirage des épreuves positives, le contact de la couche sensible du papier avec le négatif est important.

Les châssis-presse servant à la reproduction des épreuves positives en photographie ne sont bien conditionnés que quand ils permettent d'obtenir facilement ce contact. On conçoit, en effet, qu'un intervalle, si minime qu'il soit, a pour conséquence de permettre à la lumière d'atteindre obliquement la couche sensible, et, par conséquent, d'agir au delà de l'épaisseur des traits du dessin pour enlever à ceux-ci toute leur pureté, et cela avec d'autant plus de facilité que la couche est plus impressionnable.

Lorsqu'il s'agit, comme dans le tirage des épreuves photographiques ordinaires, d'appliquer sur le négatif une feuille de papier, surface élastique qu'on peut presser à volonté, la difficulté n'est pas grande; mais il n'en est pas de même lorsqu'on doit établir le contact entre deux corps durs, tels que la pierre et le verre, et laisser à découvert la partie supérieure du négatif.

On facilite beaucoup l'opération en n'employant que des glaces bien planes et des pierres parfaitement dressées; mais il est indispensable de prendre encore d'autres précautions.

D'abord, on doit exercer une pression sur le négatif. On le fait en appliquant sur le négatif des glaces, corps lourds et parfaitement transparents, qu'on fixe sur la pierre par les bords à l'aide de pinces à vis; et pour assurer la pression au centre ou en d'autres points où l'on veut particulièrement établir le contact, on colle en ces endroits de petits morceaux de papiers épais. Il va de soi que ces papiers doivent être appliqués au revers du négatif et de manière à n'intercepter la lumière à travers aucun des traits du dessin.

Tel est le moyen que nous employons de préférence; il est simple et efficace, mais, pas plus que les autres moyens qui ont été proposés, il n'est infaillible. C'est qu'en effet, la pression exercée en un point du négatif ne s'étendant guère à plus d'un centimètre autour de ce point, il peut arriver qu'en quelques endroits le contact n'est pas établi, circonstance qu'on ne peut, en général, constater que lorsque le transport sur la pierre est terminé, c'est-à-dire lorsqu'il est trop tard.

Ce qui pourrait contribuer à résoudre la question, ce serait l'interposition, entre le cliché et les glaces de pression, d'une feuille de *papier-collodion-cuir* obtenu sur une glace lisse à l'aide du collodion dont nous avons donné la formule au n° 303.

Un moyen qui peut également donner de bons résultats,

consiste à faire donner à la surface de la pierre, dans le sens
de sa longueur, une légère forme cylindrique, puis de forcer
le négatif à prendre la même courbure. Le contact au centre
se trouve ainsi assuré, et sur les bords il n'y a jamais lieu de
craindre qu'il n'existe pas, puisqu'on peut toujours l'établir
en ces endroits par une pression directe. Il faut seulement
observer, en faisant usage de pierres à surfaces courbes, de
n'employer pour l'impression que des presses lithographiques où la pression est transmise au râteau par l'intermédiaire d'un ressort quelconque.

L'expérience peut suggérer d'autres moyens encore, car
l'obtention du contact est un point capital qui doit sans
cesse fixer l'attention ; mais notre conviction est qu'on n'y
arrivera pas et que, par conséquent, si l'on veut que les
négatifs donnent sur la pierre des épreuves ayant toute la
finesse qu'ils peuvent donner, il faut modifier le mode d'exposition de telle sorte que l'influence du défaut de contact
soit nulle. Or, pour arriver à ce résultat, il suffit de faire
impressionner la pierre, à travers le négatif, *exclusivement*
par un faisceau de rayons parallèles, tel que celui qu'on
obtiendrait si l'on faisait arriver la lumière à travers une
longue boîte noircie à l'intérieur.

Exposition a la lumière. — La durée de l'exposition est
d'environ un quart d'heure en plein soleil. L'exposition à
l'ombre, quoique beaucoup plus longue, est généralement
préférée. Elle peut se prolonger sans inconvénient si les
parties noires du négatif offrent une opacité suffisante ; elle
devra durer d'autant moins que les blancs présenteront plus
de transparence. C'est là, du reste, un point pour lequel
l'expérience peut seule servir de guide.

Le fait observé par tous les photographes, qu'une épreuve
positive prise avec le même cliché à la lumière diffuse
présente plus de dureté qu'une épreuve prise par une
exposition directe aux rayons solaires, est souvent utilisé
au dépôt de la guerre de Belgique, pour augmenter encore
le contraste entre les parties transparentes et opaques du
négatif.

Lors donc qu'on dispose des rayons directs du soleil,
l'image positive du dessin à la surface de la pierre est prise

à travers une feuille mince de papier blanc. L'action de la
lumière a lieu ainsi d'une manière plus égale sur toute
l'étendue de l'image, et le résultat final est plus beau.

ENCRAGE DE LA PIERRE. — Le cliché est enlevé de la pierre
dans un endroit obscur. On peut dès lors apercevoir à la surface de la couche de gélatine un dessin très-légèrement
marqué en brun sur fond jaune. Si l'on voyait trop bien ce
dessin, ce serait un indice certain que l'exposition a été trop
longue.

Dans cet état, un mélange formé de parties égales d'encre
lithographique ordinaire et d'encre grasse dite de transport
est appliqué, à l'aide d'un rouleau, sur toute la surface de
la pierre.

On la noircit ainsi, principalement pour se rendre bien
compte de ce que l'on fait dans l'opération du nettoyage,
qui suit immédiatement.

NETTOYAGE. — Avant d'y procéder, on fait dissoudre dans
un peu d'eau une petite quantité d'amidon, que l'on transforme en empois au moyen d'eau bouillante.

C'est là l'eau de lavage dont on se sert pour enlever de
la pierre les parties restées solubles. On en verse une portion sur la pierre et à l'aide d'une éponge on exerce à sa
surface un frottement doux. Insensiblement, par l'effet de
l'eau amidonnée, les parties restées solubles de la couche
s'enlèvent et le dessin se dégage. On effectue ce nettoyage
patiemment jusqu'à ce qu'il soit aussi complet que possible,
puis on lave la surface de la pierre et on y verse de l'eau
gommée.

Il arrive fréquemment qu'aux endroits où les traits sont
très-rapprochés, le dessin n'est pas encore parfaitement débarrassé de gélatine soluble, en un mot, il y a là empâtement.
Voici comment on achève le nettoyage : à l'aide d'un morceau de laine imbibée d'eau contenant un peu d'essence de
térébenthine, on exerce sur ces endroits un léger frottement
qui enlève l'encre, et on y repasse aussitôt de l'encre à
l'aide d'une fine éponge. Si cela ne suffit pas encore, les
parties surchargées d'encre sont légèrement frottées avec un
morceau de flanelle imbibée d'acide faible ou mieux de bière ;
la bière est ici d'un usage plus avantageux parce qu'elle

agit moins fortement que l'acide et que l'on peut par conséquent mieux maîtriser son action. Ce traitement achèverait
d'enlever la gélatine non dissoute de la surface de la pierre,
s'il s'en trouvait encore que le lavage à l'eau n'aurait pas
fait disparaître.

Le dessin formé à la surface de la pierre par la couche
gélatineuse solidifiée est dans le principe excessivement délicat; la gélatine insolubilisée, en effet, n'adhère à la pierre
que proportionnellement à l'intensité lumineuse qui l'y a
fixée, et c'est elle seule qui retient l'encre grasse, celle-ci
ne pénétrant pas dans la pierre. On ne saurait donc faire
prendre l'encre d'impression sur les traits fins avec trop de
prudence. Ils soutiennent mieux l'action du rouleau lorsque
la pierre nettoyée a été chauffée pendant une ou plusieurs
heures dans une étuve dont la température est maintenue à
50 degrés environ.

Si, le nettoyage effectué, les traits du dessin ne retenaient
pas bien l'encre, une exposition au soleil leur donnerait cette
aptitude.

Si enfin ils prenaient trop facilement l'encre, ce qui
enlèverait nécessairement de la pureté aux traits, on pourrait
atténuer ce défaut en lavant le dessin, comme il a été dit plus
haut, avec une eau légèrement acidulée; mais c'est surtout
ici qu'il faut agir avec précaution, car on risque de voir les
parties délicates du dessin s'enlever sans qu'on puisse ultérieurement y remédier : la gélatine solidifiée ne supportant
l'action prolongée d'aucun acide.

Remarque. — L'espèce de savon gras que retient alors la
pierre, et qui constitue le dessin, y adhère par l'intermédiaire
de la combinaison insoluble qui s'est formée sous l'action
de la lumière; c'est cette dernière qui, en se logeant dans
les pores de la pierre et en s'y maintenant mécaniquement,
y retient l'encre d'impression. Là se borne le rôle de la
pierre, et c'est en quoi malheureusement le procédé Poitevin
diffère de la lithographie proprement dite. En lithographie,
le crayon et l'encre ont pour base essentielle du savon ordinaire et des corps gras. Après les avoir appliqués sur la
pierre, si on acidule celle-ci légèrement, l'acide s'empare de
la soude du savon pour former, soit du chlorhydrate, soit du

nitrate de soude, corps solubles qui disparaissent au lavage,
tandis que les acides gras seuls, insolubles dans l'eau et dans
l'acide faible, restent, agissent chimiquement sur le carbo-
nate de chaux qui constitue la pierre, le décomposent pour
former un véritable savon calcaire faisant corps avec la
pierre même. Ici donc le dessin ne tient pas seulement à la
pierre par simple adhérence ; sa remarquable solidité provient
surtout de l'action chimique qu'exercent réciproquement les
unes sur les autres les substances employées. Il était nécessaire de fixer l'attention sur ce point, attendu que la connaissance de ce fait peut seule conduire l'imprimeur à une
pratique intelligente du procédé photo-lithographique et à
son perfectionnement.

Encrage définitif. — La pierre, une fois nettoyée, est
réencrée définitivement et traitée absolument de la même
manière que s'il s'agissait d'un dessin lithographique. Elle
est soumise ensuite purement et simplement au tirage mécanique et bien connu de la lithographie pour fournir un
nombre indéterminé d'épreuves.

Choix des pierres. — Le choix des pierres lithographiques
n'est pas indifférent au succès de la photo-lithographie.
Pour donner de bons résultats, les pierres doivent avoir un
grain uni, dur et compacte, et accuser en présence de l'acide
azotique étendu d'eau une réaction franchement déterminée.

Les meilleures viennent de Solenhofen en Bavière. Elles
sont, soit jaunes, ce sont les plus tendres, soit grises, ce sont
les plus dures, soit d'une nuance intermédiaire.

En général, la photo-lithographie réussit mieux sur les
pierres jaunes que sur les grises, et cela se comprend facilement : leur grain étant moins serré que celui des autres, le
dessin qui se forme à leur surface a plus de facilité de pénétrer dans la pierre et de s'identifier avec elle.

306. Procédé Toovey. — Ce procédé est d'origine belge
et porte le nom de son inventeur. Comme le mode de transport sur pierre pratiqué au dépôt de la guerre, ce procédé
peut reproduire les dessins réduits obtenus au moyen de la
chambre noire, avec la plus rigoureuse exactitude.

Description du procédé Toovey. — Une feuille de papier

encollée, d'une pâte fine et uniforme, de papier photographique non albuminé, par exemple, est recouverte, dans l'obscurité, d'une couche régulière d'une solution de gomme arabique dans de l'eau saturée de bichromate de potasse. La feuille sèche est exposée, derrière un négatif, à l'action de la lumière, dans un châssis-presse ordinaire. La lumière, passant à travers les parties transparentes du cliché, dessine sur la feuille une image positive, en rendant la gomme bichromatée insoluble. Cette épreuve positive, très-visible, parce qu'elle ressort en brun sur la couche jaune de la feuille sensible, doit être bien accusée dans tous ses détails. Elle est alors appliquée, *à sec*, par sa face impressionnée sur une pierre lithographique très-finement grainée ou poncée. Elle est ensuite recouverte, d'abord d'une feuille sèche de papier, puis de plusieurs doubles de buvard humide et le tout est fortement comprimé par le plateau d'une presse à percussion dans laquelle la pierre était disposée. L'épreuve photographique en contact avec la pierre, au moyen de cette pression, qui s'exerce simultanément sur toute la surface de la pierre, se trouve immédiatement dans l'impossibilité de bouger et de changer dans ses dimensions. Cependant, au bout d'un certain temps, l'eau que contient le papier humide traverse l'épreuve photographique en dissolvant les parties de la couche de gomme qui n'ont pas été influencées par la lumière et qui sont restées, pour cette raison, à l'état soluble. Ces parties dissoutes s'attachent à la pierre, tandis que celle-ci est préservée par les parties devenues insolubles.

Lorsqu'on juge que la pression a été suffisamment prolongée pour permettre aux petites quantités de gomme soluble, qui correspondent aux parties les plus surchargées de détails du cliché, d'adhérer à la pierre, on cesse la pression et l'on enlève avec précaution l'épreuve de la pierre. La pierre porte en ce moment une image complète du négatif, négative également, et formée par la gomme qui s'est détachée de l'épreuve; on la sèche et on étend sur la pierre une huile grasse qui ne prend que là où il n'y a pas de gomme, par conséquent sur les parties préservées correspondant aux traits du dessin. Un lavage à l'essence de térébenthine et un encrage à l'encre ordinaire d'imprimerie fera apparaître l'image positive qui ne différera absolument en rien d'un dessin à l'encre ou au crayon lithographique.

La base de ce procédé étant la solubilité de la gomme arabique, et le degré de solubilité des différentes espèces de gommes étant variable, on devra en la choisissant porter principalement son attention sur ce point. La gomme arabique ou de Sénégal est donc la seule qui puisse convenir; mais même parmi celles-ci, celles qui sont devenues, pendant les fortes chaleurs ou avec le temps légèrement aigres, devront être rejetées, parce qu'alors elles ont perdu en partie leur solubilité. On s'aperçoit facilement de ce changement à l'odeur et surtout à la saveur. Pour prévenir cette altération, nous conseillons d'ajouter à la solution quelques morceaux de chaux ou de pierre lithographique.

On obtient avec certitude une solution de gomme arabique convenable en n'employant que de gros morceaux de gomme dont on a éliminé la partie superficielle et altérée par un lavage préalable dans une eau tiède.

Par la très-grande pression exercée sur l'épreuve, dans le procédé Toovey, la gomme pénètre profondément dans la pierre, et par suite, la résistance au tirage d'un dessin sur pierre ainsi obtenu est si considérable, que le nombre des épreuves qu'il peut donner est vraiment illimité. Il est arrivé de devoir poncer à plus d'un millimètre de profondeur une pierre portant un tel dessin, pour en faire disparaître toute trace.

Dans ce procédé, la couche sensible qui doit servir à transporter le dessin sur pierre est mise en contact parfait avec le cliché; l'image du négatif y est donc reproduite dans toute sa perfection. De plus, comme c'est par son côté impressionné qu'elle est appliquée sur pierre, l'image peut se transporter sur ladite pierre dans ses moindres détails. Dès lors, si, dans la pratique, ce procédé ne donne pas de bons résultats, ce n'est plus aux défauts du système qu'il faut s'en prendre, mais uniquement à l'inexpérience de l'opérateur.

Indépendamment donc de ce que ce procédé, par son mode de transport *à sec* et par *pression simultanée*, renferme de précieux, au point de vue de la reproduction exacte des cartes, il doit encore sous les autres rapports être classé parmi les plus parfaits.

307. DEMI-TEINTES. — Pour la reproduction des cartes, dessins au trait et gravures, l'obtention des demi-teintes est inutile ; nous en dirons cependant un mot afin de traiter le sujet qui nous occupe d'une manière complète. Théoriquement, le procédé Toovey devrait donner les demi-tons ; cependant, aussi bien que les autres procédés photo-lithographiques, il est impuissant à les traduire. C'est là aussi un *desideratum* sur la réalisation duquel il ne faut pas se faire illusion.

Supposons, en effet, que la lumière, traversant un négatif, par exemple un paysage, obtenu dans les meilleures conditions, ait produit à la surface de la pierre un effet complétement *adequat* aux diverses parties de la couche de collodion qu'elle a déjà impressionnée ; supposons en outre qu'on soit parvenu à la conserver telle et qu'il ne s'agisse plus que d'encrer la pierre. C'est là tout ce qu'il est possible de désirer. C'est ici qu'on rencontrera la difficulté : elle proviendra du caractère particulier du clair-obscur en présence duquel on se trouve et qui est celui de la photographie, c'est-à-dire une variété de tons et d'ombres n'offrant pas plus de structure définie que n'en porte le négatif et se fondant à la façon d'un lavis. En est-il ainsi en lithographie ? non. En lithographie, la gradation ou variation d'intensité de tons des images résulte de parties blanches et noires dont le rapport constitue la teinte, quelque fine qu'elle soit, et ce dernier caractère de clair-obscur est nécessaire dans un dessin lithographique. Pour le concevoir, il suffit de se rendre compte de l'aptitude de la pierre à s'encrer et de la nature de l'encre employée en lithographie. Les portions de la pierre, en effet, qui forment le dessin constituent un enduit gras où l'encre adhère avec une vigueur à peu près égale partout ; d'un autre côté, l'encre se composant essentiellement d'un corps huileux, formant pâte avec du poussier du charbon et du noir de fumée très-divisé, c'est une matière parfaitement opaque, condition indispensable d'ailleurs pour son bon emploi ; or, l'affinité des parties grasses de la pierre pour l'encre variant extrêmement peu, on conçoit que pour produire les nuances légères des ombres d'un dessin, il faut quelque chose de plus que la différence d'adhérence des substances grasses entre elles, et quelle que soit l'habileté qu'y déploierait l'imprimeur, avec elles seules il ne pourrait arriver à ses fins.

Le dessinateur-lithographe, pour atteindre à l'encrage l'effet désiré, dispose d'un moyen mécanique pour préparer convenablement la pierre et qui consiste à lui donner ce qu'on appelle *un grain*, moyen qui joue un rôle assez important pour exercer une influence considérable sur le résultat final. On comprend dès lors qu'en l'absence de tout grain dans l'image formée sur pierre par l'intermédiaire d'un négatif, elle devra manifester à l'impression les défauts qu'on signale, à un degré moindre, dans un dessin fait sur une pierre dont le grain est ras et plat, c'est-à-dire l'empâtement dans les vigueurs et la disparition des demi-teintes. C'est en effet ce que la pratique a constaté, et c'est ce qui s'oppose aux succès des reproductions des photographies ordinaires par la photo-lithographie.

Quoi qu'il en soit, voici comment il faut préparer la pierre pour reproduire, avec le plus de succès, par la photo-lithographie, un dessin avec des demi-teintes.

La pierre sera grainée et le grain en rapport avec la finesse du dessin qu'on veut reproduire. Son aspect cependant doit en général différer très-peu de celui de la pierre poncée et polie ensuite.

On prépare une épaisse dissolution de gomme dans une eau saturée de bichromate de potasse ; on imbibe de cette dissolution un tampon de coton enveloppé dans un morceau de mousseline et à l'aide de ce tampon on s'efforce de faire pénétrer le liquide dans les pores de la pierre. Lorsque cette pénétration paraît suffisante, on frotte énergiquement la pierre avec un chiffon pour enlever cette préparation sensible le plus possible, sans se préoccuper de ce qu'on pourra en laisser, attendu que les pores seuls de la pierre devant en être pénétrés, il en restera toujours assez. Tout le secret de l'impression sur pierre des demi-teintes réside dans cette simple opération. La pierre pour être d'un bon usage après ce traitement, doit présenter une surface lisse et brillante.

308. *Transport sur zinc.* — Le transport des clichés peut également bien se faire sur zinc; mais l'opération est plus délicate sur ce métal pour plusieurs raisons.

La porosité de la pierre facilite l'application de la couche sensible à sa surface; elle aide considérablement à l'adhérence parfaite dans les parties insolées et à la dissolution complète des parties non insolées; le métal, sous ces divers rapports, offre bien moins de ressource, n'étant pas pénétrable à l'eau. La pierre n'est pas attaquée par l'oxygène contenu dans l'air ou dans l'eau; le zinc l'est si aisément qu'un rien détermine cette réaction chimique et vient compromettre le résultat des opérations.

Voici comment doit être traitée l'impression photographique sur zinc.

On se sert de plaques laminées très-minces (le n° 5 ou 6 du commerce) de zinc *dur* ayant leurs surfaces bien égales. Au lieu de les grainer au sable, on les soumet à un polissage rapide au moyen de l'émeri et, pour les polir, on colle à la partie inférieure d'un petit bloc de bois un morceau de fort drap, et sur ce drap on maintient, tendue avec les doigts, la bande de papier à l'émeri. Sur les plaques parfaitement dépouillées d'impuretés par une lessive de soude caustique, on verse une petite quantité de la solution suivante :

Gélatine. . . . . 2 grammes.
Bichromate d'ammoniaque. . . . 2 »
Eau. . . . . 100 centimètres cubes.

On étend cette solution sur les plaques en réduisant la couche à la moindre épaisseur possible.

Après la dessiccation, obtenue par la chaleur d'une lampe à alcool, on expose la plaque au soleil, sous le cliché, dans un châssis à positifs où la pression de la plaque contre le cliché est obtenue à l'aide d'une vis assez forte. La durée de l'exposition est nécessairement variable et change avec l'intensité lumineuse et la nature des clichés. Les blancs de ces derniers doivent être parfaitement transparents, mais il n'est pas nécessaire que les noirs soient tout à fait opaques. On se règle ordinairement sur le degré d'opacité des noirs pour évaluer le temps de pose, qui est d'environ cinq minutes en plein soleil.

Les plaques sont ensuite recouvertes, dans un endroit obscur, au moyen d'un rouleau en cuir bien souple, d'un mélange composé d'encre lithographique usuelle pour l'impression et d'encre de transport (4 : 1) ; on les dépouille ensuite de toute l'encre inutile, en faisant dissoudre la couche de gélatine avec de l'eau tiède, les parties que la lumière n'a point altérées ; on lave les plaques avec de l'eau froide, on laisse écouler et on les couvre immédiatement, pour l'y laisser sécher, du liquide suivant :

Eau.	1000 centimètres cubes.
Gomme arabique.	40 grammes.
Sulfate de cuivre.	2 »
Acide gallique.	5 »
Acide nitrique.	0,5 gramme.

Chaque plaque peut fournir de 200 à 300 épreuves avec une presse à râteau ; mais l'emploi d'une presse verticale ou de la presse à rouleau, qui fatiguerait moins la planche, permettrait un tirage plus considérable.

On fait servir plusieurs fois la même plaque de zinc en la nettoyant avec de l'émeri (à sec).

L'impression sur zinc réalise les avantages suivants :

Rapidité de l'impression lumineuse.

Planches d'un maniement très-commode.

Maintient d'un contact parfait entre le cliché et la plaque de zinc pendant l'exposition à la lumière.

CHAPITRE XLVII.

Gravure sur cuivre au moyen de la photographie et de la galvanoplastie.

309. L'emploi de la photographie, combiné avec la galvanoplastie, peut servir à obtenir sur cuivre la gravure d'un dessin quelconque fait à la plume ou au tire-ligne.

On sait que la gélatine, mélangée d'une petite quantité de bichromate de potasse ou d'ammoniaque, a la propriété de devenir, sous l'action de la lumière, insoluble dans l'eau, même bouillante.

Si donc on fait agir la lumière à travers un négatif photographique sur une couche de gélatine sensibilisée, cette couche deviendra insoluble dans les parties correspondant aux traits du dessin ; et l'on pourra, par conséquent, tirer, au moyen de l'eau chaude, un moule de ce négatif. Si l'on effectue ensuite à la surface de ce moule, par voie galvanique, un dépôt de cuivre, on obtiendra ce même moule en creux avec toute la fidélité que la lumière met à reproduire le dessin original.

Tel est l'exposé sommaire de cette application.

310. *Formation du relief.* Il existe deux moyens également bons pour obtenir le relief ou moule du dessin d'après le négatif ; la description que je vais en faire permettra de juger dans quels cas il convient d'employer l'un de préférence à l'autre.

Première méthode. Sur une solution de 4 à 5 pour cent de bichromate de potasse pure, on sensibilise une feuille de papier gélatiné, préparé pour le tirage des épreuves dites au charbon (¹), en la laissant deux à trois minutes flotter par son côté gélatiné sur ce bain. La solution sensibilisatrice contenue dans une cuvette plate plus grande que la feuille de papier à sensibiliser, doit y occuper au moins un demi-centimètre de hauteur, et sa température ne doit jamais excéder 30 degrés centigrades.

Le papier enlevé du bain est suspendu pour sécher ; il convient qu'il ne sèche pas trop lentement, parce que, aussi longtemps qu'il est humide, il est exposé à des émanations gazeuses qui peuvent altérer sa solubilité. D'ailleurs, l'image que l'on obtient avec un papier qui a séché vite a plus de solidité, et sa force adhésive à d'autres surfaces est plus grande. La sensibilisation du papier se fait ordinairement le jour même ou la veille du jour où l'on doit s'en servir.

La feuille gélatinée, bien sèche, mais non au point de ne

(¹) Ce papier se trouve chez tous les marchands de produits chimiques pour la photographie.

pouvoir s'étendre parfaitement sur le négatif, est exposée à la lumière derrière ce négatif (¹) dans un châssis-presse. A défaut de châssis-presse, on peut fixer, avec des pinces à vis, le négatif et la feuille sensibilisée sur une simple planche.

Au soleil, la durée de l'exposition est très-courte ; elle varie nécessairement avec l'intensité de la lumière et le degré de transparence des traits du dessin sur le négatif. Le temps pendant lequel la feuille doit rester exposée doit donc être déterminé expérimentalement. L'emploi d'un photomètre peut faciliter cette détermination.

La couche de gélatine que supporte la feuille de papier, après son exposition à la lumière derrière un négatif, porte dans son épaisseur une image invisible et à l'état insoluble, tandis que la plus grande partie de la couche, et principalement la gélatine en contact avec le papier, est restée soluble.

Pour développer cette image, c'est-à-dire la dégager de la portion de gélatine restée soluble, il faut d'abord la fixer, par son côté impressionné, sur une surface plane solide.

Cette opération peut se faire sur toute surface plane *imperméable*, rien que par l'effet de la pression atmosphérique exercée sur la couche gélatineuse. Le principe sur lequel repose l'opération est le suivant : une couche de gélatine impressionnée à la lumière et plongée dans l'eau jusqu'à ce qu'elle se soit complétement dilatée, mais pas plus longtemps, étant appliquée sur une surface plane imperméable, y adhère fortement, pourvu que l'air ait été soigneusement chassé d'entre les deux surfaces.

La surface choisie pour servir de support à l'image est ici une plaque de cuivre parfaitement unie. Cette plaque est plongée dans une cuvette remplie d'eau fraîche. La feuille de papier gélatiné est introduite dans cette eau et y est laissée quelques instants : le temps nécessaire pour débarrasser la couche gélatineuse des bulles d'air qui pourraient y adhérer. Soulevant alors la plaque par un de ses côtés, on la retire de l'eau avec la feuille de papier. De cette façon l'eau et l'air sont expulsés d'entre les deux surfaces. Pour achever de fixer

---

(¹) Obtenu comme il est dit au n° 302.

le papier gélatiné sur la plaque, on se sert d'un racloir très-souple, formé d'une bande de caoutchouc emprisonnée entre deux réglettes de bois et les débordant légèrement. Maintenant la feuille de papier sur la plaque avec deux doigts de la main gauche posés sur le bord gauche du papier, on passe ce racloir de gauche à droite sur le dos du papier, en répétant l'opération deux ou trois fois si cela est nécessaire; retournant ensuite la plaque de gauche à droite de manière à pouvoir agir en sens inverse sur les deux surfaces, on passe de nouveau le racloir sur la surface du papier. De cette manière, tout le liquide en excès est chassé sans qu'il soit nécessaire de presser le papier au risque de le déchirer. Le résultat est compromis si cette opération n'est pas exécutée avec soin. On termine en épongeant le tout avec du papier buvard. La plaque portant l'épreuve est ensuite abandonnée au repos pendant quinze à trente minutes.

Le développement du relief doit être fait le plus tôt possible après l'exposition à la lumière, parce que l'action déterminée par la lumière se continue après l'exposition, même dans l'obscurité.

Pour développer, on place la plaque dans une cuvette horizontale en zinc, dans laquelle on verse ensuite de l'eau de pluie à la température de 35 à 40 degrés centigrades.

La dissolution de la gélatine restée soluble s'effectue insensiblement; on y aide, du reste, en faisant faire au liquide des ondes allant d'un bord à l'autre de la cuvette. Le papier, qui n'adhère à la plaque que par une couche de gélatine restée soluble, ne tarde pas à se détacher. On a soin d'entourer, sur le cliché, l'image à reproduire d'un cadre opaque ([1]), afin d'empêcher que les bords du négatif n'agissent, par leurs parties transparentes, sur la couche sensible. Le papier porte ainsi un encadrement de gélatine entièrement soluble et son détachement est considérablement facilité.

Une fois la feuille de papier enlevée, le développement du relief s'opère visiblement. On renouvelle l'eau chaude si on le juge nécessaire, et l'on arrête le lavage lorsque l'on ne

_____

([1]) Obtenu, soit avec de la couleur, soit avec du papier noir.

voit plus se former de filets de gélatine colorée dissoute.
Finalement, on rince le relief et on le laisse sécher.

La couche de gélatine, employée telle qu'on la trouve
dans le commerce, c'est-à-dire colorée en noir, produit à
la surface unie de la plaque de cuivre, non-seulement un
relief, mais aussi un dessin en noir parfaitement visible;
cette circonstance permet d'apprécier à sa juste valeur le
résultat obtenu. D'ailleurs, le développement du dessin
ayant été effectué par la face non insolée, ainsi qu'il faut le
faire, les détails les plus délicats du dessin du négatif devront
se voir reproduits. On reconnaîtrait que la durée de l'exposition dans le châssis-presse a été trop courte si de fins traits
marqués sur le négatif ne se trouvaient pas reproduits; au
contraire, l'exposition aurait été trop prolongée si par le
lavage on ne parvenait pas à éclaircir convenablement les
petits détails du dessin. Dans ce dernier cas, il faudrait
élever la température de l'eau de développement jusqu'à
50 degrés centigrades, et si alors le lavage ne produisait pas
encore l'effet désiré, on pourrait immerger un moment la
plaque dans une eau renfermant un peu d'eau de javelle,
pour la traiter ensuite de nouveau par l'eau chaude.

Deuxième méthode. La première méthode, avec des clichés suffisamment vigoureux, procure facilement de bons
résultats. Mais elle présente pour la reproduction des cartes
l'inconvénient suivant : l'épreuve sur papier gélatiné, dit au
charbon, devant être mouillée pour pouvoir s'appliquer sur
la surface du cuivre, subit un allongement considérable
qu'il est impossible de régler et qui enlève, par conséquent,
à la reproduction sa qualité principale : l'exactitude mathématique ([1]).

La méthode que je vais exposer est exempte de ce défaut.
Le dessin qu'elle reproduit conserve fidèlement sur la planche
de cuivre gravée les dimensions qu'il a sur le négatif et, par
suite, la grandeur exacte qu'on a voulu lui donner.

([1]) On prépare maintenant, en Allemagne, un papier gélatiné dont les
dimensions ne changent point quand on l'humecte; de plus, le relief
qu'il procure sur une plaque de cuivre est métallisé.

Le procédé consiste à former la couche de gélatine sensible à la surface même du négatif et d'opérer sur lui le développement de l'image en relief.

On fait dissoudre ensemble, au bain-marie, dans un ballon à large ouverture, savoir :

    1 partie en poids de bichromate d'ammoniaque,
    5 parties en poids de sucre ordinaire,
   10 parties en poids de gélatine,
 100 parties d'eau ;

et cette solution, récemment faite, est versée, à travers un linge dont on entoure le goulot du ballon, sur le négatif verni, légèrement chauffé et placé horizontalement sur un support à vis calantes.

On ne fait pas sécher la gélatine ainsi étendue à la surface du négatif, cela demanderait trop de temps ; on la laisse seulement se prendre en gelée. Ordinairement, la solution se prépare et se verse sur le cliché la veille au moment de cesser la journée de travail ; on la retrouve alors prise en gelée le lendemain matin et dans un état convenable pour être exposée à la lumière.

Pour cette dernière opération, on met le cliché, le verre au-dessus, dans une cuvette plate à fond opaque ou en verre jaune, dans laquelle l'on a préalablement disposé quelques feuilles de papier buvard. Si on le juge convenable, on préserve, en outre, la couche de l'action latérale de la lumière diffuse.

La durée de l'exposition à la lumière est d'environ dix minutes à un quart d'heure au soleil, lorsque les traits du négatif sont bien transparents. Il n'y a aucun inconvénient à prolonger davantage l'exposition ; le relief ne peut qu'y gagner en vigueur.

Les clichés destinés à ce travail ne doivent pas être trop vigoureux ; il faut que la lumière puisse agir à travers les parties opaques sur la couche de gélatine de manière à former à la surface du négatif un fond qui, faisant corps avec le relief proprement dit, soutienne celui-ci dans ses diverses parties.

J'ai dit que la solution de gélatine bichromatée devait être récemment faite; la raison en est qu'en vieillissant, le bichromate mélangé à la gélatine réagit sur celle-ci de façon à lui enlever la propriété de se prendre en gelée.

Le cliché, après son exposition à la lumière, est reporté dans le laboratoire obscur et enlevé de la cuvette. On verse dans celle-ci de l'eau tiède et on y plonge le négatif, la gélatine bichromatée au-dessus. L'eau chaude dissout rapidement la gélatine non attaquée; on aide, d'ailleurs, à cette opération en remuant l'eau et en la renouvelant trois à quatre fois, mais on se garde bien d'exercer le moindre frottement à la surface de la couche, dans la fausse croyance d'accélérer ainsi le départ de la gélatine. On ne doit pas craindre de voir la pellicule de collodion se détacher de la glace, par suite d'un séjour trop prolongé du cliché dans l'eau chaude, attendu que le temps nécessaire au développement complet du relief n'est jamais long, la gélatine restée soluble n'ayant pas préalablement séché.

311. Le deuxième procédé a pour inconvénient d'exiger le sacrifice du cliché, puisque c'est à sa surface, servant de support au relief, que le dépôt de cuivre devra se former plus tard. Mais ce grave inconvénient peut être évité, car il existe un moyen fort simple de multiplier à volonté les clichés et de les retourner en même temps.

Voici ce moyen. On prépare une solution sensible par le mélange des substances suivantes :

Eau.	1 litre.
Gomme arabique.	50 grammes.
Miel ou glucose.	100 »
Sucre.	50 »
Eau saturée de bichromate d'ammoniaque.	250 »

Cette liqueur, filtrée parfaitement, la poussière est l'écueil du procédé, est versée sur une glace bien nettoyée, comme pour la collodionner (¹); lorsqu'on l'a laissée égoutter une minute, on la sèche sur la flamme d'une lampe à alcool et on l'expose chaude à la lumière derrière le négatif que l'on veut reproduire. L'insolation doit se faire à l'ombre et durer de 1 à 10 minutes suivant l'intensité lumineuse.

(¹) Si la liqueur sensible ne s'étendait pas régulièrement sur la glace, on chaufferait légèrement celle-ci.

On développe ensuite le nouveau négatif dans le cabinet noir en passant de la plombagine sur le côté préparé de la glace au moyen d'un blaireau fin.

L'image se montre à peine au premier développement. Après une minute d'intervalle on recommence à appliquer de la plombagine, et si l'épreuve n'a pas encore alors l'intensité voulue, on repasse une troisième fois sur l'épreuve le blaireau chargé de poudre après le même temps de repos.

Par sa composition, la couche sensible formée ci-dessus à la surface de la glace est hygrométrique. Sous l'action de la lumière, cet état, favorable pour l'adhérence à la couche de la plombagine ou de toute autre poudre, disparaît; par suite, au moment du développement, la couche n'est plus hygrométrique que dans les parties garanties du jour par les noirs du cliché primitif.

Lorsque l'on juge le nouveau négatif suffisamment intense, on le lave dans de l'eau froide pour dissoudre le bichromate d'ammoniaque, on le plonge ensuite, quelques instants, dans une eau contenant un peu d'alun, de chrome ou du tannin, et enfin on le fait sécher. On le vernit comme à l'ordinaire.

312. *Galvanoplastie.* Le relief obtenu étant formé d'un corps non conducteur de l'électricité, il faut commencer par rendre sa surface conductrice, c'est-à-dire la métalliser.

A cet effet, il n'est pas nécessaire, comme d'aucuns le prétendent, de lui faire subir au préalable une nouvelle préparation ayant pour but d'empêcher le gonflement de la gélatine dans les bains de l'appareil galvanoplastique. Le bichromate incorporé à la gélatine avant l'exposition du cliché à la lumière empêche ce gonflement; celui-ci ne se produit que lorsque le dépôt de cuivre se forme trop lentement à la surface du relief, c'est-à-dire lorsque cette surface n'a pas été rendue suffisamment conductrice ou bien que la pile marche mal.

On métallise le relief de plusieurs manières. Lorsque le relief a été obtenu sur une plaque de cuivre, l'opération est des plus faciles : il suffit de l'enduire parfaitement de plombagine à l'aide d'une brosse faite de poils souples et très-rapprochés. Ce mode de métallisation est celui qui est le plus généralement employé; mais pour qu'il réussisse, il faut que la plombagine soit de toute première qualité, physiquement et chimiquement parlant, c'est-à-dire réduite en poussière ténue et pure de tout corps étrangers. On peut, du reste, l'améliorer en y incorporant soit de l'or, soit de l'argent, en poudre impalpable. Pour faciliter l'adhérence de la plombagine au relief, on fait préalablement passer son haleine dessus.

Lorsque le relief a été obtenu sur une plaque de verre, la métallisation de sa surface peut également se faire par la plombagine, mais l'opération demande alors plus de soins. Dans ce cas une autre méthode, également bonne, consiste à plonger le relief dans un bain de nitrate d'argent légèrement alcoolisé, de l'abandonner à la dessiccation dans une position horizontale, puis de le sulfurer.

Quelquefois, mais ceci n'est pas absolument nécessaire, pour que la plombagine adhère mieux au relief, on l'enduit d'abord d'un vernis très-léger formé d'une dissolution de gutta-percha dans de la benzine ou du sulfure de carbone.

Le négatif recouvert du relief métallisé, pour pouvoir être soumis au courant galvanique, doit être entouré de fils conducteurs afin qu'on puisse le suspendre; il faut en outre établir de nombreux points de contact entre ces fils et la surface métallisée. Ce soin est inutile lorsque le relief se trouve à la surface d'une plaque de cuivre; il suffit alors de saisir la plaque avec des pinces métalliques; on enduit seulement ses bords et son revers d'un vernis formé de 1 partie de cire jaune d'abeilles et de 2 parties de colophane fondues ensemble, auquel on ajoute un peu d'huile fine pour l'avoir plus mou.

Appareil galvanoplastique. — L'appareil galvanoplastique dont il faut faire usage est celui qu'on désigne sous le nom d'*appareil simple.* L'un des éléments de la pile dont ce générateur électrique est fermé, est l'objet à recouvrir lui-même. Cette manière de constituer l'appareil galvanoplastique est moins coûteuse et plus commode que l'emploi des *piles séparées.* Elle est la seule en usage aujourd'hui dans l'industrie pour se procurer des dépôts de cuivre.

La forme la plus propre de l'appareil pour l'objet que l'on a en vue ici me paraît devoir se composer :

1° D'une auge en bois, doublée intérieurement de gutta-
percha ou de toute autre substance imperméable et inatta-
quable par le bain qu'elle est destinée à contenir.

Ce bain est une solution saturée de sulfate de cuivre renfermant 4 à 5 pour cent d'acide sulfurique. Pour le former,
on remplit, aux trois quarts, la cuve d'eau ordinaire et on
suspend à la surface du liquide des cristaux de sulfate de
cuivre, maintenus dans un vase percé de trous, ou dans des
linges noués. On ajoute de nouveaux cristaux à mesure que
la dissolution se fait. Quand une portion de liquide est chargée de sulfate de cuivre, elle devient plus lourde, gagne le
fond du vase et est remplacée par une égale quantité de liquide plus léger qui vient à son tour se saturer de sel de
cuivre. Un bain convenablement préparé doit accuser 22°
au pèse-sel ;

2° D'une garniture formée de plates-bandes de laiton
garnissant les petits bords supérieurs de la cuve, avec montants au milieu supportant une traverse, également en laiton
et assez résistante. Plus, deux tringles en laiton se plaçant
longitudinalement sur la cuve pour pouvoir y suspendre les
reliefs à recouvrir ;

3° D'un certain nombre de vases poreux en porcelaine
dégourdie, de la hauteur de la cuve, rangés au centre et
dans le sens de la longueur de la cuve ; ils sont destinés à
servir de diaphragmes et à contenir une solution (eau ai-
guisée d'acide sulfurique) capable d'attaquer le zinc ;

4° De plaques de zinc laminé plongeant dans le liquide
des vases poreux et suspendues à la traverse en laiton de la
garniture au moyen de lames minces de cuivre recourbées
autour de la traverse et soudées aux plaques de zinc.

Ce soudage se fait en chauffant les parties qui doivent
venir en contact, en les frottant avec de la stéarine et en
faisant fondre entre elles un peu de soudure de plombier ;

5° D'un nombre suffisant de petites auges en gutta-
percha ou en cuivre, percées de trous, fixées aux bords supérieurs longitudinaux de la cuve, plongeant dans le liquide
de la cuve et destinées à être remplies de cristaux de sulfate
de cuivre.

Les dimensions des diverses parties de cet appareil sont

en rapport avec la grandeur des planches que l'on veut obtenir.

Théorie. — Cet appareil n'est, sauf la forme, autre chose qu'un couple de la batterie de Daniell. L'action est déterminée par la réaction chimique du liquide excitant, l'eau acidulée des vases poreux, sur le zinc, qui est le métal dont l'affinité pour l'oxygène est la plus grande. L'acide sulfurique H^2SO^4 que ce liquide contient est décomposé en SO^4 qui se porte sur le zinc pour le transformer en sulfate de zinc $ZnSO^4$ et en H^2 qui devient libre

$$H^2SO^4 + Zn = ZnSO^4 + H^2.$$

Cet hydrogène va, à travers les vases poreux, réduire le sulfate de cuivre $CuSO^4$; le cuivre Cu provenant de cette réduction se dépose et l'acide sulfurique H^2SO^4 régénéré vient dans les vases poreux réagir sur le zinc. A mesure que le bain de sulfate de cuivre s'appauvrit, les pertes sont réparées par la dissolution des cristaux de cuivre que contiennent les augets. Des liquides de l'appareil, il n'y a que le liquide excitant qui ne reste pas toujours dans le même état de concentration, puisque l'acide sulfurique qu'il contient est employé à former du sulfate de zinc; il faut donc alimenter, de temps en temps, d'acide sulfurique ce liquide pour que les effets de l'appareil soient constants.

En même temps que ces modifications chimiques s'effectuent, une perturbation dans l'équilibre électrique a lieu, et un courant qui se porte du *zinc au cuivre à travers les liquides* prend naissance. Il continue sa course le long des tringles, des montants et de la traverse pour regagner le zinc, dont il va activer la décomposition. Si l'on venait à interrompre le courant dans son trajet hors des liquides, il y aurait cessation du phénomène quant à l'électricité; celle-ci s'accumulerait à l'une des extrémités du conduit et s'y trouverait en excès; le contraire aurait lieu à l'autre extrémité, celle par conséquent qui est en communication avec le zinc. Ainsi se justifient les noms d'électricité positive ($+ E$) et d'électricité négative ($- E$) donnés par Franklin à ces deux états différents d'électricité. Mais il y a plus : sous l'influence du courant, les molécules libres de cuivre provenant de la réduction du sulfate sont emportées à travers le conducteur liquide et transportées jusqu'à la plaque en relief métallisée où elles se déposent. C'est, à proprement parler, ce dernier phénomène, purement mécanique, qui n'a été observé qu'en 1836 et dont Jacobi et Spencer tirèrent un si merveilleux parti, qui constitue la galvanoplastie.

L'appareil est fait pour pouvoir opérer de chaque côté des diaphragmes et galvaniser ainsi à la fois deux clichés suspendus aux tringles. Les deux faces des plaques de zinc sont donc utilisées et elles ont la position la plus convenable : celle où les surfaces attaquées sont parallèles à celles sur lesquelles se fait le dépôt. Ces surfaces sont d'ailleurs en rapport de dimensions avec celles destinées à recevoir le dépôt.

Le dispositif de l'appareil permet, en outre, de rapprocher ou d'éloigner les clichés des lames de zinc, d'accélérer ou de ralentir ainsi la marche de l'opération. La position verticale des reliefs est des plus favorables encore, pour permettre de les sortir du bain pour les examiner à volonté ; il faut toutefois n'user de cette latitude qu'avec beaucoup de ménagement, surtout au commencement de l'opération, parce qu'une couche d'oxyde qui se formerait à la surface du premier dépôt empêcherait le cuivre, qui doit s'y déposer ultérieurement, d'y adhérer.

Au début de l'opération, il faut aciduler vigoureusement l'eau des vases poreux. Il suffit ensuite, pour que la batterie chargée fonctionne bien, d'ajouter de l'acide sulfurique au liquide qui attaque le zinc, en remuant le mélange sans rien changer à l'appareil, chaque fois que la marche du courant paraît se ralentir. L'eau acidulée qui se trouve dans les vases poreux se sature promptement de sulfate de zinc ; dans cet état, l'action chimique qui donne naissance au courant est entravée, le métal n'étant plus attaqué. Il faut donc jeter tous les deux jours les liquides excitateurs pour recharger complètement à neuf la batterie.

Le zinc du commerce n'étant jamais pur, les métaux étrangers qu'il contient engendrent une multitude de petits couples voltaïques et par suite un grand nombre d'actions locales. Il se fait ainsi en pure perte une consommation de zinc, même lorsque l'appareil ne fonctionne pas. Il en est autrement du zinc amalgamé, qui, quoique impur, est difficilement attaqué par l'eau acidulée. Il faut pour cela l'intervention du courant électrique. On a toujours soin donc d'amalgamer le zinc ; pour cela, on verse dans une soucoupe de l'eau, de l'acide sulfurique et du mercure. On prend un peu de ce mélange avec une brosse et on frictionne fortement la surface du zinc, jusqu'à ce qu'elle ait acquis un aspect brillant et métallique.

On agite fréquemment, avec une tige en métal, le bain où les reliefs sont plongés, afin d'égaliser dans toute la hauteur du liquide la densité de celui-ci et que le dépôt de cuivre ait la même épaisseur dans toute son étendue.

La position verticale des reliefs présentant l'inconvénient d'engendrer des dépôts striés, on doit changer tous les jours leur position dans le bain ; ce qui nécessite que la cuve ait à peu près les mêmes dimensions en hauteur qu'en largeur.

Il faut enfin, autant que possible, maintenir le niveau entre les liquides dans la cuve et dans les vases poreux. Il est même plus sûr de laisser celui du bain de sulfate de cuivre dépasser un peu celui des diaphragmes, afin d'éviter que, par un phénomène d'endosmose, la solution du zinc ne vienne se mélanger au bain de cuivre. ·

Lorsque, par suite d'une mauvaise marche de l'opération, les diaphragmes se seront incrustés de dépôts métalliques, il faudra les laisser tremper dans l'eau forte jusqu'à dissolution complète des métaux, puis les laver à grande eau.

L'appareil peut être installé dans une chambre, car il ne dégage aucun gaz délétère ; cependant l'hydrogène qu'il laisse échapper est irritant et incommode, et il convient de faire disparaître cet inconvénient en plaçant l'auge sous le manteau d'une cheminée.

Pour que la planche atteigne une épaisseur de cuivre d'environ 1 millimètre, il faut qu'elle reste immergée dans le bain cinq ou six jours. On peut déterminer la durée de l'action avec certitude en pesant le relief avant l'opération, puis après qu'il est recouvert d'un dépôt.

Lorsque le dépôt de cuivre sur le relief est jugé suffisant, on sépare les deux surfaces en contact en limant les quatre arêtes du cuivre. La planche en se détachant, soit de la glace, soit de la plaque plancée, entraîne avec elle le relief en gélatine. On l'en débarrasse facilement à l'aide d'un tampon trempé dans un peu d'acide sulfurique.

La galvanoplastie reproduisant avec une fidélité extraordinaire les moindres sinuosités des reliefs, on doit s'attendre, dans la plupart des cas, à n'obtenir qu'une planche gravée dont le fond ne sera pas d'un poli parfait, à moins qu'on ne se soit servi, comme je l'ai préconisé, pour support du relief, d'une plaque de cuivre parfaitement polie. Il faudra donc, avant de la faire servir à l'impression, lui faire subir un léger polissage. Cette opération se fait au moyen d'un morceau de charbon humecté d'un peu d'huile. On choisit celui qui provient d'un bois tendre et on frotte perpendiculairement au fil du bois. Il doit polir en attaquant le moins possible. Quelques coups de brunissoir sont souvent nécessaires pour faire disparaître certaines défectuosités.

Les épreuves que l'on en tirera ensuite par le procédé ordinaire de l'impression en taille-douce auront une remarquable netteté et seront bien supérieures à celles que peut donner la photo-lithographie.

CHAPITRE XLVIII.

Impression des cartes en couleurs.

313. Les cartes en couleurs sont généralement préférées aujourd'hui : c'est que la clarté est, après l'exactitude, la qualité la plus précieuse d'une carte et que rien n'y contribue autant que les couleurs.

La photo-lithographie se prêtant parfaitement à l'exécution d'une telle carte, le dépôt de la guerre de Belgique entreprit de livrer au public la carte coloriée du pays à l'échelle du $\frac{1}{20000^e}$, c'est-à-dire une carte sur laquelle les cours d'eau, les maisons, les chemins, les prairies, les bois, etc., sont indiqués par des teintes différentes, ce qui permet de les distinguer avec la plus grande facilité.

Une carte se reproduit en couleurs à l'aide d'autant de pierres lithographiques que l'on admet de couleurs différentes pour exprimer les divers objets. Chacune des pierres servant à imprimer séparément une couleur, ne porte naturellement que les seuls traits qui doivent être reproduits par la couleur avec laquelle elle est encrée; mais la même feuille de papier recevant successivement l'impression des susdites pierres, le résultat définitif est une carte diversement coloriée.

La condition *sine quâ non* de réussite est d'obtenir sur les pierres les divers dessins servant à imprimer les différentes couleurs, de façon qu'ils se raccordent exactement et forment par leur réunion un ensemble parfait.

Or, le caractère qui distingue particulièrement le procédé photo-lithographique du transport direct des clichés sur pierre, c'est précisément de fournir des dessins transportés n'ayant subi aucune altération dans leurs dimensions; nul procédé, par conséquent, ne permet de réaliser plus facilement et à moins de frais la reproduction des cartes en couleurs. Deux méthodes peuvent être employées :

314. La première consiste à enlever des pierres affectées à chaque couleur et sur lesquelles le dessin a été transporté, les traits qu'elles ne doivent pas reproduire. C'est ce qui se pratique au dépôt de la guerre.

La pierre reçoit donc à travers le négatif l'impression lumineuse, et le dessin s'y trouve transporté en entier, tel absolument que le fournit dans la chambre noire le dessin original.

On comprend bien que si elle était encrée dans cet état avec une encre de n'importe quelle couleur, à l'impression tous les traits seraient reproduits de cette couleur; or, comme une partie seulement des traits doit se reproduire ainsi, il est nécessaire d'enlever préalablement les autres de la pierre.

On efface les traits inutiles au moyen du grattoir en se guidant de l'inspection de la carte-minute, et l'on a bien soin dans cette opération de ne pas altérer la pureté des lignes qui doivent être conservées.

315. La seconde méthode de reproduction en couleurs des cartes, consiste à ne laisser subsister sur le négatif destiné au transport du dessin sur les pierres affectées aux différentes couleurs, que les seuls traits que doivent reproduire ces pierres.

A cet effet, avant d'effectuer l'opération du transport, les traits inutiles sont momentanément masqués sur le cliché à l'aide d'une couche de vermillon, afin qu'ils ne se reproduisent pas sur la pierre.

Pour se procurer, par exemple, la pierre destinée à l'impression en rouge, on commence par appliquer, avec un pinceau, du vermillon délayé dans un peu d'eau, sur toutes les parties transparentes du négatif, sauf sur celles qui représentent les routes, les maisons et les ponts en maçonnerie, puis on effectue le transport sur pierre du cliché ainsi préparé.

Un simple lavage à l'eau enlevant facilement du cliché le vermillon qui y a été déposé sans l'abîmer, ce cliché pourra servir de nouveau à transporter sur pierre les traits d'une autre couleur après avoir été de nouveau préparé dans ce but.

Les diverses pierres nécessaires à l'impression en couleurs pourront être ainsi successivement obtenues à l'aide d'un seul cliché avec la certitude que le raccordement se fera toujours avec exactitude.

Le vermillon en couche sur le cliché verni ayant naturellement une certaine épaisseur, le contact parfait du cliché avec la pierre devient dans ce cas à peu près impossible, et il faut pour obtenir de beaux résultats avoir recours à l'appareil dont nous avons préconisé l'usage pour l'exposition des pierres au soleil (voir la planche).

316. Quelle que soit la méthode suivie pour se procurer les diverses pierres qui doivent servir à imprimer en couleurs, les opérations à exécuter sont les mêmes.

Nous allons les exposer avec de grands détails, et afin de passer du simple au composé, nous supposerons premièrement, comme c'était le cas pour la reproduction en couleurs de la figure 161, que la carte que l'on veut reproduire en couleurs a été tout d'abord dessinée complétement, c'est-à-dire qu'elle contient les bois, les prairies, etc., indiqués à l'aide de signes conventionnels.

Dans cette hypothèse, sa reproduction en couleurs ne nécessitera ordinairement que cinq transports, parce que les teintes généralement adoptées sont les suivantes :

1° Le *rouge* pour les maisons, les routes pavées, les ponts en maçonnerie, etc. ;

2° Le *bleu* pour les cours d'eau ;

3° Le *vert* pour les bois, les prairies et les haies ;

4° Le *bistre* pour les dunes, les courbes de niveau, etc. ;

5° Le *noir* pour les chemins, les voies ferrées, les écritures, le cadre, etc.

317. IMPRESSION. — Les presses lithographiques ordinaires, dites *à râteau* sont les seules employées. Elles doivent être munies d'une *machine à repérer*. Ce dernier appareil consiste en un cadre de fer forgé. A l'un des côtés de ce cadre est fixé par des charnières un châssis qui, abaissé, repose sur deux tenons que porte le côté du cadre opposé à la charnière et dont les extrémités s'introduisent d'environ 3 millimètres dans des cavités pratiquées au châssis. Ces mêmes côtés du châssis sont armés de pointes ou aiguilles.

La machine à repérer se place dans le chariot de la presse, et on l'y assujettit solidement au moyen de cales après que l'appareil a été mis au niveau de la pierre.

La feuille de papier sur laquelle on veut imprimer étant placée sur la pierre, on fait pénétrer ses bords dans les aiguilles du châssis et on la maintient dans cette position en recouvrant les aiguilles de deux lames en métal qui les garantissent en même temps de tout choc.

Si l'on a eu soin, avant d'effectuer les transports, de tracer des marques au moyen d'une pointe vers les bords du cliché, elles se reproduiront sur les diverses pierres en conservant entre elles leur écartement relatif, et pourront servir de points de repère pour l'impression.

En effet, il suffira, pour passer de l'impression d'une couleur à une autre, de s'aider d'une épreuve de la couleur déjà imprimée que l'on placera dans les aiguilles ; puis, en relevant alternativement les angles de cette feuille, on cherchera à mettre en rapport les traits des repères qui sont imprimés avec ceux de la pierre. La perfection du repérage est une condition de succès si importante à observer qu'il ne faut jamais transiger sous ce rapport avec l'à peu près.

L'impression en couleur a lieu à sec : on en comprendra plus loin la raison.

Comme elle soumet les pierres à une pression assez considérable, il convient de les doubler avant de commencer le tirage des épreuves. Cette opération est une mesure de précaution toujours bonne à prendre parce qu'elle peut éviter de fâcheux accidents.

Pour doubler une pierre lithographique trop mince avec une pierre bleue, on étend sur celle-ci une couche de plâtre gâché, et on applique sur ce lit la pierre lithographique, en lui imprimant un mouvement de va-et-vient pour chasser les bulles d'air et asseoir la couche. Au bout d'un quart d'heure, le plâtre ayant fait prise, on enlève les bavures avec un racloir.

L'ordre dans lequel on procède à l'impression des diverses couleurs sur la même feuille de papier n'est pas chose indifférente. Le noir s'imprime en premier lieu ; le bistre vient après, parce que c'est la teinte la plus difficile à imprimer ; on imprime ensuite le vert ou le bleu et on termine par le rouge. Ce dernier tirage s'opère à la fin, parce que le rouge est une couleur plus délicate que les autres et qui décalque facilement. On comprend, en effet, que cette couleur perdrait de son éclat si, après avoir été fixée sur la feuille de papier, celle-ci devait encore repasser sous la presse.

Pour éviter que la couleur noire imprimée d'abord ne décalque sur les autres pierres, on a soin, avant de commencer le tirage des autres couleurs, de frotter les épreuves avec de la poudre de talc, communément appelée poudre de savon.

318. DES COULEURS ET DE LEUR PRÉPARATION. — Le choix des couleurs propres à faire les encres a une grande impor-

tance : c'est de ce choix principalement que dépend la beauté
des résultats.

Il faut s'attacher à prendre des couleurs de première
qualité, et éviter celles dont le poids spécifique est lourd :
elles se précipitent trop facilement et ne se lient pas assez
au vernis.

Voici les couleurs dont on se sert :

Pour le rouge, des carmins; ils sont bien préférables au
vermillon, qu'il est difficile d'obtenir à l'état pur et qui
donne des nuances qui noircissent à l'air.

Pour le bleu, du bleu de Prusse mêlé de blanc d'argent.
Le blanc d'argent est employé pour tempérer la vivacité des
autres couleurs, pour leur donner plus de corps et aussi une
opacité convenable.

La couleur jaune est donnée par les jaunes de chrome. Il
y en a de toutes les nuances et de tous les tons. Ils s'impriment facilement.

Le vert est toujours une couleur composée qu'on obtient
de différentes manières selon le ton qu'on veut produire.
Rien de plus simple que de le faire, la difficulté est de l'obtenir d'une grande fraîcheur. On peut l'obtenir avec du
jaune de chrome mélangé de bleu céleste, mais il est préférable de l'acheter tout préparé.

Enfin, les ocres et la terre de Sienne trouvent aussi quelquefois leur emploi avec avantage.

Toutes ces couleurs sont employées à l'état de mélange
pour la préparation des encres de couleur; chacune d'elles
est d'abord broyée séparément avec du vernis moyen, pur
et limpide, sur un marbre avec une molette. De ce travail
dépend en grande partie la bonne qualité de l'encre ; il doit
être fait avec patience, afin d'arriver à une liaison parfaite
de la couleur et du vernis.

Le mélange des couleurs ne s'opère qu'après et à mesure
des besoins.

On ajoute quelquefois un peu d'essence à l'encre pour
donner plus de transparence à la teinte.

Toutes ces encres se condensant très-promptement, il
convient que l'imprimeur n'en prépare pas une trop grande
quantité à la fois. Il doit n'en mettre sur son rouleau que

la quantité nécessaire pour le tirage d'une épreuve, afin d'éviter que la couleur sur les épreuves ne varie d'intensité. Ce n'est pas à force d'encre qu'on obtient les nuances les plus foncées ; celles-ci dépendent de la préparation de l'encre. Ce sont là, du reste, des observations qu'il est inutile de faire à un imprimeur qui entend un peu la pratique de son état.

319. Papier. — Le papier qui doit servir à l'impression en couleurs doit préalablement subir plusieurs opérations, après lesquelles il prend le nom de papier chromo-lithographique et par abréviation papier *chromo*.

Pour que par leur ensemble les divers couleurs imprimées sur une feuille de papier forment un dessin définitif se repérant correctement, il faut, les dessins sur les pierres se raccordant parfaitement, que le papier sur lequel les couleurs s'impriment ne subissent pas le moindre changement dans ses dimensions pendant le tirage. Rendre tel le papier est le but des opérations préalables auxquelles on le soumet. Ceci explique assez que l'impression en couleurs ne peut se faire qu'à sec.

En premier lieu, on le fait passer au laminoir. Placé entre deux plaques de zinc ou de cuivre, par paquet de vingt à trente feuilles, le papier y subit une pression, graduée au moyen des roues à engrenages qui rapprochent plus ou moins les deux cylindres en acier.

La pression qu'y doit subir le papier doit être supérieure à celle qu'il supportera plus tard dans la presse lithographique. On comprend facilement, en effet, que sans cette précaution il s'allongerait encore aux tirages successifs auxquels il doit être soumis par la suite, et il en résulterait que les repères tracés sur l'épreuve ne pourraient plus coïncider avec ceux tracés sur les pierres.

Le papier suffisamment laminé est ensuite placé dans la presse hydraulique où il est soumis à une pression qui varie de 300 à 400 atmosphères. Cette opération a pour but de faire disparaître toutes les rugosités qui pourraient se trouver encore à la surface des feuilles et de les aplanir parfaitement. Au sortir de la presse hydraulique, le papier est porté au séchoir, lieu disposé *ad hoc*, où la température est constamment maintenue à 40° environ.

Il y séjourne un certain temps pour que l'humidité qu'il pourrait contenir disparaisse entièrement. Lorsqu'on juge qu'il est dans un état convenable de sécheresse, il est livré à l'imprimeur qui tire alors les épreuves en noir. Ce tirage terminé, les épreuves, entre chacune desquelles est placée une feuille de papier buvard appelé papier maculature, sont reportées au séchoir. Pour imprimer les autres couleurs, on les rapporte successivement à l'imprimerie, en ayant soin de ne transporter du séchoir à l'imprimerie que le nombre d'épreuves nécessaire au tirage d'une journée, car il faut éviter à tout prix l'altération des dimensions du papier que pourrait occasionner l'état hygrométrique de l'air.

320. TEINTES UNIES. — Nous avons supposé jusqu'ici que les dessins à reproduire étaient complétement terminés. De tels dessins étant difficiles à faire exécuter par des dessinateurs ordinaires, certains signes conventionnels, tels par exemple que ceux qui représentent les bois et les prairies, sont remplacés par des teintes unies.

Il faut, pour l'impression de ces teintes, des pierres prenant l'encre juste aux endroits qui correspondent aux bois ou aux prairies sur la carte-minute. Pour rendre les pierres aptes à retenir la couleur, il suffit d'appliquer de l'encre lithographique grasse aux endroits où elle doit prendre ; c'est donc par déterminer la situation des parties qui doivent être encrées qu'il faut commencer.

Pour y parvenir, le dessin en entier du cliché étant transporté sur une pierre, il faut en reproduire la trace sur une autre pierre.

Nous allons décrire cette opération, qui se fait par l'intermédiaire d'un garde-mains, c'est-à-dire d'une feuille de papier bristol ayant passé un grand nombre de fois sous le râteau de la presse, de sorte qu'elle ne peut plus changer de dimensions, surtout lorsque, par surcroît de précautions, on a soin de la laisser au séchoir avant de s'en servir.

La pierre destinée à recevoir la trace du dessin doit avoir été récemment poncée, et il est bon qu'elle ait un léger grain.

Elle subit alors un faible lavage à l'essence de térébenthine, qui enlève de sa surface toute trace de matière grasse et facilite le travail ultérieur à l'encre.

Cette pierre étant placée dans une presse voisine de celle où se trouve la pierre originale, l'imprimeur tire de celle-ci, qu'il a eu soin d'encrer suffisamment et avec de l'encre *typographique*, une épreuve sur le garde-mains, puis il enduit cette épreuve de suie à l'aide d'un tampon de ouate.

Ce garde-mains est aussitôt placé sur l'autre pierre que l'on passe immédiatement sous le râteau de la presse.

La suie procure sous l'action de la presse une marque du dessin sur la pierre, tout en préservant celle-ci du contact de l'encre grasse.

On s'assure alors, en les mesurant en diagonales, si les deux dessins sont identiques en dimensions.

Le dessin est ainsi transporté sur autant de pierres que cela est nécessaire. Pour rendre ces pierres propres à reproduire des teintes, on les remet entre les mains de dessinateurs qui, la carte-minute sous les yeux, étendent de l'encre grasse sur tous les endroits qui correspondent à une même teinte de la carte-minute.

Dans l'exécution de ce travail, le dessinateur doit observer de soigner plus particulièrement les contours des teintes ; il ne doit pas perdre de vue que tout en étant bien accusés et aussi nets que possible, les bords des teintes ne doivent pas être surchargés d'encre, parce que autrement, sous l'action du rouleau et par le foulage dans la presse, ils deviendraient irréguliers et l'ouvrage se présenterait sous un mauvais aspect.

Il faut évidemment apporter la plus grande exactitude dans l'exécution de ce travail pour que les teintes y occupent les places qui leur sont destinées.

Ce travail terminé, la pierre est rapportée à l'imprimerie, où l'on étend à sa surface ce que l'on appelle la *préparation ;* c'est tout simplement un mélange d'eau, de gomme et d'acide azotique dilué. Cette préparation enlève de la surface de la pierre tout ce qui subsiste encore du décalque ainsi que les taches qui pourraient s'être produites accidentellement ; l'encre grasse seule étant respectée, le travail de l'application de teintes pour faire mordre les couleurs reste intact. Après une heure ou deux, on lave la pierre convenablement, puis on la nettoie à l'essence de térébenthine. Tout disparaît, mais la graisse qui s'est incorporée à la pierre reprend aisément la couleur que l'imprimeur veut y appliquer au moyen du rouleau. On encre d'abord la pierre en noir, et on la laisse en repos pendant un jour ou deux pour être sûr que le corps gras l'a bien pénétrée.

Pour l'obtention des diverses couleurs, on comprend facilement tout le parti qu'il y a à tirer, à l'impression, de la supperposition de plusieurs teintes.

Quant aux dessins à effets que portent certaines parties des cartes chromo-lithographiées du Dépôt de la guerre, tels que les bois dits *travaillés*, ils sont exécutés après coup sur les pierres, non plus par des dessinateurs ordinaires, mais par des dessinateurs artistes, car s'ils laissaient à désirer sous le rapport du goût, ils détruiraient entièrement la beauté de la carte.

RECUEIL

DE

QUELQUES TABLES

ROPRES A FACILITER LES CALCULS DANS LES OPÉRATIONS TOPOGRAPHIQUES.

I

TABLE

POUR FACILITER LA RÉDUCTION A L'HORIZON DES DISTANCES MESURÉES

SUIVANT LA PENTE

AU MÈTRE OU A LA CHAINE MÉTRIQUE.

INCLINAISON en grades.	PROJECTION horizontale de 400 mètres.	INCLINAISON en grades.	PROJECTION horizontale de 400 mètres.	INCLINAISON en grades.	PROJECTION horizontale de 400 mètres.	INCLINAISON en grades.	PROJECTION horizontale de 400 mètres.	INCLINAISON en grades.	PROJECTION horizontale de 400 mètres.
1	99,99	11	98,51	21	94,64	31	88,38	41	79,97
2	99,95	12	98,23	22	94,09	32	87,63	42	79,02
3	99,89	13	97,92	23	93,54	33	86,86	43	78,04
4	9,80	14	97,59	24	92,98	34	86,07	44	77,05
5	99,69	15	97,25	25	92,39	35	85,26	45	76,04
6	99,56	16	96,86	26	91,77	36	84,43	46	75,00
7	99,40	17	96,46	27	91,14	37	83,58	47	73,96
8	99,21	18	96,03	28	90,48	38	82,71	48	72,90
9	99,00	19	95,58	29	89,80	39	81,82	49	71,81
10	98,77	20	95,11	30	88,74	40	80,90	50	70,71

II

TABLE

POUR FACILITER LA RÉDUCTION A L'HORIZON DES DISTANCES
MESURÉES A LA **STADIA**.

INCLINAISON de l'axe optique.	PROJECTION HORIZONTALE POUR UNE *distance lue* DE								
	10	20	30	40	50	60	70	80	90
1 g.	9,997	19,995	29,993	39,991	49,988	59,986	69,984	79,931	89,979
2	9,99	19,98	29,97	39,96	49,93	59,91	69,91	79,92	89,91
3	9,98	19,96	29,93	39,91	49,88	59,86	69,84	79,82	89,80
4	9,97	19,92	29,88	39,84	49,80	59,76	69,72	79,68	89,65
5	9,94	19,88	29,81	39,75	49,69	59,63	69,57	79,50	89,44
6	9,91	19,82	29,73	39,64	49,56	59,46	69,37	79,27	89,20
7	9,88	19,76	29,64	39,52	49,40	59,28	69,16	79,04	88,91
8	9,84	19,68	29,53	39,37	49,21	59,06	68,90	78,74	88,58
9	9,80	19,60	29,40	39,21	49,01	58,80	68,61	78,41	88,21
10	9,75	19,51	29,27	39,02	48,78	58,51	68,29	78,05	87,79
11	9,70	19,41	29,11	38,82	48,52	58,22	67,93	77,64	87,34
12	9,65	19,30	28,95	38,60	48,24	57,90	67,55	77,20	86,84
13	9,59	19,18	28,77	38,36	47,94	57,54	67,13	76,71	86,30
14	9,52	19,05	28,57	38,10	47,62	57,14	66,66	76,19	85,70
15	9,45	18,91	28,37	37,82	47,27	56,74	66,19	75,64	85,09
16	9,38	18,76	28,14	37,53	46,91	56,28	65,66	75,05	84,43
17	9,30	18,60	27,91	37,21	46,52	55,82	65,12	74,42	83,72
18	9,24	18,44	27,66	36,89	46,11	55,32	64,55	73,77	82,99
19	9,13	18,27	27,40	36,54	45,67	54,92	64,00	73,08	82,22
20	9,04	18,09	27,13	36,18	45,22	54,26	63,31	72,36	81,10
21	8,95	17,90	26,85	35,80	44,75	53,60	62,65	71,60	80,55
22	8,85	17,70	26,56	35,41	44,26	53,12	61,97	70,82	79,67
23	8,75	17,50	26,25	35,00	43,75	52,50	61,25	70,00	78,75
24	8,64	17,29	25,93	34,58	43,22	51,86	60,51	69,16	77,80
25	8,53	17,07	25,66	34,14	42,68	51,32	59,82	68,28	76,82
26	8,42	16,84	25,27	33,69	42,11	50,54	58,96	67,38	75,80
27	8,31	16,61	24,92	33,23	41,53	49,84	58,14	66,49	74,76
28	8,19	16,37	24,56	32,75	40,93	49,12	57,31	65,50	73,68
29	8,06	16,12	24,19	32,26	40,32	48,38	56,44	64,52	72,53
30	7,94	15,87	23,82	31,75	39,69	47,64	55,58	63,51	71,45
31	7,81	15,62	23,43	31,24	39,05	46,86	54,67	62,48	70,29
32	7,68	15,36	23,04	30,72	38,40	46,08	53,76	61,43	69,11
33	7,54	15,09	22,63	30,18	37,73	45,26	52,81	60,37	67,91
34	7,41	14,84	22,22	29,63	37,04	44,44	51,85	59,26	66,67

III

TABLE

DE COTANGENTES NATURELLES,
DE 2 EN 2 MINUTES, POUR LES SIX PREMIERS GRADES,
ET DE 4 EN 4 MINUTES POUR LES SUIVANTS.

———

Au bas des pages se trouvent les différences pour 1, 2 et 3 minutes.

Angles.	COTANGENTES, LE RAYON ÉTANT :									Angles.
	1	2	3	4	5	6	7	8	9	
g. 100 00	0,0000	0,0000	0,0000	0,0000	0,0000	0,0000	0,0000	0,0000	0,0000	100
02	0,0003	0,0006	0,0009	0,0013	0,0046	0,0019	0,0022	0,0025	0,0028	98
04	0,0006	0,0013	0,0019	0,0025	0,0031	0,0038	0,0044	0,0050	0,0057	96
06	0,0009	0,0019	0,0028	0,0038	0,0047	0,0057	0,0066	0,0075	0,0085	94
08	0,0013	0,0025	0,0038	0,0050	0,0063	0,0075	0,0088	0,0101	0,0143	92
10	0,0016	0,0031	0,0047	0,0063	0,0079	0,0094	0,0110	0,0126	0,0141	90
12	0,0019	0,0038	0,0057	0,0075	0,0094	0,0143	0,0132	0,0151	0,0170	88
14	0,0022	0,0044	0,0066	0,0088	0,0140	0,0132	0,0154	0,0176	0,0198	86
16	0,0025	0,0050	0,0075	0,0101	0,0126	0,0151	0,0176	0,0201	0,0226	84
18	0,0028	0,0057	0,0083	0,0143	0,0141	0,0170	0,0198	0,0226	0,0254	82
100 20	0,0031	0,0063	0,0094	0,0126	0,0157	0,0189	0,0220	0,0251	0,0283	99 80
22	0,0035	0,0069	0,0104	0,0138	0,0173	0,0207	0,0242	0,0276	0,0314	78
24	0,0038	0,0075	8,0113	0,0151	0,0189	0,0226	0,0264	0,0302	0,0339	76
26	0,0041	0,0082	0,0123	0,0163	0,0204	0,0245	0,0286	0,0327	0,0368	74
28	0,0044	0,0088	0,0132	0,0176	0,0220	0,0264	0,0308	0,0352	0,0396	72
30	0,0047	0,0094	0,0141	0,0188	0,0236	0,0283	0,0330	0,0377	0,0424	70
32	0,0050	0,0101	0,0151	0,0204	0,0251	0,0302	0,0352	0,0402	0,0452	68
34	0,0053	0,0107	0,0160	0,0214	0,0267	0,0320	0,0374	0,0427	0,0481	66
36	0,0057	0,0143	0,0170	8,0226	0,0283	0,0339	0,0396	0,0452	0,0509	64
38	0,0060	0,0119	0,0179	0,0239	0,0298	0,0358	0,0418	0,0478	0,0537	62
100 40	0,0063	0,0126	0,0188	0,0251	0,0314	0,0377	0,0440	0,0503	0,0565	99 60
42	0,0066	0,0132	0,0193	0,0264	0,0330	0,0396	0,0462	0,0528	0,0594	58
44	0,0069	0,0138	0,0207	0,0276	0,0346	0,0445	0,0484	0,0553	0,0622	56
46	0,0072	0,0145	0,0217	0,0289	0,0361	0,0434	0,0506	0,0578	0,0650	54
48	0,0075	0,0151	0,0226	0,0302	0,0377	0,0452	0,0528	0,0603	0,0679	52
50	0,0079	0,0157	0,0236	0,0314	0,0393	0,0471	0,0550	0,0628	0,0707	50
52	0,0082	0,0163	0,0245	0,0327	0,0408	0,0490	0,0572	0,0653	0,0735	48
54	0,0085	0,0170	0,0254	0,0339	0,0424	0,0509	0,0594	0,0679	0,0763	46
56	0,0088	0,0176	0,0264	0,0352	0,0440	0,0528	0,0616	0,0704	0,0792	44
58	0,0091	0,0182	0,0273	0,0364	0,0456	0,0547	0,0638	0,0729	0,0820	42
100 60	0,0094	0,0189	0,0283	0,0377	0,0471	0,0566	0,0660	0,0751	0,0818	99 40
62	0,0097	0,0195	0,0292	0,0390	0,0487	0,0584	0,0682	0,0779	0,0877	38
64	0,0101	0,0201	0,0302	0,0402	0,0503	0,0603	0,0704	0,0804	0,0905	36
66	0,0104	0,0207	0,0311	0,0415	0,0518	0,0622	0,0726	0,0829	0,0933	34
68	0,0107	0,0214	0,0320	0,0427	0,0534	0,0641	0,0748	0,0855	0,0961	32
70	0,0110	0,0220	0,0330	0,0440	0,0550	0,0660	0,0770	0,0880	0,0990	30
72	0,0113	0,0226	0,0339	0,0452	0,0566	0,0679	0,0792	0,0905	0,1018	28
74	0,0116	0,0232	0,0349	0,0465	0,0581	0,0697	0,0814	0,0930	0,1046	26
76	0,0119	0,0239	0,0358	0,0478	0,0597	0,0716	0,0836	0,0955	0,1074	24
78	0,0123	0,0245	0,0368	0,0490	0,0613	0,0735	0,0858	0,0980	0,1103	22
100 80	0,0126	0,0251	0,0377	0,0503	0,0628	0,0754	0,0880	0,1005	0,1131	99 20
82	0,0129	0,0258	0,0386	0,0515	0,0644	0,0773	0,0902	0,1030	0,1159	18
84	0,0132	0,0264	0,0396	0,0528	0,0660	0,0792	0,0924	0,1056	0,1188	16
86	0,0135	0,0270	0,0405	0,0540	0,0676	0,0814	0,0946	0,1081	0,1216	14
88	0,0138	0,0276	0,0415	0,0553	0,0691	0,0829	0,0968	0,1106	0,1214	12
90	0,0141	0,0283	0,0424	0,0566	0,0707	0,0848	0,0990	0,1131	0,1272	10
92	0,0145	0,0289	0,0434	0,0578	0,0723	0,0867	0,1012	0,1156	0,1301	08
94	0,0148	0,0295	0,0443	0,0591	0,0738	0,0886	0,1034	0,1181	0,1329	06
96	0,0151	0,0302	0,0452	0,0603	0,0754	0,0905	0,1056	0,1206	0,1357	04
98	0,0154	0,0308	0,0462	0,0616	0,0770	0,0924	0,1078	0,1232	0,1386	02
100	0,0157	0,0314	0,0471	0,0628	0,0785	0,0943	0,1100	0,1257	0,1414	99 g.00

DIFFÉRENCES.

	1	2	3	4	5	6	7	8	9	
1'	0,0002	0,0003	0,0005	0,0006	0,0008	0,0009	0,0011	0,0013	0,0014	1'
2'	0,0003	0,0006	0,0009	0,0013	0,0016	0,0019	0,0022	0,0025	0,0028	2'
3'	0,0005	0,0009	0,0014	0,0019	0,0024	0,0028	0,0033	0,0038	0,0042	3'

Angles.	COTANGENTES, LE RAYON ÉTANT :									Angles.
	1	2	3	4	5	6	7	8	9	
g. 101 00	0,0157	0,0314	0,0471	0,0628	0,0785	0,0913	0,1100	0,1257	0,1414	100
02	0,0160	0,0320	0,0481	0,0641	0,0801	0,0961	0,1122	0,1282	0,1442	98
04	0,0163	0,0327	0,0490	0,0654	0,0817	0,0980	0,1144	0,1307	0,1470	96
06	0,0167	0,0333	0,0500	0,0666	0,0833	0,0999	0,1166	0,1332	0,1499	94
08	0,0170	0,0339	0,0509	0,0679	0,0848	0,1018	0,1188	0,1357	0,1527	92
10	0,0173	0,0346	0,0518	0,0691	0,0864	0,1037	0,1210	0,1382	0,1555	90
12	0,0176	0,0352	0,0528	0,0704	0,0880	0,1056	0,1232	0,1408	0,1584	88
14	0,0179	0,0358	0,0537	0,0716	0,0895	0,1076	0,1254	0,1433	0,1612	86
16	0,0182	0,0364	0,0547	0,0729	0,0911	0,1093	0,1276	0,1458	0,1640	84
18	0,0185	0,0371	0,0556	0,0741	0,0927	0,1112	0,1298	0,1483	0,1668	82
101 20	0,0189	0,0377	0,0566	0,0754	0,0943	0,1131	0,1320	0,1508	0,1697	98 80
22	0,0192	0,0383	0,0575	0,0767	0,0958	0,1150	0,1342	0,1533	0,1725	78
24	0,0195	0,0390	8,0584	0,0779	0,0974	0,1169	0,1364	0,1558	0,1753	76
26	0,0198	0,0396	0,0594	0,0792	0,0990	0,1188	0,1386	0,1584	0,1782	74
28	0,0201	0,0402	0,0603	0,0804	0,1005	0,1207	0,1408	0,1609	0,1810	72
30	0,0204	0,0408	0,0613	0,0817	0,1021	0,1225	0,1430	0,1634	0,1838	70
32	0,0207	0,0415	0,0622	0,0830	0,1037	0,1244	0,1452	0,1659	0,1866	68
34	0,0211	0,0421	0,0632	0,0842	0,1053	0,1263	0,1474	0,1684	0,1895	66
36	0,0214	0,0427	0,0641	8,0855	0,1068	0,1282	0,1496	0,1709	0,1923	64
38	0,0217	0,0434	0,0650	0,0867	0,1084	0,1301	0,1518	0,1734	0,1951	62
101 40	0,0220	0,0440	0,0660	0,0880	0,1100	0,1320	0,1540	0,1760	0,1980	98 60
42	0,0223	0,0446	0,0669	0,0892	0,1115	0,1339	0,1562	0,1785	0,2008	58
44	0,0226	0,0452	0,0679	0,0905	0,1131	0,1357	0,1584	0,1810	0,2036	56
46	0,0229	0,0459	0,0688	0,0918	0,1147	0,1376	0,1606	0,1835	0,2064	54
48	0,0233	0,0465	0,0698	0,0930	0,1163	0,1393	0,1628	0,1860	0,2093	52
50	0,0236	0,0471	0,0707	0,0943	0,1178	0,1414	0,1650	0,1885	0,2124	50
52	0,0239	0,0478	0,0716	0,0955	0,1194	0,1433	0,1672	0,1910	0,2149	48
54	0,0242	0,0484	0,0726	0,0968	0,1210	0,1452	0,1694	0,1936	0,2178	46
56	0,0245	0,0490	0,0735	0,0980	0,1225	0,1471	0,1716	0,1961	0,2206	44
58	0,0248	0,0496	0,0745	0,0993	0,1241	0,1489	0,1738	0,1986	0,2234	42
101 60	0,0251	0,0503	0,0754	0,1006	0,1257	0,1508	0,1760	0,2011	0,2262	98 40
62	0,0253	0,0509	0,0765	0,1018	0,1273	0,1527	0,1782	0,2036	0,2291	38
64	0,0258	0,0515	0,0773	0,1031	0,1288	0,1546	0,1804	0,2061	0,2319	36
66	0,0261	0,0522	0,0782	0,1043	0,1304	0,1565	0,1826	0,2087	0,2347	34
68	0,0264	0,0528	0,0792	0,1056	0,1320	0,1584	0,1848	0,2112	0,2376	32
70	0,0267	0,0534	0,0801	0,1068	0,1336	0,1603	0,1870	0,2137	0,2404	30
72	0,0270	0,0540	0,0811	0,1081	0,1351	0,1621	0,1892	0,2162	0,2432	28
74	0,0273	0,0547	0,0820	0,1094	0,1367	0,1640	0,1914	0,2187	0,2461	26
76	0,0277	0,0553	0,0830	0,1106	0,1383	0,1659	0,1936	0,2212	0,2489	24
78	0,0280	0,0560	0,0839	0,1119	0,1398	0,1678	0,1958	0,2237	0,2517	22
101 80	0,0283	0,0566	0,0848	0,1131	0,1414	0,1697	0,1980	0,2263	0,2545	98 20
82	0,0286	0,0572	0,0858	0,1144	0,1430	0,1716	0,2002	0,2288	0,2574	18
84	0,0289	0,0578	0,0867	0,1156	0,1446	0,1735	0,2024	0,2313	0,2602	16
86	0,0292	0,0585	0,0877	0,1169	0,1461	0,1754	0,2046	0,2338	0,2630	14
88	0,0295	0,0591	0,0886	0,1182	0,1477	0,1772	0,2068	0,2363	0,2659	12
90	0,0299	0,0597	0,0896	0,1194	0,1493	0,1791	0,2090	0,2388	0,2687	10
92	0,0302	0,0603	0,0905	0,1207	0,1508	0,1810	0,2112	0,2413	0,2715	08
94	0,0305	0,0610	0,0914	0,1219	0,1524	0,1829	0,2134	0,2439	0,2743	06
96	0,0308	0,0616	0,0924	0,1232	0,1540	0,1848	0,2156	0,2464	0,2772	04
98	0,0311	0,0622	0,0933	0,1244	0,1556	0,1867	0,2178	0,2489	0,2800	02
100	0,0314	0,0629	0,0943	0,1257	0,1571	0,1886	0,2200	0,2514	0,2828	98g.00

DIFFÉRENCES.

	1	2	3	4	5	6	7	8	9	
1'	0,0002	0,0003	0,0005	0,0006	0,0008	0,0009	0,0011	0,0013	0,0014	1'
2'	0,0003	0,0006	0,0009	0,0013	0,0016	0,0019	0,0022	0,0025	0,0028	2'
3'	0,0005	0,0009	0,0014	0,0019	0,0024	0,0028	0,0033	0,0038	0,0042	3'

Angles.	COTANGENTES, LE RAYON ÉTANT :									Angles.
	1	2	3	4	5	6	7	8	9	
g. 102 00	0,0314	0,0629	0,0943	0,1257	0,1571	0,1886	0,2200	0,2514	0,2828	400
02	0,0317	0,0635	0,0952	0,1270	0,1587	0,1904	0,2222	0,2539	0,2857	98
04	0,0321	0,0641	0,0962	0,1282	0,1603	0,1923	0,2244	0,2564	0,2885	96
06	0,0324	0,0647	0,0971	0,1295	0,1619	0,1942	0,2266	0,2590	0,2913	94
08	0,0327	0,0654	0,0981	0,1307	0,1634	0,1961	0,2288	0,2615	0,2942	92
10	0,0330	0,0660	0,0990	0,1320	0,1650	0,1980	0,2310	0,2640	0,2970	90
12	0,0333	0,0666	0,0999	0,1333	0,1666	0,1999	0,2332	0,2665	0,2998	88
14	0,0336	0,0673	0,1009	0,1345	0,1681	0,2018	0,2354	0,2690	0,3027	86
16	0,0339	0,0679	0,1018	0,1358	0,1697	0,2037	0,2376	0,2715	0,3055	84
18	0,0343	0,0685	0,1028	0,1370	0,1713	0,2055	0,2398	0,2741	0,3083	82
102 20	0,0346	0,0691	0,1037	0,1383	0,1729	0,2074	0,2420	0,2766	0,3111	97 80
22	0,0349	0,0698	0,1047	0,1395	0,1744	0,2093	0,2442	0,2791	0,3140	78
24	0,0352	0,0704	8,1056	0,1408	0,1760	0,2112	0,2464	0,2816	0,3168	76
26	0,0355	0,0710	0,1065	0,1421	0,1776	0,2131	0,2486	0,2841	0,3196	74
28	0,0358	0,0747	0,1075	0,1433	0,1791	0,2150	0,2508	0,2866	0,3225	72
30	0,0361	0,0723	0,1084	0,1446	0,1807	0,2169	0,2530	0,2892	0,3253	70
32	0,0365	0,0729	0,1094	0,1458	0,1823	0,2188	0,2552	0,2917	0,3281	68
34	0,0368	0,0735	0,1103	0,1471	0,1839	0,2206	0,2574	0,2942	0,3310	66
36	0,0371	0,0742	0,1113	8,1484	0,1854	0,2225	0,2596	0,2967	0,3338	64
38	0,0374	0,0748	0,1122	0,1496	0,1870	0,2244	0,2618	0,2992	0,3366	62
102 40	0,0377	0,0751	0,1132	0,1509	0,1886	0,2263	0,2640	0,3017	0,3395	97 60
42	0,0380	0,0761	0,1141	0,1521	0,1902	0,2282	0,2662	0,3042	0,3423	58
44	0,0383	0,0767	0,1150	0,1534	0,1917	0,2301	0,2684	0,3068	0,3451	56
46	0,0387	0,0773	0,1160	0,1546	0,1933	0,2320	0,2706	0,3093	0,3479	54
48	0,0390	0,0780	0,1169	0,1559	0,1949	0,2339	0,2728	0,3118	0,3508	52
50	0,0393	0,0786	0,1179	0,1572	0,1965	0,2357	0,2750	0,3143	0,3536	50
52	0,0396	0,0792	0,1188	0,1584	0,1980	0,2376	0,2772	0,3168	0,3564	48
54	0,0399	0,0798	0,1198	0,1597	0,1996	0,2395	0,2794	0,3194	0,3593	46
56	0,0402	0,0805	0,1207	0,1609	0,2012	0,2414	0,2816	0,3219	0,3621	44
58	0,0405	0,0811	0,1216	0,1622	0,2027	0,2433	0,2838	0,3244	0,3649	42
102 60	0,0409	0,0817	0,1226	0,1635	0,2043	0,2452	0,2860	0,3269	0,3678	97 40
62	0,0412	0,0823	0,1235	0,1647	0,2059	0,2471	0,2882	0,3294	0,3706	38
64	0,0415	0,0830	0,1245	0,1660	0,2075	0,2490	0,2905	0,3319	0,3734	36
66	0,0418	0,0836	0,1254	0,1672	0,2090	0,2508	0,2926	0,3345	0,3763	34
68	0,0421	0,0842	0,1264	0,1685	0,2106	0,2527	0,2949	0,3370	0,3791	32
70	0,0424	0,0849	0,1273	0,1697	0,2122	0,2546	0,2971	0,3395	0,3819	30
72	0,0428	0,0855	0,1283	0,1710	0,2138	0,2565	0,2993	0,3420	0,3848	28
74	0,0431	0,0861	0,1292	0,1723	0,2153	0,2584	0,3015	0,3445	0,3876	26
76	0,0434	0,0868	0,1301	0,1735	0,2169	0,2603	0,3037	0,3470	0,3904	24
78	0,0437	0,0874	0,1311	0,1748	0,2185	0,2622	0,3059	0,3496	0,3933	22
102 80	0,0440	0,0880	0,1320	0,1760	0,2201	0,2641	0,3081	0,3521	0,3961	97 20
82	0,0443	0,0887	0,1330	0,1773	0,2216	0,2660	0,3103	0,3546	0,3989	18
84	0,0446	0,0893	0,1339	0,1786	0,2232	0,2678	0,3125	0,3571	0,4048	16
86	0,0450	0,0899	0,1349	0,1798	0,2248	0,2697	0,3147	0,3596	0,4046	14
88	0,0453	0,0905	0,1358	0,1811	0,2264	0,2716	0,3169	0,3622	0,4074	12
90	0,0456	0,0912	0,1368	0,1823	0,2279	0,2735	0,3191	0,3647	0,4103	10
92	0,0459	0,0918	0,1377	0,1836	0,2295	0,2754	0,3213	0,3672	0,4131	08
94	0,0462	0,0924	0,1386	0,1849	0,2311	0,2773	0,3235	0,3697	0,4159	06
96	0,0465	0,0931	0,1396	0,1861	0,2326	0,2792	0,3257	0,3722	0,4188	04
98	0,0468	0,0937	0,1405	0,1874	0,2342	0,2811	0,3279	0,3748	0,4216	02
100	0,0472	0,0943	0,1415	0,1886	0,2358	0,2829	0,3301	0,3773	0,4244	97g.00

DIFFÉRENCES.

	1	2	3	4	5	6	7	8	9	
1'	0,0002	0,0003	0,0005	0,0006	0,0008	0,0009	0,0011	0,0013	0,0014	1'
2'	0,0003	0,0006	0,0009	0,0013	0,0016	0,0019	0,0022	0,0025	0,0028	2'
3'	0,0005	0,0009	0,0014	0,0019	0,0024	0,0028	0,0033	0,0038	0,0042	3'

Angles.	COTANGENTES, LE RAYON ÉTANT :									Angles.
	1	2	3	4	5	6	7	8	9	
g.										
103 00	0,0472	0,0943	0,1415	0,1886	0,2358	0,2829	0,3304	0,3773	0,4244	100
02	0,0475	0,0949	0,1424	0,1899	0,2374	0,2848	0,3323	0,3798	0,4273	98
04	0,0478	0,0956	0,1431	0,1912	0,2389	0,2867	0,3345	0,3823	0,4301	96
06	0,0481	0,0962	0,1443	0,1924	0,2405	0,2886	0,3367	0,3848	0,4329	94
08	0,0484	0,0968	0,1453	0,1937	0,2424	0,2905	0,3389	0,3873	0,4358	92
10	0,0487	0,0975	0,1462	0,1949	0,2437	0,2924	0,3411	0,3899	0,4386	90
12	0,0490	0,0981	0,1471	0,1962	0,2452	0,2943	0,3433	0,3924	0,4414	88
14	0,0494	0,0987	0,1481	0,1975	0,2468	0,2962	0,3455	0,3949	0,4443	86
16	0,0497	0,0994	0,1490	0,1987	0,2484	0,2981	0,3477	0,3974	0,4471	84
18	0,0500	0,1000	0,1500	0,2000	0,2500	0,3000	0,3500	0,3999	0,4499	82
103 20	0,0503	0,1006	0,1509	0,2012	0,2515	0,3018	0,3522	0,4025	0,4528	96 80
22	0,0506	0,1012	0,1519	0,2025	0,2531	0,3037	0,3544	0,4050	0,4556	78
24	0,0509	0,1019	8,1528	0,2038	0,2547	0,3056	0,3566	0,4075	0,4584	76
26	0,0513	0,1025	0,1538	0,2050	0,2563	0,3075	0,3588	0,4100	0,4613	74
28	0,0516	0,1031	0,1547	0,2063	0,2578	0,3094	0,3610	0,4125	0,4641	72
30	0,0519	0,1038	0,1556	0,2075	0,2594	0,3113	0,3632	0,4151	0,4669	70
32	0,0522	0,1044	0,1566	0,2088	0,2610	0,3132	0,3654	0,4176	0,4698	68
34	0,0525	0,1050	0,1575	0,2101	0,2626	0,3151	0,3676	0,4201	0,4726	66
36	0,0528	0,1057	0,1585	8,2113	0,2641	0,3170	0,3698	0,4226	0,4755	64
38	0,0531	0,1063	0,1594	0,2126	0,2657	0,3189	0,3720	0,4251	0,4783	62
103 40	0,0533	0,1069	0,1604	0,2138	0,2673	0,3207	0,3742	0,4277	0,4811	96 60
42	0,0538	0,1075	0,1613	0,2151	0,2689	0,3226	0,3764	0,4302	0,4840	58
44	0,0541	0,1082	0,1623	0,2164	0,2704	0,3245	0,3786	0,4327	0,4868	56
46	0,0544	0,1088	0,1632	0,2176	0,2720	0,3264	0,3808	0,4352	0,4896	54
48	0,0547	0,1094	0,1642	0,2189	0,2736	0,3283	0,3830	0,4377	0,4925	52
50	0,0550	0,1101	0,1651	0,2201	0,2752	0,3302	0,3852	0,4403	0,4953	50
52	0,0553	0,1107	0,1660	0,2214	0,2767	0,3321	0,3874	0,4428	0,4981	48
54	0,0557	0,1113	0,1670	0,2227	0,2783	0,3340	0,3896	0,4453	0,5010	46
56	0,0560	0,1120	0,1679	0,2239	0,2799	0,3359	0,3918	0,4478	0,5038	44
58	0,0563	0,1126	0,1689	0,2252	0,2815	0,3378	0,3941	0,4504	0,5066	42
103 60	0,0566	0,1132	0,1698	0,2264	0,2831	0,3397	0,3963	0,4529	0,5095	96 40
62	0,0569	0,1139	0,1708	0,2277	0,2846	0,3416	0,3985	0,4554	0,5123	38
64	0,0572	0,1145	0,1717	0,2290	0,2862	0,3434	0,4007	0,4579	0,5152	36
66	0,0576	0,1151	0,1727	0,2302	0,2878	0,3453	0,4029	0,4604	0,5180	34
68	0,0579	0,1157	0,1736	0,2315	0,2894	0,3472	0,4051	0,4630	0,5208	32
70	0,0582	0,1164	0,1746	0,2327	0,2909	0,3491	0,4073	0,4655	0,5237	30
72	0,0585	0,1170	0,1755	0,2340	0,2925	0,3510	0,4095	0,4680	0,5265	28
74	0,0588	0,1176	0,1764	0,2353	0,2941	0,3529	0,4117	0,4705	0,5293	26
76	0,0591	0,1183	0,1774	0,2365	0,2957	0,3548	0,4139	0,4730	0,5322	24
78	0,0594	0,1189	0,1783	0,2378	0,2972	0,3567	0,4161	0,4756	0,5350	22
103 80	0,0598	0,1195	0,1793	0,2390	0,2988	0,3586	0,4183	0,4781	0,5378	96 20
82	0,0601	0,1202	0,1802	0,2403	0,3004	0,3605	0,4205	0,4806	0,5407	18
84	0,0604	0,1208	0,1812	0,2416	0,3020	0,3624	0,4227	0,4831	0,5435	16
86	0,0607	0,1214	0,1821	0,2428	0,3036	0,3643	0,4249	0,4857	0,5464	14
88	0,0610	0,1220	0,1831	0,2441	0,3051	0,3661	0,4272	0,4882	0,5492	12
90	0,0613	0,1227	0,1840	0,2454	0,3067	0,3680	0,4294	0,4907	0,5520	10
92	0,0617	0,1233	0,1850	0,2466	0,3083	0,3699	0,4316	0,4932	0,5549	08
94	0,0620	0,1239	0,1859	0,2470	0,3093	0,3718	0,4338	0,4957	0,5577	06
96	0,0623	0,12 6	0,1869	0,2491	0,3114	0,3737	0,4360	0,4983	0,5606	04
98	0,0626	0,1252	0,1878	0,2504	0,3130	0,3756	0,4382	0,5008	0,5634	02
100	0,0629	0,1258	0,1887	0,2517	0,3146	0,3775	0,4404	0,5033	0,5662	96g.00

DIFFÉRENCES.

	1	2	3	4	5	6	7	8	9	
1'	0,0002	0,0003	0,0005	0,0006	0,0008	0,0009	0,0011	0,0013	0,0014	1'
2'	0,0003	0,0006	0,0009	0,0013	0,0016	0,0019	0,0022	0,0025	0,0028	2'
3'	0,0005	0,0009	0,0014	0,0019	0,0024	0,0028	0,0033	0,0038	0,0042	3'

Angles.	COTANGENTES, LE RAYON ÉTANT :									Angles.
	1	2	3	4	5	6	7	8	9	
104° 00	0,0029	0,1258	0,1887	0,2517	0,3146	0,3775	0,4404	0,5033	0,5662	400
02	0,0032	0,1265	0,1897	0,2529	0,3162	0,3791	0,4126	0,5038	0,5694	98
04	0,0635	0,1271	0,1906	0,2542	0,3177	0,3813	0,4448	0,5084	0,5719	96
06	0,0639	0,1277	0,1916	0,2554	0,3193	0,3832	0,4470	0,5109	0,5748	94
08	0,0642	0,1284	0,1923	0,2567	0,3209	0,3851	0,4492	0,5134	0,5776	92
10	0,0645	0,1290	0,1935	0,2580	0,3225	0,3869	0,4514	0,5159	0,5804	90
12	0,0648	0,1296	0,1941	0,2592	0,3240	0,3888	0,4536	0,5185	0,5833	88
14	0,0651	0,1302	0,1954	0,2605	0,3256	0,3907	0,4559	0,5210	0,5861	86
16	0,0654	0,1309	0,1963	0,2618	0,3272	0,3926	0,4581	0,5235	0,5889	84
18	0,0658	0,1315	0,1973	0,2630	0,3288	0,3945	0,4603	0,5260	0,5918	82
104 20	0,0661	0,1321	0,1982	0,2643	0,3303	0,3964	0,4625	0,5286	0,5946	95 80
22	0,0664	0,1328	0,1992	0,2655	0,3319	0,3983	0,4647	0,5311	0,5975	78
24	0,0667	0,1334	8,2001	0,2668	0,3335	0,4002	0,4669	0,5336	0,6003	76
26	0,0670	0,1340	0,2010	0,2681	0,3351	0,4021	0,4691	0,5361	0,6031	74
28	0,0673	0,1347	0,2020	0,2693	0,3367	0,4040	0,4713	0,5387	0,6060	72
30	0,0676	0,1353	0,2029	0,2706	0,3382	0,4059	0,4735	0,5412	0,6088	70
32	0,0680	0,1359	0,2039	0,2719	0,3398	0,4078	0,4757	0,5437	0,6117	68
34	0,0683	0,1366	0,2048	0,2731	0,3414	0,4097	0,4779	0,5462	0,6145	66
36	0,0686	0,1372	0,2058	8,2744	0,3430	0,4116	0,4802	0,5488	0,6173	64
38	0,0689	0,1378	0,2067	0,2756	0,3446	0,4135	0,4824	0,5513	0,6202	62
104 40	0,0692	0,1385	0,2077	0,2769	0,3461	0,4154	0,4846	0,5538	0,6230	95 60
42	0,0695	0,1391	0,2085	0,2782	0,3477	0,4172	0,4868	0,5563	0,6259	58
44	0,0699	0,1397	0,2096	0,2794	0,3493	0,4191	0,4890	0,5589	0,6287	56
46	0,0702	0,1403	0,2105	0,2807	0,3509	0,4210	0,4912	0,5614	0,6316	54
48	0,0705	0,1410	0,2115	0,2820	0,3524	0,4229	0,4934	0,5639	0,6344	52
50	0,0708	0,1416	0,2124	0,2832	0,3540	0,4248	0,4956	0,5664	0,6372	50
52	0,0711	0,1422	0,2134	0,2845	0,3556	0,4267	0,4978	0,5690	0,6401	48
54	0,0714	0,1429	0,2143	0,2857	0,3572	0,4286	0,5000	0,5715	0,6429	46
56	0,0718	0,1435	0,2153	0,2870	0,3588	0,4305	0,5023	0,5740	0,6458	44
58	0,0721	0,1441	0,2162	0,2883	0,3603	0,4324	0,5045	0,5765	0,6486	42
104 60	0,0724	0,1448	0,2171	0,2895	0,3619	0,4343	0,5067	0,5791	0,6514	95 40
62	0,0727	0,1454	0,2181	0,2908	0,3635	0,4362	0,5089	0,5816	0,6543	38
64	0,0730	0,1460	0,2190	0,2921	0,3651	0,4381	0,5111	0,5841	0,6571	36
66	0,0733	0,1467	0,2200	0,2933	0,3667	0,4400	0,5133	0,5866	0,6600	34
68	0,0736	0,1473	0,2209	0,2946	0,3682	0,4419	0,5155	0,5892	0,6628	32
70	0,0740	0,1479	0,2219	0,2958	0,3698	0,4438	0,5177	0,5917	0,6657	30
72	0,0743	0,1486	0,2228	0,2971	0,3714	0,4457	0,5199	0,5942	0,6685	28
74	0,0746	0,1492	0,2238	0,2984	0,3730	0,4476	0,5222	0,5967	0,6713	26
76	0,0749	0,1498	0,2247	0,2996	0,3746	0,4495	0,5244	0,5993	0,6742	24
78	0,0752	0,1505	0,2257	0,3009	0,3761	0,4514	0,5266	0,6018	0,6770	22
104 80	0,0755	0,1511	0,2266	0,3022	0,3777	0,4533	0,5288	0,6043	0,6799	95 20
82	0,0759	0,1517	0,2276	0,3034	0,3793	0,4551	0,5310	0,6069	0,6827	18
84	0,0762	0,1523	0,2285	0,3047	0,3809	0,4570	0,5332	0,6091	0,6856	16
86	0,0765	0,1530	0,2295	0,3060	0,3824	0,4589	0,5354	0,6119	0,6884	14
88	0,0768	0,1536	0,2304	0,3072	0,3840	0,4608	0,5376	0,6144	0,6912	12
90	0,0771	0,1542	0,2314	0,3085	0,3856	0,4627	0,5398	0,6170	0,6941	10
92	0,0774	0,1549	0,2323	0,3097	0,3872	0,4646	0,5421	0,6195	0,6969	08
94	0,0778	0,1555	0,2333	0,3110	0,3888	0,4665	0,5443	0,6220	0,6998	06
96	0,0781	0,1561	0,2342	0,3123	0,3903	0,4684	0,5465	0,6246	0,7026	04
98	0,0784	0,1568	0,2352	0,3135	0,3919	0,4703	0,5487	0,6271	0,7055	02
100	0,0787	0,1574	0,2361	0,3148	0,3935	0,4722	0,5509	0,6296	0,7083	95g.00

DIFFÉRENCES.

	1	2	3	4	5	6	7	8	9	
1'	0,0002	0,0003	0,0005	0,0006	0,0008	0,0009	0,0011	0,0013	0,0014	1'
2'	0,0003	0,0006	0,0009	0,0013	0,0016	0,0019	0,0022	0,0025	0,0028	2'
3'	0,0005	0,0009	0,0014	0,0019	0,0024	0,0028	0,0033	0,0038	0,0042	3'

Angles.	COTANGENTES, LE RAYON ÉTANT :									Angles.
	1	2	3	4	5	6	7	8	9	
g.										
105 00	0,0787	0,1574	0,2361	0,3148	0,3935	0,4722	0,5509	0,6296	0,7083	100
02	0,0790	0,1580	0,2374	0,3161	0,3954	0,4744	0,5531	0,6322	0,7112	98
04	0,0793	0,1587	0,2380	0,3173	0,3967	0,4760	0,5553	0,6347	0,7140	96
06	0,0797	0,1593	0,2390	0,3186	0,3983	0,4779	0,5576	0,6372	0,7169	94
08	0,0800	0,1599	0,2399	0,3199	0,3998	0,4798	0,5598	0,6397	0,7197	92
40	0,0803	0,1606	0,2408	0,3211	0,4014	0,4817	0,5620	0,6423	0,7225	90
42	0,0806	0,1612	0,2418	0,3224	0,4030	0,4836	0,5642	0,6448	0,7254	88
44	0,0809	0,1618	0,2427	0,3237	0,4046	0,4855	0,5664	0,6473	0,7282	86
46	0,0812	0,1625	0,2437	0,3249	0,4062	0,4874	0,5686	0,6498	0,7311	84
48	0,0815	0,1631	0,2446	0,3262	0,4077	0,4893	0,5708	0,6524	0,7339	82
105 20	0,0819	0,1637	0,2456	0,3275	0,4093	0,4912	0,5731	0,6549	0,7368	94 80
22	0,0822	0,1644	0,2465	0,3287	0,4109	0,4931	0,5753	0,6574	0,7396	78
24	0,0825	0,1650	8,2475	0,3300	0,4125	0,4950	0,5775	0,6600	0,7425	76
26	0,0828	0,1656	0,2484	0,3313	0,4141	0,4969	0,5797	0,6625	0,7453	74
28	0,0831	0,1663	0,2494	0,3325	0,4156	0,4988	0,5819	0,6650	0,7482	72
30	0,0834	0,1669	0,2503	0,3338	0,4172	0,5007	0,5841	0,6676	0,7510	70
32	0,0838	0,1675	0,2513	0,3350	0,4188	0,5026	0,5863	0,6701	0,7539	68
34	0,0841	0,1682	0,2522	0,3363	0,4204	0,5045	0,5885	0,6726	0,7567	66
36	0,0844	0,1688	0,2532	8,3376	0,4220	0,5064	0,5908	0,6752	0,7593	64
38	0,0847	0,1694	0,2541	0,3388	0,4236	0,5083	0,5930	0,6777	0,7624	62
105 40	0,0850	0,1701	0,2551	0,3401	0,4251	0,5102	0,5952	0,6802	0,7652	94 60
42	0,0853	0,1707	0,2560	0,3414	0,4267	0,5121	0,5974	0,6827	0,7681	58
44	0,0857	0,1713	0,2570	0,3426	0,4283	0,5140	0,5996	0,6853	0,7709	56
46	0,0860	0,1720	0,2579	0,3439	0,4299	0,5159	0,6018	0,6878	0,7738	54
48	0,0863	0,1726	0,2589	0,3452	0,4315	0,5178	0,6041	0,6904	0,7766	52
50	0,0866	0,1732	0,2598	0,3464	0,4331	0,5197	0,6063	0,6929	0,7795	50
52	0,0869	0,1739	0,2608	0,3477	0,4346	0,5216	0,6085	0,6954	0,7823	48
54	0,0872	0,1745	0,2617	0,3490	0,4362	0,5235	0,6107	0,6979	0,7852	46
56	0,0876	0,1751	0,2627	0,3502	0,4378	0,5254	0,6129	0,7005	0,7880	44
58	0,0879	0,1758	0,2636	0,3515	0,4394	0,5273	0,6151	0,7030	0,7909	42
105 60	0,0882	0,1764	0,2646	0,3528	0,4410	0,5292	0,6173	0,7055	0,7937	94 40
62	0,0885	0,1770	0,2655	0,3540	0,4426	0,5311	0,6196	0,7081	0,7966	38
64	0,0888	0,1777	0,2665	0,3553	0,4441	0,5330	0,6218	0,7106	0,7994	36
66	0,0891	0,1783	0,2674	0,3566	0,4457	0,5348	0,6240	0,7131	0,8023	34
68	0,0895	0,1789	0,2684	0,3578	0,4473	0,5367	0,6262	0,7157	0,8051	32
70	0,0898	0,1796	0,2693	0,3591	0,4489	0,5387	0,6284	0,7182	0,8080	30
72	0,0901	0,1802	0,2703	0,3604	0,4505	0,5406	0,6307	0,7207	0,8408	28
74	0,0904	0,1808	0,2712	0,3616	0,4520	0,5425	0,6329	0,7233	0,8437	26
76	0,0907	0,1815	0,2722	0,3629	0,4536	0,5444	0,6351	0,7258	0,8165	24
78	0,0910	0,1821	0,2731	0,3642	0,4552	0,5463	0,6373	0,7283	0,8194	22
105 80	0,0914	0,1827	0,2741	0,3654	0,4568	0,5482	0,6395	0,7309	0,8222	94 20
82	0,0917	0,1834	0,2750	0,3667	0,4584	0,5501	0,6417	0,7334	0,8251	18
84	0,0920	0,1840	0,2760	0,3680	0,4600	0,5520	0,6439	0,7359	0,8279	16
86	0,0923	0,1846	0,2769	0,3692	0,4616	0,5539	0,6462	0,7385	0,8308	14
88	0,0926	0,1853	0,2779	0,3705	0,4631	0,5558	0,6484	0,7410	0,8336	12
90	0,0929	0,1859	0,2788	0,3718	0,4647	0,5577	0,6506	0,7436	0,8365	10
92	0,0933	0,1865	0,2798	0,3730	0,4663	0,5596	0,6528	0,7461	0,8393	08
94	0,0936	0,1872	0,2807	0,3743	0,4679	0,5615	0,6550	0,7486	0,8422	06
96	0,0939	0,1878	0,2817	0,3756	0,4695	0,5634	0,6573	0,7512	0,8450	04
98	0,0942	0,1884	0,2826	0,3768	0,4711	0,5653	0,6595	0,7537	0,8479	02
100	0,0946	0,1891	0,2836	0,3781	0,4726	0,5672	0,6617	0,7562	0,8508	94 g.00

DIFFÉRENCES.

	1	2	3	4	5	6	7	8	9	
1'	0,0002	0,0003	0,0005	0,0006	0,0008	0,0009	0,0011	0,0013	0,0014	1'
2'	0,0003	0,0006	0,0009	0,0013	0,0016	0,0019	0,0022	0,0025	0,0028	2'
3'	0,0005	0,0009	0,0014	0,0019	0,0024	0,0028	0,0033	0,0038	0,0042	3'

Angles	| COTANGENTES, LE RAYON ÉTANT :										Angles
	1	2	3	4	5	6	7	8	9	
106ᵍ 00	0,0915	0,1891	0,2836	0,3781	0,4726	0,5672	0,6617	0,7562	0,8508	100
02	0,0948	0,1897	0,2845	0,3794	0,4742	0,5691	0,6639	0,7588	0,8536	98
04	0,0952	0,1903	0,2855	0,3806	0,4758	0,5710	0,6661	0,7613	0,8565	96
06	0,0955	0,1910	0,2864	0,3819	0,4774	0,5729	0,6684	0,7638	0,8593	94
08	0,0958	0,1916	0,2874	0,3832	0,4790	0,5748	0,6706	0,7664	0,8622	92
10	0,0961	0,1922	0,2883	0,3845	0,4806	0,5767	0,6728	0,7689	0,8650	90
12	0,0964	0,1929	0,2893	0,3857	0,4822	0,5786	0,6750	0,7714	0,8670	88
14	0,0967	0,1935	0,2902	0,3870	0,4837	0,5805	0,6772	0,7740	0,8707	86
16	0,0971	0,1941	0,2912	0,3883	0,4853	0,5824	0,6794	0,7765	0,8736	84
18	0,0974	0,1948	0,2921	0,3895	0,4869	0,5843	0,6817	0,7791	0,8764	82
106 20	0,0977	0,1954	0,2931	0,3908	0,4885	0,5862	0,6839	0,7816	0,8793	93 80
22	0,0980	0,1960	0,2940	0,3921	0,4904	0,5884	0,6861	0,7841	0,8821	78
24	0,0983	0,1967	8,2950	0,3933	0,4917	0,5900	0,6883	0,7867	0,8850	76
26	0,0987	0,1973	0,2960	0,3946	0,4933	0,5919	0,6906	0,7892	0,8879	74
28	0,0990	0,1979	0,2969	0,3959	0,4948	0,5938	0,6928	0,7917	0,8907	72
30	0,0993	0,1986	0,2979	0,3961	0,4964	0,5957	0,6950	0,7943	0,8936	70
32	0,0996	0,1992	0,2988	0,3984	0,4980	0,5976	0,6972	0,7968	0,8964	68
34	0,0999	0,1998	0,2998	0,3997	0,4996	0,5995	0,6994	0,7994	0,8993	66
36	0,1002	0,2005	0,3007	8,4009	0,5012	0,6014	0,7017	0,8019	0,9021	64
38	0,1006	0,2011	0,3017	0,4022	0,5028	0,6033	0,7039	0,8044	0,9050	62
106 40	0,1009	0,2017	0,3026	0,4035	0,5044	0,6052	0,7061	0,8070	0,9078	93 60
42	0,1012	0,2024	0,3036	0,4048	0,5059	0,6071	0,7083	0,8095	0,9107	58
44	0,1015	0,2030	0,3045	0,4060	0,5075	0,6090	0,7105	0,8120	0,9136	56
46	0,1018	0,2036	0,3055	0,4073	0,5091	0,6109	0,7128	0,8146	0,9164	54
48	0,1021	0,2043	0,3064	0,4086	0,5107	0,6128	0,7150	0,8171	0,9193	52
50	0,1025	0,2049	0,3074	0,4098	0,5123	0,6148	0,7172	0,8197	0,9221	50
52	0,1028	0,2056	0,3083	0,4111	0,5139	0,6167	0,7194	0,8222	0,9250	48
54	0,1031	0,2062	0,3093	0,4124	0,5155	0,6186	0,7217	0,8247	0,9278	46
56	0,1034	0,2068	0,3102	0,4136	0,5170	0,6205	0,7239	0,8273	0,9307	44
58	0,1037	0,2075	0,3112	0,4149	0,5186	0,6224	0,7261	0,8298	0,9336	42
106 60	0,1040	0,2081	0,3121	0,4162	0,5202	0,6243	0,7283	0,8324	0,9364	93 40
62	0,1044	0,2087	0,3131	0,4175	0,5218	0,6262	0,7305	0,8349	0,9393	38
64	0,1047	0,2094	0,3140	0,4187	0,5234	0,6281	0,7328	0,8375	0,9421	36
66	0,1050	0,2100	0,3150	0,4200	0,5250	0,6300	0,7350	0,8400	0,9450	34
68	0,1053	0,2106	0,3159	0,4213	0,5266	0,6319	0,7372	0,8425	0,9478	32
70	0,1056	0,2113	0,3169	0,4225	0,5282	0,6338	0,7394	0,8451	0,9507	30
72	0,1060	0,2119	0,3179	0,4238	0,5298	0,6357	0,7417	0,8476	0,9536	28
74	0,1063	0,2125	0,3188	0,4251	0,5314	0,6376	0,7439	0,8502	0,9564	26
76	0,1066	0,2132	0,3198	0,4263	0,5329	0,6395	0,7461	0,8527	0,9593	24
78	0,1069	0,2138	0,3207	0,4276	0,5345	0,6414	0,7483	0,8552	0,9621	22
106 80	0,1072	0,2144	0,3217	0,4289	0,5361	0,6433	0,7505	0,8578	0,9650	93 20
82	0,1075	0,2151	0,3226	0,4302	0,5377	0,6452	0,7528	0,8603	0,9679	18
84	0,1079	0,2157	0,3236	0,4314	0,5393	0,6471	0,7550	0,8629	0,9707	16
86	0,1082	0,2164	0,3245	0,4327	0,5409	0,6491	0,7572	0,8654	0,9736	14
88	0,1085	0,2170	0,3255	0,4340	0,5425	0,6510	0,7595	0,8679	0,9764	12
90	0,1088	0,2176	0,3264	0,4352	0,5441	0,6529	0,7617	0,8705	0,9793	10
92	0,1091	0,2183	0,3274	0,4365	0,5456	0,6548	0,7639	0,8730	0,9822	08
94	0,1094	0,2189	0,3283	0,4378	0,5472	0,6567	0,7661	0,8756	0,9850	06
96	0,1098	0,2195	0,3293	0,4391	0,5488	0,6586	0,7683	0,8781	0,9879	04
98	0,1101	0,2202	0,3302	0,4403	0,5504	0,6605	0,7706	0,8807	0,9907	02
100	0,1104	0,2208	0,3312	0,4416	0,5520	0,6624	0,7728	0,8832	0,9936	93ᵍ.00

DIFFÉRENCES.

	1	2	3	4	5	6	7	8	9	
1'	0,0002	0,0003	0,0005	0,0006	0,0008	0,0009	0,0011	0,0013	0,0014	1'
2'	0,0003	0,0006	0,0009	0,0013	0,0016	0,0019	0,0022	0,0025	0,0028	2'
3'	0,0005	0,0009	0,0014	0,0019	0,0024	0,0028	0,0033	0,0038	0,0042	3'

Angles.	COTANGENTES, LE RAYON ÉTANT :									Angles.
	1	2	3	4	5	6	7	8	9	
g. 107 00	0,1104	0,2208	0,3312	0,4416	0,5520	0,6624	0,7728	0,8832	0,9936	100
04	0,1110	0,2121	0,3334	0,4442	0,5552	0,6662	0,7773	0,8883	0,9993	96
08	0,1117	0,2233	0,3350	0,4467	0,5584	0,6700	0,7817	0,8934	1,0051	92
12	0,1123	0,2246	0,3369	0,4492	0,5616	0,6739	0,7862	0,8985	1,0108	88
16	0,1129	0,2259	0,3388	0,4518	0,5647	0,6777	0,7906	0,9036	1,0165	84
20	0,1136	0,2272	0,3407	0,4513	0,5679	0,6815	0,7951	0,9087	1,0222	80
24	0,1142	0,2284	0,3427	0,4569	0,5711	0,6853	0,7995	0,9138	1,0280	76
28	0,1149	0,2297	0,3446	0,4591	0,5743	0,6891	0,8040	0,9188	1,0337	72
32	0,1155	0,2310	0,3465	0,4620	0,5775	0,6930	0,8084	0,9239	1,0394	68
36	0,1161	0,2323	0,3484	0,4645	0,5806	0,6968	0,8129	0,9290	1,0452	64
107 40	0,1168	0,2335	0,3503	0,4671	0,5838	0,7006	0,8173	0,9341	1,0509	92 60
44	0,1174	0,2348	0,3522	0,4696	0,5870	0,7044	0,8218	0,9392	1,0566	56
48	0,1180	0,2361	0,3541	0,4722	0,5902	0,7082	0,8263	0,9443	1,0624	52
52	0,1187	0,2374	0,3560	0,4747	0,5934	0,7121	0,8307	0,9494	1,0681	48
56	0,1193	0,2386	0,3579	0,4773	0,5966	0,7159	0,8352	0,9545	1,0738	44
60	0,1200	0,2399	0,3599	0,4798	0,5998	0,7197	0,8397	0,9596	1,0796	40
64	0,1206	0,2412	0,3618	0,4824	0,6029	0,7235	0,8441	0,9647	1,0853	36
68	0,1212	0,2425	0,3637	0,4849	0,6061	0,7274	0,8486	0,9698	1,0910	32
72	0,1219	0,2437	0,3656	0,4874	0,6093	0,7312	0,8530	0,9749	1,0968	28
76	0,1225	0,2450	0,3675	0,4900	0,6125	0,7350	0,8575	0,9800	1,1025	24
107 80	0,1231	0,2463	0,3694	0,4926	0,6157	0,7388	0,8620	0,9851	1,1083	92 20
84	0,1238	0,2476	0,3713	0,4951	0,6189	0,7427	0,8664	0,9902	1,1140	16
88	0,1244	0,2488	0,3732	0,4977	0,6221	0,7465	0,8709	0,9953	1,1197	12
92	0,1251	0,2501	0,3752	0,5002	0,6253	0,7503	0,8754	1,0004	1,1255	08
96	0,1257	0,2514	0,3771	0,5028	0,6285	0,7541	0,8798	1,0055	1,1312	04
108 00	0,1263	0,2527	0,3790	0,5053	0,6316	0,7580	0,8843	1,0106	1,1370	92 00
04	0,1270	0,2539	0,3809	0,5079	0,6348	0,7618	0,8888	1,0157	1,1427	96
08	0,1276	0,2552	0,3828	0,5104	0,6380	0,7656	0,8932	1,0208	1,1485	92
12	0,1282	0,2565	0,3847	0,5130	0,6412	0,7695	0,8977	1,0260	1,1542	88
16	0,1289	0,2578	0,3867	0,5155	0,6444	0,7733	0,9022	1,0311	1,1600	84
108 20	0,1295	0,2590	0,3886	0,5181	0,6476	0,7771	0,9066	1,0362	1,1657	91 80
24	0,1302	0,2603	0,3905	0,5206	0,6508	0,7810	0,9111	1,0413	1,1715	76
28	0,1308	0,2616	0,3924	0,5232	0,6540	0,7848	0,9156	1,0464	1,1772	72
32	0,1314	0,2629	0,3943	0,5258	0,6572	0,7886	0,9201	1,0515	1,1830	68
36	0,1321	0,2642	0,3962	0,5283	0,6604	0,7925	0,9246	1,0566	1,1887	64
40	0,1327	0,2654	0,3982	0,5309	0,6636	0,7963	0,9290	1,0617	1,1945	60
44	0,1334	0,2667	0,4001	0,5334	0,6668	0,8001	0,9335	1,0669	1,2002	56
48	0,1340	0,2680	0,4020	0,5360	0,6700	0,8040	0,9380	1,0720	1,2060	52
52	0,1346	0,2693	0,4039	0,5385	0,6732	0,8078	0,9425	1,0771	1,2117	48
56	0,1353	0,2706	0,4058	0,5411	0,6764	0,8117	0,9469	1,0822	1,2175	44
108 60	0,1359	0,2718	0,4077	0,5437	0,6796	0,8155	0,9514	1,0873	1,2232	91 40
64	0,1366	0,2731	0,4097	0,5462	0,6828	0,8193	0,9559	1,0924	1,2290	36
68	0,1372	0,2744	0,4116	0,5488	0,6860	0,8232	0,9604	1,0976	1,2348	32
72	0,1378	0,2757	0,4135	0,5513	0,6892	0,8270	0,9648	1,1027	1,2405	28
76	0,1385	0,2770	0,4154	0,5539	0,6924	0,8309	0,9693	1,1078	1,2463	24
80	0,1391	0,2782	0,4174	0,5565	0,6956	0,8347	0,9738	1,1129	1,2521	20
84	0,1398	0,2795	0,4193	0,5590	0,6988	0,8386	0,9783	1,1181	1,2578	16
88	0,1404	0,2808	0,4212	0,5616	0,7020	0,8424	0,9828	1,1232	1,2636	12
92	0,1410	0,2821	0,4231	0,5642	0,7052	0,8462	0,9873	1,1283	1,2694	08
96	0,1417	0,2834	0,4250	0,5667	0,7084	0,8501	0,9918	1,1334	1,2751	04
100	0,1423	0,2846	0,4270	0,5693	0,7116	0,8539	0,9962	1,1386	1,2809	94g.00

DIFFÉRENCES.

	1	2	3	4	5	6	7	8	9	
1'	0,0002	0,0003	0,0005	0,0006	0,0008	0,0009	0,0011	0,0013	0,0014	1'
2'	0,0003	0,0006	0,0009	0,0013	0,0016	0,0019	0,0022	0,0025	0,0028	2'
3'	0,0005	0,0009	0,0014	0,0019	0,0024	0,0028	0,0033	0,0038	0,0042	3'

Angles.	COTANGENTES, LE RAYON ÉTANT :									Angles.
	1	2	3	4	5	6	7	8	9	
g.										
109 00	0,1423	0,2846	0,4270	0,5693	0,7116	0,8539	0,9962	1,1386	1,2809	100
04	0,1430	0,2859	0,4289	0,5718	0,7148	0,8578	1,0007	1,1437	1,2867	96
08	0,1436	0,2872	0,4308	0,5744	0,7180	0,8616	1,0052	1,1488	1,2924	92
12	0,1442	0,2885	0,4327	0,5770	0,7212	0,8655	1,0097	1,1540	1,2982	88
16	0,1449	0,2898	0,4347	0,5793	0,7244	0,8693	1,0142	1,1591	1,3040	84
20	0,1455	0,2911	0,4366	0,5821	0,7276	0,8732	1,0187	1,1642	1,3098	80
24	0,1462	0,2923	0,4385	0,5847	0,7309	0,8770	1,0232	1,1694	1,3155	76
28	0,1468	0,2936	0,4404	0,5872	0,7341	0,8809	1,0277	1,1745	1,3213	72
32	0,1475	0,2949	0,4424	0,5898	0,7373	0,8847	1,0322	1,1796	1,3271	68
36	0,1481	0,2962	0,4443	0,5924	0,7405	0,8886	1,0367	1,1848	1,3329	64
109 40	0,1487	0,2975	0,4462	0,5949	0,7437	0,8924	1,0412	1,1899	1,3386	90 60
44	0,1494	0,2988	0,4481	0,5975	0,7469	0,8963	1,0457	1,1950	1,3444	56
48	0,1500	0,3000	0,4501	0,6001	0,7501	0,9001	1,0502	1,2002	1,3502	52
52	0,1507	0,3013	0,4520	0,6027	0,7533	0,9040	1,0546	1,2053	1,3560	48
56	0,1513	0,3026	0,4539	0,6052	0,7566	0,9078	1,0591	1,2105	1,3618	44
60	0,1520	0,3039	0,4559	0,6078	0,7598	0,9117	1,0637	1,2156	1,3676	40
64	0,1526	0,3052	0,4578	0,6104	0,7630	0,9155	1,0682	1,2207	1,3733	36
68	0,1532	0,3065	0,4597	0,6129	0,7662	0,9194	1,0727	1,2259	1,3791	32
72	0,1539	0,3078	0,4616	0,6155	0,7694	0,9233	1,0772	1,2310	1,3849	28
76	0,1545	0,3090	0,4636	0,6181	0,7726	0,9274	1,0817	1,2362	1,3907	24
109 80	0,1552	0,3103	0,4655	0,6207	0,7758	0,9310	1,0862	1,2413	1,3965	90 20
84	0,1558	0,3116	0,4674	0,6232	0,7790	0,9348	1,0907	1,2465	1,4023	16
88	0,1565	0,3129	0,4694	0,6258	0,7823	0,9387	1,0952	1,2516	1,4081	12
92	0,1571	0,3142	0,4713	0,6284	0,7855	0,9426	1,0997	1,2568	1,4139	08
96	0,1577	0,3155	0,4732	0,6310	0,7887	0,9464	1,1042	1,2619	1,4197	04
110 00	0,1584	0,3168	0,4752	0,6335	0,7919	0,9503	1,1087	1,2671	1,4255	90 00
04	0,1590	0,3181	0,4771	0,6361	0,7951	0,9542	1,1132	1,2722	1,4313	96
08	0,1597	0,3193	0,4790	0,6387	0,7984	0,9580	1,1177	1,2774	1,4371	92
12	0,1603	0,3206	0,4810	0,6413	0,8016	0,9619	1,1222	1,2825	1,4429	88
16	0,1610	0,3219	0,4829	0,6438	0,8048	0,9658	1,1267	1,2877	1,4487	84
110 20	0,1616	0,3232	0,4848	0,6464	0,8080	0,9696	1,1312	1,2929	1,4545	89 80
24	0,1623	0,3245	0,4868	0,6490	0,8113	0,9735	1,1358	1,2980	1,4603	76
28	0,1629	0,3258	0,4887	0,6516	0,8145	0,9774	1,1403	1,3032	1,4661	72
32	0,1635	0,3271	0,4906	0,6542	0,8177	0,9813	1,1448	1,3083	1,4719	68
36	0,1642	0,3284	0,4926	0,6567	0,8209	0,9851	1,1493	1,3135	1,4777	64
40	0,1648	0,3297	0,4945	0,6593	0,8242	0,9890	1,1538	1,3186	1,4835	60
44	0,1655	0,3310	0,4964	0,6619	0,8274	0,9929	1,1583	1,3238	1,4893	56
48	0,1661	0,3322	0,4984	0,6645	0,8306	0,9967	1,1629	1,3290	1,4951	52
52	0,1668	0,3335	0,5003	0,6671	0,8338	1,0006	1,1674	1,3341	1,5009	48
56	0,1674	0,3348	0,5022	0,6697	0,8371	1,0045	1,1719	1,3393	1,5067	44
110 60	0,1681	0,3361	0,5042	0,6722	0,8403	1,0084	1,1764	1,3445	1,5125	89 40
64	0,1687	0,3374	0,5061	0,6748	0,8435	1,0122	1,1809	1,3496	1,5183	36
68	0,1694	0,3387	0,5081	0,6774	0,8468	1,0161	1,1855	1,3548	1,5242	32
72	0,1700	0,3400	0,5100	0,6800	0,8500	1,0200	1,1900	1,3600	1,5300	28
76	0,1706	0,3413	0,5119	0,6826	0,8532	1,0239	1,1945	1,3652	1,5358	24
80	0,1713	0,3426	0,5139	0,6852	0,8565	1,0278	1,1991	1,3703	1,5416	20
84	0,1719	0,3439	0,5158	0,6878	0,8597	1,0316	1,2036	1,3755	1,5475	16
88	0,1726	0,3452	0,5178	0,6904	0,8629	1,0355	1,2081	1,3807	1,5533	12
92	0,1732	0,3465	0,5197	0,6929	0,8662	1,0394	1,2126	1,3859	1,5591	08
96	0,1739	0,3478	0,5216	0,6955	0,8694	1,0433	1,2172	1,3910	1,5649	04
100	0,1745	0,3491	0,5236	0,6981	0,8726	1,0472	1,2217	1,3962	1,5708	89 g. 00

DIFFÉRENCES.

	1	2	3	4	5	6	7	8	9	
1'	0,0002	0,0003	0,0005	0,0006	0,0008	0,0009	0,0011	0,0013	0,0014	1'
2'	0,0003	0,0006	0,0009	0,0013	0,0016	0,0019	0,0022	0,0025	0,0028	2'
3'	0,0005	0,0009	0,0014	0,0019	0,0024	0,0028	0,0033	0,0038	0,0042	3'

Angles.	COTANGENTES, LE RAYON ÉTANT :									Angles.
	1	2	3	4	5	6	7	8	9	
111 G. 00	0,4745	0,3491	0,5236	0,6984	0,8726	1,0472	1,2217	1,3962	1,5708	100
04	0,4752	0,3503	0,5255	0,7007	0,8759	1,0510	1,2262	1,4014	1,5766	96
08	0,4758	0,3517	0,5275	0,7033	0,8791	1,0550	1,2308	1,5066	1,5824	92
12	0,4765	0,3529	0,5294	0,7059	0,8824	1,0588	1,2353	1,4118	1,5882	88
16	0,4771	0,3542	0,5314	0,7085	0,8856	1,0627	1,2398	1,4170	1,5941	84
20	0,4778	0,3555	0,5333	0,7111	0,8888	1,0666	1,2444	1,4221	1,5999	80
24	0,4784	0,3568	0,5352	0,7137	0,8921	1,0705	1,2489	1,4273	1,6057	76
28	0,4791	0,3581	0,5372	0,7163	0,8953	1,0744	1,2535	1,4325	1,6116	72
32	0,4797	0,3594	0,5391	0,7189	0,8986	1,0783	1,2580	1,4377	1,6174	68
36	0,4804	0,3607	0,5411	0,7214	0,9018	1,0822	1,2626	1,4429	1,6232	64
111 40	0,4810	0,3620	0,5430	0,7240	0,9050	1,0861	1,2674	1,4481	1,6291	88 60
44	0,4817	0,3633	0,5450	0,7266	0,9083	1,0900	1,2716	1,4533	1,6349	56
48	0,4823	0,3646	0,5469	0,7292	0,9115	1,0938	1,2762	1,4585	1,6408	52
52	0,4830	0,3659	0,5489	0,7318	0,9148	1,0977	1,2807	1,4637	1,6466	48
56	0,4836	0,3672	0,5508	0,7344	0,9180	1,1016	1,2852	1,4689	1,6525	44
60	0,4843	0,3685	0,5528	0,7370	0,9213	1,1055	1,2898	1,4710	1,6583	40
64	0,4849	0,3698	0,5547	0,7395	0,9245	1,1094	1,2943	1,4792	1,6642	36
68	0,4856	0,3711	0,5567	0,7422	0,9278	1,1133	1,2989	1,4844	1,6700	32
72	0,4862	0,3724	0,5586	0,7448	0,9310	1,1172	1,3034	1,4896	1,6759	28
76	0,4869	0,3737	0,5606	0,7474	0,9343	1,1211	1,3080	1,4919	1,6817	24
111 80	0,4875	0,3750	0,5625	0,7500	0,9375	1,1250	1,3126	1,5001	1,6876	88 20
84	0,4882	0,3763	0,5645	0,7526	0,9408	1,1289	1,3171	1,5053	1,6934	16
88	0,4888	0,3776	0,5664	0,7552	0,9410	1,1328	1,3217	1,5105	1,6993	12
92	0,4895	0,3789	0,5684	0,7578	0,9473	1,1367	1,3262	1,5157	1,7051	08
96	0,4901	0,3802	0,5703	0,7604	0,9505	1,1406	1,3308	1,5209	1,7110	04
112 00	0,4908	0,3815	0,5723	0,7630	0,9538	1,1446	1,3353	1,5261	1,7168	88 00
04	0,4914	0,3828	0,5742	0,7656	0,9571	1,1485	1,3399	1,5313	1,7227	96
08	0,4921	0,3841	0,5762	0,7683	0,9603	1,1524	1,3444	1,5365	1,7286	92
12	0,4927	0,3854	0,5781	0,7709	0,9636	1,1563	1,3490	1,5417	1,7344	88
16	0,4934	0,3867	0,5801	0,7735	0,9668	1,1602	1,3536	1,5469	1,7403	84
112 20	0,4940	0,3880	0,5821	0,7761	0,9701	1,1641	1,3581	1,5521	1,7462	87 80
24	0,4947	0,3893	0,5840	0,7787	0,9733	1,1680	1,3627	1,5574	1,7520	76
28	0,4953	0,3906	0,5860	0,7813	0,9766	1,1719	1,3672	1,5626	1,7579	72
32	0,4960	0,3920	0,5879	0,7839	0,9799	1,1759	1,3718	1,5678	1,7638	68
36	0,4966	0,3933	0,5899	0,7866	0,9831	1,1798	1,3764	1,5730	1,7696	64
40	0,4973	0,3946	0,5918	0,7891	0,9864	1,1837	1,3810	1,5782	1,7755	60
44	0,4979	0,3959	0,5938	0,7917	0,9897	1,1876	1,3855	1,5835	1,7814	56
48	0,4986	0,3972	0,5958	0,7943	0,9929	1,1915	1,3901	1,5887	1,7873	52
52	0,4992	0,3985	0,5977	0,7970	0,9962	1,1954	1,3947	1,5939	1,7932	48
56	0,4999	0,3998	0,5997	0,7996	0,9995	1,1994	1,3993	1,5992	1,7990	44
112 60	0,5005	0,4011	0,6016	0,8022	1,0027	1,2033	1,4038	1,6044	1,8049	87 40
64	0,5012	0,4024	0,6036	0,8048	1,0060	1,2072	1,4084	1,6096	1,8108	36
68	0,5018	0,4037	0,6055	0,8074	1,0093	1,2111	1,4130	1,6148	1,8167	32
72	0,5025	0,4050	0,6075	0,8100	1,0125	1,2150	1,4175	1,6201	1,8226	28
76	0,5032	0,4063	0,6095	0,8126	1,0158	1,2190	1,4221	1,6253	1,8285	24
80	0,5038	0,4076	0,6114	0,8153	1,0191	1,2229	1,4267	1,6305	1,8343	20
84	0,5045	0,4089	0,6134	0,8179	1,0224	1,2268	1,4313	1,6358	1,8402	16
88	0,5051	0,4103	0,6154	0,8205	1,0256	1,2308	1,4359	1,6410	1,8461	12
92	0,5058	0,4116	0,6173	0,8231	1,0289	1,2347	1,4405	1,6462	1,8520	08
96	0,5064	0,4129	0,6193	0,8257	1,0322	1,2386	1,4450	1,6515	1,8579	04
100	0,5071	0,4142	0,6213	0,8284	1,0355	1,2426	1,4496	1,6567	1,8638	87 G. 00
DIFFÉRENCES.										
1'	0,0002	0,0003	0,0005	0,0006	0,0008	0,0009	0,0011	0,0013	0,0014	1'
2'	0,0003	0,0006	0,0009	0,0013	0,0016	0,0019	0,0022	0,0025	0,0028	2'
3'	0,0005	0,0009	0,0014	0,0019	0,0024	0,0028	0,0033	0,0038	0,0042	3'

Angles	COTANGENTES, LE RAYON ÉTANT :									Angles
	1	2	3	4	5	6	7	8	9	
g.										
113 00	0,2071	0,4142	0,6213	0,8284	1,0355	1,2425	1,4496	1,6567	1,8638	100
04	0,2077	0,4155	0,6232	0,8310	1,0387	1,2465	1,4542	1,6620	1,8697	96
08	0,2084	0,4168	0,6252	0,8336	1,0420	1,2501	1,4588	1,6672	1,8756	92
12	0,2091	0,4181	0,6272	0,8362	1,0453	1,2543	1,4634	1,6724	1,8815	88
16	0,2097	0,4194	0,6294	0,8388	1,0486	1,2583	1,4680	1,6777	1,8874	84
20	0,2104	0,4207	0,6314	0,8415	1,0518	1,2622	1,4726	1,6829	1,8933	80
24	0,2110	0,4220	0,6334	0,8441	1,0551	1,2661	1,4772	1,6882	1,8992	76
28	0,2117	0,4234	0,6350	0,8467	1,0584	1,2701	1,4818	1,6934	1,9051	72
32	0,2123	0,4247	0,6370	0,8494	1,0617	1,2740	1,4864	1,6987	1,9140	68
36	0,2130	0,4260	0,6390	0,8520	1,0650	1,2780	1,4910	1,7040	1,9170	64
113 40	0,2137	0,4273	0,6410	0,8546	1,0683	1,2819	1,4956	1,7092	1,9229	86 60
44	0,2143	0,4286	0,6429	0,8572	1,0715	1,2859	1,5002	1,7145	1,9288	56
48	0,2150	0,4299	0,6449	0,8599	1,0748	1,2898	1,5048	1,7197	1,9347	52
52	0,2156	0,4313	0,6469	0,8625	1,0781	1,2938	1,5094	1,7250	1,9406	48
56	0,2163	0,4326	0,6488	0,8651	1,0814	1,2977	1,5140	1,7303	1,9465	44
60	0,2169	0,4339	0,6508	0,8678	1,0847	1,3016	1,5186	1,7355	1,9525	40
64	0,2176	0,4352	0,6528	0,8704	1,0880	1,3056	1,5232	1,7408	1,9584	36
68	0,2183	0,4365	0,6548	0,8730	1,0913	1,3095	1,5278	1,7460	1,9643	32
72	0,2189	0,4378	0,6567	0,8756	1,0946	1,3135	1,5324	1,7513	1,9702	28
76	0,2196	0,4391	0,6587	0,8783	1,0979	1,3174	1,5370	1,7566	1,9761	24
113 80	0,2202	0,4405	0,6607	0,8809	1,1012	1,3214	1,5416	1,7619	1,9821	86 20
84	0,2209	0,4418	0,6627	0,8835	1,1044	1,3253	1,5462	1,7671	1,9880	16
88	0,2215	0,4431	0,6646	0,8862	1,1077	1,3293	1,5508	1,7724	1,9939	12
92	0,2222	0,4444	0,6666	0,8888	1,1110	1,3332	1,5558	1,7777	1,9999	08
96	0,2229	0,4457	0,6686	0,8915	1,1143	1,3372	1,5601	1,7830	2,0058	04
114 00	0,2235	0,4471	0,6706	0,8941	1,1176	1,3412	1,5647	1,7882	2,0117	86 00
04	0,2242	0,4484	0,6726	0,8967	1,1209	1,3451	1,5693	1,7935	2,0177	96
08	0,2248	0,4497	0,6745	0,8994	1,1242	1,3491	1,5739	1,7988	2,0236	92
12	0,2255	0,4510	0,6765	0,9020	1,1275	1,3530	1,5785	1,8041	2,0296	88
16	0,2262	0,4523	0,6785	0,9047	1,1308	1,3570	1,5832	1,8093	2,0355	84
114 20	0,2268	0,4537	0,6805	0,9073	1,1342	1,3610	1,5878	1,8146	2,0415	85 80
24	0,2275	0,4550	0,6825	0,9100	1,1374	1,3649	1,5924	1,8199	2,0474	76
28	0,2281	0,4563	0,6844	0,9126	1,1407	1,3689	1,5970	1,8252	2,0533	72
32	0,2288	0,4576	0,6864	0,9153	1,1441	1,3729	1,6017	1,8305	2,0593	68
36	0,2295	0,4589	0,6884	0,9179	1,1474	1,3768	1,6063	1,8358	2,0652	64
40	0,2301	0,4603	0,6904	0,9205	1,1507	1,3808	1,6110	1,8411	2,0712	60
44	0,2308	0,4616	0,6924	0,9232	1,1540	1,3848	1,6156	1,8464	2,0772	56
48	0,2315	0,4629	0,6944	0,9258	1,1573	1,3887	1,6202	1,8517	2,0831	52
52	0,2321	0,4642	0,6964	0,9285	1,1606	1,3927	1,6248	1,8570	2,0891	48
56	0,2328	0,4656	0,6983	0,9311	1,1639	1,3967	1,6295	1,8623	2,0950	44
114 60	0,2334	0,4669	0,7003	0,9338	1,1672	1,4007	1,6341	1,8675	2,1010	85 40
64	0,2341	0,4682	0,7023	0,9364	1,1705	1,4046	1,6387	1,8728	2,1070	36
68	0,2348	0,4695	0,7043	0,9391	1,1738	1,4086	1,6434	1,8782	2,1129	32
72	0,2354	0,4709	0,7063	0,9417	1,1772	1,4126	1,6480	1,8835	2,1189	28
76	0,2361	0,4722	0,7083	0,9444	1,1805	1,4166	1,6527	1,8888	2,1249	24
80	0,2368	0,4735	0,7103	0,9470	1,1838	1,4206	1,6573	1,8941	2,1308	20
84	0,2374	0,4748	0,7123	0,9497	1,1871	1,4245	1,6619	1,8994	2,1368	16
88	0,2381	0,4762	0,7143	0,9523	1,1904	1,4285	1,6666	1,9047	2,1428	12
92	0,2388	0,4775	0,7163	0,9550	1,1938	1,4325	1,6713	1,9100	2,1488	08
96	0,2394	0,4788	0,7182	0,9577	1,1971	1,4365	1,6759	1,9153	2,1547	04
115 00	0,2401	0,4802	0,7202	0,9603	1,2004	1,4405	1,6805	1,9206	2,1607	83 g.00

DIFFÉRENCES.

	1	2	3	4	5	6	7	8	9	
1'	0,0002	0,0003	0,0005	0,0006	0,0008	0,0009	0,0011	0,0013	0,0014	1'
2'	0,0003	0,0006	0,0009	0,0013	0,0016	0,0019	0,0022	0,0025	0,0028	2'
3'	0,0005	0,0009	0,0014	0,0019	0,0024	0,0028	0,0033	0,0038	0,0042	3'

IV

TABLE

POUR FACILITER LE CALCUL DE LA CORRECTION
DE SPHÉRICITÉ ET DE RÉFRACTION.

DISTANCE horizontale.	CORRECTION de sphéricité et de réfraction.	DISTANCE horizontale.	CORRECTION de sphéricité et de réfraction.	DISTANCE horizontale.	CORRECTION de sphéricité et de réfraction	DISTANCE horizontale.	CORRECTION de sphéricité et de réfraction.
100	0,001	2100	0,294	3800	0,953	7000	3,233
500	0,017	2200	0,319	3900	1,004	7200	3,420
600	0,024	2300	0,349	4000	1,056	7400	3,613
700	0,032	2400	0,380	4200	1,164	7600	3,811
800	0,042	2500	0,412	4400	1,277	7800	4,014
900	0,053	2600	0,446	4600	1,396	8000	4,232
1000	0,066	2700	0,481	4800	1,520	8200	4,436
1100	0,080	2800	0,517	5000	1,649	8400	4,655
1200	0,095	2900	0,555	5200	1,784	8600	4,879
1300	0,112	3000	0,594	5400	1,924	8800	5,109
1400	0,129	3100	0,634	5600	2,069	9000	5,344
1500	0,148	3200	0,676	5800	2,219	9200	5,584
1600	0,169	3300	0,718	6000	2,375	9400	5,829
1700	0,191	3400	0,763	6200	2,536	9600	6,080
1800	0,214	3500	0,808	6400	2,702	9800	6,336
1900	0,238	3600	0,855	6600	2,874	10000	6,597
2000	0,264	3700	0,903	6800	3,051		

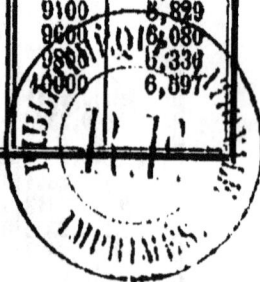

TABLE DES MATIÈRES

DEUXIÈME PARTIE.

Topographie des reconnaissances.

TROISIÈME PARTIE.

Copie et réduction des plans.

QUATRIÈME PARTIE.

Reproduction des cartes par la photographie.

APPENDICE.

www.ingramcontent.com/pod-product-compliance
Lightning Source LLC
Chambersburg PA
CBHW061119220326
41599CB00024B/4090